AF482402

MANUEL

DU

PILOTE-CÔTIER

MANUEL

DU

PILOTE-CÔTIER

PAR

Ch. KERROS

Lieutenant de vaisseau.

———— ✼ ————

PARIS

LIBRAIRIE MILITAIRE

J. DUMAINE, LIBRAIRE-ÉDITEUR DE L'EMPEREUR,

Rue et Passage Dauphine, 30.

—

1869

Tous droits réservés.

AVANT-PROPOS.

Nous avons eu l'intention de réunir, dans ce Manuel, toutes les questions que peut se poser un capitaine naviguant le long de nos côtes. — Notre but a été, comme l'indique le titre de ce petit ouvrage, de fournir d'abord un guide d'instruction, puis un aide-mémoire aux marins admis aux Écoles de Pilotage instituées par Décret du 14 juillet 1865.

Il nous a semblé utile de diviser notre travail en autant de chapitres qu'il y a de matières différentes concernant la navigation côtière.

Ces chapitres sont au nombre de quatre :

Sondes.
Fonds.
Gisement des terres et écueils.
Courants et Marées.

Nos indications se sont bornées aux côtes de France, qui sont les seules dont la connaissance parfaite soit exigée des Pilotes de la Flotte.

Toutefois, comme dans certaines circonstances il y a intérêt pour l'entrée en Manche à hanter la côte d'Angleterre, nous avons cru devoir donner les renseignements nécessaires à la navigation, au large, le long de cette côte.

Enfin, les Pilotes de la Flotte devant être en mesure de faire entrer un bâtiment dans nos ports et, d'un autre côté, les caboteurs étant souvent dispensés de prendre un pilote lamaneur, nous avons consacré un chapitre spécial aux *Ports et Abris*.

SONDES.

Sur le parallèle des Sorlingues (*îles Scilly*).

Longitude par laquelle on commence à trouver fond par 183 mètres.. . . . . 13°05′ O,

Méridiens entre lesquels le brassiage augmente au lieu de diminuer. . . . . entre les méridiens de 11°20′ O. et 10°40′ O.

Longitude par laquelle le fond monte brusquement.. . 10°20′ O. Le brassiage y est de 74 à 72 mètres.

Direction et distance du sommet de ce haut-fond (*Jone's Bank*) par rapport aux Sorlingues. . . . . dans l'Ouest du monde, à 63 milles. (*Lat.* 49°35′ N.; *Long.* 10°18′ O.) On y trouve 74 mètres.

Entre les parallèles de 49°25′ et 49°15′ N.

ou en suivant l'un ou l'autre de ces parallèles (1).

(Latitude par laquelle il convient d'attérir pour entrer en Manche.)

Longitude par laquelle on commence à trouver fond par 183 mètres. . . . . 13°15′ O.

---

(1) Quand le vent souffle entre le Sud et l'Ouest, et pendant les marées de syzigies, il convient, pour faire route à l'Est du monde, de gouverner au S.E. 1/4 E. au lieu de l'E.S.E. 1/2 S. : les courants portant alors au Nord avec une plus grande force que dans les circonstances ordinaires.

BRASSIAGE :
aux accores de l'Ouest de la Grande-Sole. . . . . 148 à 146 mètres.
sur la Grande-Sole.. . . . 130 mètres.
aux accores de l'Est de la Grande-Sole. . . . . . . 140 mètres.
sur un haut-fond (*le banc Haddock*) qui, par 49° 25′ N., s'étend dans une direction Nord-Est et Sud-Ouest . . . . 114 à 106 mètres.
Direction et distance de ce haut-fond par rapport aux Sorlingues. . . . . dans l'O. 1/2 S. (S. 56 O.); à 69 milles.

BRASSIAGE :
entre les parallèles de 49° 25′ et 49°15′N., à 39 milles dans le S. 42 O. du monde des Sorlingues. 124 à 120 mètres.
à partir de 39 milles dans le S. 42° O. du monde des Sorlingues et jusque sur le méridien de ces îles. . . . . le brassiage reste sensiblement le même pendant 24 milles.

BRASSIAGE SUR LE MÉRIDIEN DES SORLINGUES :
par 49°25′ N.. . . . . 119 à 110 mètres.
par 49°15′N. . . . . 123 mètres.
Route à suivre, partant du point où le méridien des Sorlingues coupe le parallèle de 49°25′ N. ou celui de 49°15′ N., pour venir prendre connaissance du cap Lézard. . . 45 milles à l'E. 1/2 S. (N. 67 E.)
Quantité dont le brassiage diminue régulièrement quand on suit cette route. . . . . . Il diminue d'environ 7 mètres tous les 9 milles : on trouve successivement 123, 115, 108, 102 et 95 mètres.

BRASSIAGE :
à 24 milles et à 12 milles dans le Sud du monde du cap Lézard......

A 24 milles, on trouve 93 mètres; et l'on en trouve 90 et 86 à 12 milles.

à une distance de 21 à 15 milles du cap Lézard et dans toutes les directions comprises entre le S. 56 O. et le S. 45 E. du monde de ce cap.....

de 93 à 82 mètres.

à un peu moins de 3 milles du cap..........

73 mètres.

A 4 à 5 milles du cap Lézard, il y a plus d'eau dans le Sud-Est de ce cap que dans le Sud-Ouest..........

7 à 9 mètres de plus dans le Sud-Est que dans le Sud-Ouest.

SUR LE PARALLÈLE D'OUESSANT.

Longitude par laquelle on commence à trouver fond par 325 mètres (200 *brasses*).

11° 58′ O.

A quelle distance des fonds de 325 mètres se trouve l'accore de l'Ouest du *banc de la Petite-Sole?* ....

4 à 5 milles seulement.

BRASSIAGE :
sur la Petite-Sole......

de 159 à 154 mètres à sa partie Nord-Ouest. On trouve sur ce banc de 164 à 252 mètres dans certaines parties, et, dans d'autres, de 161 à 121.
Ce fond de 121 mètres est à 153 milles dans l'O.N.O. 1/2 N. d'Ouessant.

après avoir dépassé ce banc...........

de 200 à 162 mètres.

à 15 milles dans l'Est de la Petite-Sole......

161 mètres.

A quelle distance d'Oues-
sant se trouve cette dernière
profondeur d'eau?. . . . . .   à 135 milles.

Irrégularités dans le brassiage en approchant d'Oues-
sant. . . . .   Bien qu'il aille réellement en
                                  diminuant, le brassiage
                                  augmente et diminue alter-
                                  nativement de quelques
                                  mètres.

BRASSIAGE :
    à 48 milles d'Ouessant. . .   132, 130 et 128 mètres.
    à 27 milles. . . . .   121 à 115 mètres.
    à moins de 9 milles des
    roches. . . . .   119 mètres.

SUR LE PARALLÈLE DE LA CHAUSSÉE DE SEIN.

Longitude par laquelle on
commence à trouver fond par
725 mètres. . . . .   10°24' O.

Profondeur de l'eau à l'ex-
trémité de la chaussée. . . .   68 mètres (42 brasses).

SUR LE PARALLÈLE DE GROIX.

BRASSIAGE :
    par 8° O. . . . .   136 mètres (84 brasses).
    à la limite Ouest du fond de
      vase molle, de 20 milles
      de largeur, qui s'étend,
      dans une direction Nord-
      Ouest et Sud-Est, entre
      les parallèles de Pen-
      marck et de Rochefort. .   122 mètres (75 brasses).
    à la limite Est du fond de
      vase molle, sur le méri-
      dien de la pointe de Pen-
      marc'k, près de la limite
      des fonds de roche des
      Glénans. . . . .   97 mètres (60 brasses).
    sur le haut-fond : *la Cha-
    pelle*, qui est à 5 milles
    au Nord du parallèle de

Groix, et qui, vu son isolement, pourrait servir à vérifier le point. . . . . de 188 à 146 mètres (90 à 116 brasses). — Le fond de 146 mètres se trouve par 19°33′ N. et 90°40′ O.

Sur le parallèle de Belle-Ile (1)

Longitude par laquelle on commence à trouver fond par moins de 325 mètres. . . . . 8° O.

Profondeurs d'eau entre lesquelles est compris le fond de vase molle. . . . . entre 114 et 97 mètres (70 à 60 brasses).

Sur le parallèle de l'Ile-d'Yeu.

Limite des fonds de moins de 325 mètres. . . . . . . 7°10′ O.

Profondeurs d'eau entre lesquelles est compris le fond de vase molle. . . . . entre 123 et 89 mètres (76 à 55 brasses).

Sur le parallèle du phare de Chassiron (2).

Limite des fonds de moins de 325 mètres. . . . . . . 6°25′O.

Profondeurs d'eau entre lesquelles est compris le fond de vase molle. . . . . entre 117 et 81 mètres (72 à 50 brasses).

Distance à laquelle on passe au Sud du dangereux plateau de *Roche-Bonne*, en faisant route sur le parallèle du phare de Chassiron. . . . . 6 milles.

---

(1) Belle-Ile est le meilleur point d'attérage des côtes occidentales de France ; c'est celui que préfèrent les navires destinés pour Lorient et les ports de la Loire.

(2) Le phare de Chassiron est le meilleur point d'attérage pour les navires destinés pour la Rochelle et Rochefort.

Profondeur de l'eau sur ce
plateau. . . . .   de **3 à 5 mètres.**

Route à suivre, après avoir
doublé le plateau de Roche-
Bonne, afin d'attérir à l'ouvert
du Pertuis d'Antioche . . . .   Porter un peu plus au Nord
                                     pour attérir entre les feux
                                     de la pointe des Baleines et
                                     de la pointe de Chassiron.

Sur le parallèle du phare de Cordouan

Limite des fonds de 325
mètres ? . . . .   5°45′ O.

Profondeurs d'eau entre lesquelles est compris le fond de
sable gris, fin, vaseux. . . .   On le trouve par **68 mètres**
                                     (42 brasses) et on le perd,
                                     par 32 à 40 mètres (20 à
                                     25 brasses), à la distance
                                     de 40 à 42 milles du phare
                                     de Cordouan.

Sur le parallèle du bassin d'Arcachon.

A quelle distance de la côte
se trouve la limite des fonds
de 325 mètres ? . . . .   à 36 milles.

Profondeur de l'eau à 40
milles de la côte. . . . . . .   65 mètres (40 brasses).

Entrée de la Manche.

Profondeurs d'eau dans toutes les directions comprises entre le N.N.O. et le S. 1/2 O.
des Sorlingues :
à 36 milles . . . .   de 115 à 123 mètres.
à 48 milles . . . .   de 100 à 110 mètres.

---

(1) Le phare de Cordouan est le point d'attérage des navires
destinés pour Bordeaux.

Brassiage par lequel il faut se tenir pour être à plus de 18 milles dans l'Ouest des Sorlingues. . . . . — pas moins de 102 mètres.

Différence dans le brassiage sur la côte de France et sur la côte d'Angleterre. . . . . — le brassiage est généralement de 15 à 18 mètres plus grand sur la côte de France que sur celle d'Angleterre.

Brassiage par lequel il faut se tenir pour passer :

à environ 15 milles dans le Sud-Est des Sorlingues. — pas moins de 110 mètres.

à au moins 2 milles dans le Sud de Wolf-Rock. . . . — pas moins de 81 mètres. On en trouve 62 à moins de 1 mille.

Quantité dont le brassiage varie entre les méridiens de divers points de la côte d'Angleterre, à plus de 12 milles, mais à moins de 24, de la côte.

ENTRE LES MÉRIDIENS	
de Lézard et de Start-Point	d'un peu plus de 6 mètres tous les 15 milles.
de Start-Point et de Lyme-Regis	d'un peu plus de 5 mètres tous les 12 milles.
de Lyme-Regis et de Portland.	pas de changement.
de Portland et de Dunnose.	passe d'environ 52 mètres à 56 mètres à peu près.

Brassiage indiquant qu'on est sur le parallèle des Casquets, et qu'il faut se hâter de remonter vers le Nord. . . . . — si de 68, 71 et 73 mètres, la sonde saute à 94, 101 et 110 mètres.

Côte d'Angleterre.

DU CAP LÉZARD A START-POINT

Moindre profondeur d'eau
à conserver :

en coupant le méridien du
cap Lézard.. . . . . . .   86 mètres. — On passe à 6
à 7 milles du cap

en naviguant entre le cap
Lézard et Start-Point . .   77 mètres.

pour passer à au moins 5
milles dans le Sud d'*Ed-
dystone*. . . . .   77 mètres.

DE START-POINT A PORTLAND.

Par le travers de Start-Point
il y a plus d'eau près de terre
qu'au large. . . . .   de 3 à 5 mètres.

Profondeur d'eau à ne
pas dépasser vers le Sud,
dans les environs de Start-
Point, pour éviter d'être porté
par les courants vers les Iles
Anglaises. . . . .   66 mètres

Moindre profondeur d'eau
à conserver :

pour éviter l'extrémité Sud-
Ouest des *Skerries*. . .   40 mètres

pour éviter l'extrémité
Nord-Est de ces roches.   34 mètres

en naviguant entre Start-
Point et Portland, et pour
passer au large de Port-
land et des Shambles.   55 mètres.

DE PORTLAND A LA POINTE SAINTE-CATHERINE.

Moindre profondeur d'eau
à conserver, en naviguant
entre Portland et la pointe

Ste-Catherine, pour éviter
d'être porté par les courants
dans la baie de Christ-Church.   45 mètres.

DE LA POINTE SAINTE-CATHERINE A BEACHY-HEAD.

Moindre profondeur d'eau
à conserver, en naviguant
entre la pointe Ste-Catherine
et Beachy-Head, pour passer
au large des *Owers* et éviter d'être porté par les courants dans la baie de Ports-
mouth. . . . .   46 à 45 mètres.
   Profondeur de l'eau à moins
de 1/2 mille dans le Sud de
la partie Sud-Est des Owers.   42 à 41 mètres.

DE BEACHY-HEAD A DUNGENESS.

Moindre profondeur d'eau
à conserver en doublant Bea-
chy-Head. . . . .   22 à 18 mètres
   Profondeur d'eau qu'il faut
atteindre avant de perdre de
vue le phare de Beachy-Head,
ou la falaise de Seaford, afin
de passer au large des *bancs
du Royal-Sovereign*. . . . .   28 mètres.
   Il faut également, en ve-
nant de l'Est, avoir soin de se
maintenir par cette profondeur d'eau jusqu'à ce qu'on
aperçoive le phare de Beachy-Head, ou la falaise de
Seaford, ouvrant des falaises
qui masquent ce phare tant
qu'il reste plus vers l'Ouest
que le N.O. 8° O.

Moindre profondeur de l'eau
sur les *bancs du Royal-Sove-
reign*.. . . . .   2 mètres

Moindre profondeur d'eau à conserver en portant à terre :
entre Beachy-Head et les dunes de Fairlight.   33 mètres.
entre les dunes de Fairlight et Dungeness. . .   16 mètres.

Mais les petits navires peuvent prolonger leurs bordées à terre, entre les dunes de Fairlight et la partie Ouest du Banc Stephenson, jusque par 11 et 9 mètres : les fonds allant en diminuant graduellement.

Sur le méridien de la pointe de Dungeness.. . . . .   29 mètres.
Plus grande profondeur d'eau à ne pas dépasser en portant au large :
entre les dunes de Fairlight et Dungeness. . . .   39 mètres.
sur le méridien de Dungeness. . . . .   34 à 33 mètres.
Moindre profondeur de l'eau sur le *banc Stephenson*. .   5 à 7 mètres.

DE DUNGENESS A SOUTH-FORELAND.

Brassiage entre Dungeness et South-Foreland. . . . . .   Il varie de 31 à 24 mètres.
Moindre profondeur d'eau à conserver en portant à terre :
entre Dungeness et Hythe.   20 mètres.
par le travers de Folkstone.   22 mètres.
entre Folkstone et Douvres.   22 à 24 mètres.
Plus grande profondeur d'eau à ne pas dépasser en portant au large :
entre Dungeness et Hythe.   36 mètres.
par le travers de Folkstone.   27 mètres.
entre Folkstone et Douvres.   29 mètres.
Moindre profondeur d'eau à conserver, par temps brumeux, en portant à terre entre Dungeness et South-Foreland.   25 mètres.

Moindre profondeur de l'eau
sur les bancs du Pas-de-Calais
entre les périodes de demi-
marée montante et de demi-
marée baissante au rivage. .   6 mètres.

DE SOUTH-FORELAND A LA MER DU NORD.

Profondeur d'eau à conserver en arrondissant South-
Foreland. . . . .   22 à 26 mètres.
Venant du travers de Dou-
vres, profondeur d'eau faisant passer :
   au large du feu flottant de
   South-Sand-Head. . . .   31 mètres.
   à terre de ce feu flottant.   24 mètres.
Profondeur d'eau condui-
sant droit sur le feu flottant
de South-Sand-Head. . . . .   27 mètres.
Moindre profondeur d'eau
à conserver pour se tenir au
large, dans l'Est, du Goodwin.   26 mètres. — *En louvoyant :*
   on peut, en portant sur le
   Goodwin , amener le feu
   flottant de North-Sand-Head
   jusqu'au N.N.E. tant qu'on
   est à plus d'un mille au Sud
   de la Louée Swatchway ,
   mais, plus au Nord, il faut
   tenir le feu flottant de North-
   Sand Head à l'Ouest du Nord
   et ne pas s'approcher du
   banc par moins de 55 à 50
   mètres.

Profondeur d'eau indiquant
qu'on est dans le Nord de tous
les bancs compris entre South-
Foreland et North-Foreland.   33 à 37 mètres.
Etant dans la mer du
Nord, moindre profondeur
d'eau à conserver pour se
tenir dans le canal du plus
grand brassiage. . . . . . .   33 mètres.

Pas-de-Calais.

Fonds sur lesquels s'élève brusquement la partie Nord du *Colbart*.......... 36 à 35 mètres.

Profondeur d'eau par laquelle il importe de se maintenir, en naviguant entre le Colbart et la côte de France, dès qu'on relève le phare de Gris-Nez plus vers l'Est que l'E. S.E. .... 33 mètres au moins.

Côte de France.

(A l'Est du cap la Hague.)

Des Casquets a la pointe de Barfleur

Moindre profondeur d'eau à conserver pour se tenir à environ 2 milles au large des dangers situés entre le cap Lévi et la pointe de Barfleur. 48 mètres.

Brassiage dans toutes les directions comprises entre le N. O. et le N. du phare de Barfleur:

à 15 ou 18 milles de distance. .... de 74 à 73 mètres.

à 9 milles. .... de 51 à 55 mètres.

à petite distance....... de 37 à 40 mètres.

Du cap d'Antifer au cap Gris-Nez.

Moindre profondeur d'eau à conserver entre le cap d'Antifer et la pointe d'Ailly. 40 mètres.

Brassiage dans toutes les directions comprises entre le N.N.O et le N. du phare d'Ailly, et à une distance de ce phare:

de 15 à 18 milles. ..... de 37 à 44 mètres

de 6 à 9 milles. ...... de 33 à 37 mètres

Se trouvant dans l'Est du cap d'Antifer, et s'il n'y a pas de vue, moindre profondeur à conserver, quel que soit l'état de la marée, afin de se préserver des effets de la déviation qu'éprouve le courant de flot sur le méridien de la pointe d'Ailly. .   33 mètres.

Du cap Gris-Nez a la frontière de Belgique.

Se trouvant dans la mer du Nord, moindre profondeur d'eau à conserver pour se maintenir dans le *canal du plus grand brassiage*, et éviter de s'engager au milieu des bancs qui s'étendent au large de la côte septentrionale de France. . . . . .   33 mètres au moins.

Côte de France.

(A l'Ouest du cap la Hague.)

Entre les caps Flamanville et Carteret.

Profondeur d'eau à partir de laquelle le fond s'élève brusquement le long de la partie de côte comprise entre les caps Flamanville et Carteret. . . .   44 mètres. — On trouve cette profondeur d'eau à 4 mille 1/2 au large.

Entre le rocher Senéquet et Granville.

Hauteur de l'eau sur la Catheue :
    après 2 heures de montée.   3 mètres.
    quand Ronquet est couvert.   5 mètres.
Hauteur de l'eau :
    sur le Founet (*à la partie Est des Chausey*), après 2 heures de montée. . .   3 mètres,

à l'entrée du port de Granville, quand les roches les Foraines (*situées à la partie S.E.des Chausey*) sont couvertes. . . . . .   5 mètres.

ENTRE LE CAP FRÉHEL ET LES HÉAUX DE BRÉHAT.

Moindre profondeur d'eau à conserver pour éviter les dangers compris entre le cap Fréhel et les Héaux de Bréhat. .   33 mètres au moins. — Tous ces dangers, à l'exception de Basse-Maurice, du plateau de Barnouic et des Roches-Douvres, sont situés sur des fonds de moins de 33 mètres.

Quantité dont le brassiage porté sur les cartes se trouve augmenté, dans les environs de l'île Bréhat, ainsi que dans la baie de Saint-Brieuc, à l'instant de 1/2 marée . . . . .   55 décimètres.

ENTRE LES HÉAUX DE BRÉHAT ET LES SEPT-ILES.

Fonds sur lesquels s'élèvent tous les dangers situés entre les Héaux et les Sept-Iles. .   sur des fonds de moins de 33 mètres.

ENTRE L'ILE DE BAS ET L'ILE VIERGE.

Moindre profondeur d'eau à conserver le long de cette partie de côte. . . . .   66 mètres.

ENTRE LES ROCHES DE PORSAL ET LE FOUR

Moindre profondeur d'eau à conserver en portant à terre.   82 mètres.

IROISE.

BRASSIAGE :
à toucher les Pierres-Noires.   de 34 à 27 mètres.
à petite distance de ces ro-
ches. . . . .   de 88 à 59 mètres.
à une distance de 6 milles
et en allant vers le Sud.   de 82 à 73 mètres.

CHAUSSÉE DE SEIN.

Profondeur de l'eau à l'ex-
trémité Ouest de la chaussée.   68 mètres.
  Moindre profondeur d'eau
à conserver, en portant sur
la chaussée de Sein, pour doubler cette chaussée par le Sud
et par l'Ouest . . . .   100 mètres

A LA POINTE DE PENMARC'H.

Profondeur de l'eau à l'accore des roches qui bordent la
pointe de Penmarc'h et s'avancent à environ 1 mille 1/2 au
large . . . .   48 à 65 mètres.

DANS LE PERTUIS D'ANTIOCHE.

Brassiage dans le chenal. .   29 à 30 mètres.
  Moindre profondeur d'eau
à conserver en louvoyant dans
le Pertuis . . . .   13 à 14 mètres.

COTE OUEST D'OLÉRON.

Moindre profondeur d'eau
par laquelle il faut se tenir
au large de la côte Ouest de
l'île d'Oléron. . . . .   15 à 16 mètres.
  Profondeur de l'eau à 9 mil-
les de cette côte. . . . . . .   39 mètres.

FONDS.

Sur le parallèle des Sorlingues.

Qualité du fond :

à l'accore des Sondes, par 183 mètres. . . . . . .   beau sable brun foncé.

sur le méridien de 11°20′ O., par 123 et 108 mètres. . . . .   sable sans vase.

autour du haut-fond situé par 10°20′ O. (*Jone's-Bank*). . . . .   vase molle.

sur Jone's-Bank. . . . . .   sable fin et gros, gris et jaune, mêlé de fragments de coquilles et de petites pierres anguleuses jaunes et rougeâtres.

Entre les parallèles de 49°25′ et 49°15′N.

Ou en suivant l'un ou l'autre de ces parallèles.

(Latitude par laquelle il convient d'attérir pour entrer en Manche.)

Qualité du fond :

à l'accore des Sondes. . .   sable mêlé de vase d'un vert foncé.

aux accores de l'Ouest de la Grande-Sole. . . . . .   sable gris très-fin, mêlé de vase claire.

sur la Grande-Sole . . . .   sable gris fin, ou sable jaune-rougeâtre et graviers ; mais sans *aucune trace de vase.*

à l'Est de la Grande-Sole et jusque par 11°50′ O. . . .   vase molle mêlée de sable.

à l'Est de 11°50′ O. et sur le parallèle de 49°17′ N.   sable pur, *sans vase.*

à l'Est de 11°50′ O. et au sud du parallèle de 49°17′ N. . . . .   sable pur, *sans vase.*

à l'Est de 11°50′ O., mais au Nord du parallèle de 49°17′ N. . . . .   sable vaseux.

sur le parallèle de 49°25′ N., entre les méridiens de 11° et de 10°10′ O. .
par 49°25′ N. et 10°10′ O.

sable vaseux.

gros sable, jaune clair et gris foncé, et gravier, sur un haut-fond (le *banc Haddock*), qui coupe le parallèle de 49°25′ N. dans une direction Nord-Est et Sud-Ouest.

sur le parallèle 49°25′ N., entre le banc Haddock et le méridien de 9°40′ O.

sable vaseux

sur le parallèle de 49°25′ N., mais à l'Est du méridien de 9°40′ O. . . .

sable pur.

à 39 milles dans le S. 42° O. du monde des Sorlingues. . . . .

sable fin mêlé de morceaux de coquilles blanches et jaunes, de granit brun anguleux et d'autres pierres de diverses formes, mais *toujours sans vase.*

à 18 milles des Sorlingues, et dans toutes les directions comprises entre le N.N.O. et le S. 1/2 O.

sable fin, grossier ou mêlé, d'une couleur pâle, blanche ou grisâtre, devenant plus gros et plus foncé à mesure qu'on se rapproche des Sorlingues, et recouvert d'une surface poudreuse parsemée de petites pierres et de morceaux de coquilles ; — mais on ne trouve *aucune trace de vase* à 18 milles des Sorlingues ou en dedans de cette distance.

sur le méridien des Sorlingues, entre les parallèles de 49°25′ N. et 40°15′ N. . . . .

gros sable mêlé de matières

Entre le méridien des Sorlingues et celui du cap Lézard. . . . . — le fond devient d'une couleur pâle, blanchâtre, ressemblant à de la marne demi-durcie et offrant une surface farineuse.

rocheuses pourries et de coquilles plates.

Limite de cette nature de fond :
vers l'Est. . . . : . . . . . — le méridien de l'île de Bas.
vers le Sud . . . . — le parallèle de l'île d'Ouessant.

Qualité du fond sur le méridien du cap Lézard, à 24 milles de ce cap. . . . . . . — même fond qu'entre les Sorlingues et le cap Lézard, si ce n'est qu'il contient en plus des coquilles brisées.

Différence entre la qualité du fond dans le Sud-Ouest et dans le Sud-Est du cap Lézard. — le fond est plus grossier dans le Sud-Est que dans le Sud-Ouest.

Méridien à l'Est duquel on ne trouve plus de vase :
sur le parallèle de 49°25′ N. . . . . — 9°40′ O.
sur le parallèle de 49°36′ N. . . . . — 9°30′ O.
Sur le parallèle de 49°43′ N. . . . . — 9°12′ O.

SUR LE PARALLÈLE D'OUESSANT.

Qualité du fond :
aux accores de l'Ouest de la Petite-Sole. . . . . . — sable gris fin *vaseux*, parsemé quelquefois de pointes d'alènes.

sur la Petite-Sole . . . . . — sable fin. La couleur de ce sable varie, mais le sable roux paraît dominer.

On trouve également sur la Petite-Sole de petits cailloux, jaunes ou noirs-rougeâtres, et des fragments de coquilles.

aux accores de l'Est de la Petite-Sole. . . . . . .

sable et coquilles brisées ou moulues.

après avoir dépassé le méridien de la Petite-Sole, par 174 et 164 mètres.

sable fin, de couleur claire, avec des morceaux de coquilles à côtes.

à 15 milles plus dans l'Est, c'est-à-dire à 135 milles d'Ouessant, par 135 mètres. . . . .

sable fin, de couleur claire, avec des morceaux de coquilles à côtes.

à 18 milles d'Ouessant, par 132, 130 et 128 mètres, et, à 27 milles, par 121 et 115 mètres. . . . . .

fond grossier, jaune pâle, ressemblant à de la marne demi-durcie, et présentant une surface poudreuse parsemée de morceaux de coquilles brisées et d'une substance analogue à de la paille hachée.

à 6 ou 9 milles d'Ouessant, par 119 mètres. . . . .

fond de roche.

dans le Sud d'Ouessant, à l'ouvert de l'Iroise. . . .

gravier et coquilles brisées.

dans l'Ouest d'Ouessant et jusqu'au 8e degré de longitude. . . . .

on trouve sur le fond de petits piquants d'oursins plus ou moins brisés, mêlés quelquefois de coquilles entières, de coquilles brisées, moulues, de sable et de gravier.

SUR LE PARALLÈLE D LA CHAUSSÉE DE SEIN.

Qualité du fond :

à l'accore des sondes, par 48°02 N. et 10°24′ O., par 725 mètres. . . . .   fange d'un gris bleuâtre foncé.

à l'extrémité Ouest de la chaussée de Sein, au pied des roches. . . . .   sable et coquilles moulues.

dans le Sud de la chaussée. . . . .   on trouve des roches inégales parmi lesquelles on rencontre du gravier, du sable, des coquilles brisées et moulues.

dans l'Ouest de la chaussée de Sein et jusqu'au 8° degré de longitude.. . .   on trouve, sur le fond, de petits piquants d'oursins plus ou moins brisés, mêlés quelquefois de coquilles entières, de coquilles brisées, moulues, de sable et de gravier.

SUR LE PARALLÈLE DE GROIX.

Qualité du fond :

à la limite des fonds de 325 mètres. . . . . . .   la qualité dominante est du gravier avec des coquilles brisées et moulues et peu de sable.

vers le 8° degré de longitude.. . . . .   sable, coquilles brisées et moulues.

Méridiens entre lesquels est compris le fond de vase molle, de 20 milles de largeur, qui s'étend dans une direction Nord-Ouest et Sud-Ouest entre les parallèles de Penmarc'h et de Rochefort.   entre le méridien de 7°30′O. et celui du feu de Penmarc'h.

Qualité du fond ·
  depuis l'accore Est du banc
    de vase molle, jusqu'à
    15 milles de la pointe
    Ouest de Groix. . . . .   roche.

  à partir de 15 milles de la
    pointe Ouest de Groix, et
    en allant vers l'Est.. . .   on retrouve le fond de vase
    molle.

SUR LE PARALLÈLE DE BELLE-ILE.

Limite Nord du fond de sable gris, mêlé quelquefois de
coquilles brisées et moulues,
sur lequel on trouve des
pointes d'alènes, et qui s'é-
tend, parallèlement et dans
l'Ouest du fond de vase molle,
jusque sur le parallèle de
Roche-Bonne. . . . .   le parallèle même de Belle-
    Ile.

  Qualité du fond à l'Ouest
du fond de vase molle. . . .   sable gris généralement va-
    seux, souvent mêlé de gra-
    vier.

Longitude de l'accore Ouest
du fond de vase molle.. . .   6°35′ O.

  A quelle distance de la
pointe Sud-Ouest de Belle-Ile
perd-on le fond de vase molle ?   à 14 milles.

SUR LE PARALLÈLE DE L'ILE-D'YEU.

Qualité du fond :
  à la limite des fonds de
    325 mètres. . . . . . .   sable gris, quelquefois mêlé
    de coquilles brisées et mou-
    lues, sur lequel on ren-
    contre des pointes d'alènes.

  dans l'Ouest du fond de
vase molle.. . . . . . .   sable vaseux mêlé de gra-
    vier.

Longitude de l'accore Ouest du fond de vase molle.. . . .   6° 0′ O.

A quelle distance de l'île d'Yeu perd-on le fond de vase molle ? . . . .   à 25 milles,

Qualité du fond entre le banc de vase molle et l'Ile-d'Yeu.. . . . .   gravier et coquilles brisées présentant les apparences de roche.

SUR LE PARALLÈLE DU PHARE DE CHASSIRON.

Qualité du fond :
à la limite des fonds de 325 mètres. . . . . . .   sable gris, mêlé quelquefois de coquilles brisées et moulues et de pointes d'alènes.

dans l'Ouest du fond de vase molle.. . . . . . .   sable vaseux souvent mêlé de graviers.

Méridiens entre lesquels est compris le fond de vase molle. . . . .   entre 5° 25′ et 4° 40′ O.

Qualité du fond depuis le banc de vase molle jusqu'à l'ouvert du Pertuis d'Antioche.   sable roux, piqué de noir, mêlé de graviers.

SUR LE PARALLÈLE DU PHARE DE CORDOUAN.

Qualité du fond :
à la limite des fonds de 325 mètres (200 brasses). . . . .   sable gris, brun, mêlé de quelques pointes d'alènes et de coquilles moulues.

par 5° O., sous 122 mètres (75 brasses) d'eau. . . .   le sable domine.

par 4°15′O., sous 68 mètres (42 brasses) d'eau.. . . .   sable gris, fin, vaseux.

A quelle distance de Cordouan cesse-t-on de trouver de la vase mêlée au fond?. .   à 10 ou 12 milles.

Qualité du fond à partir de 10 à 12 milles au large de Cordouan et en allant vers la côte. . . . .   sable souvent mêlé de coquilles moulues.

Sur le parallèle du bassin d'Arcachon.

Qualité du fond :
depuis l'accore des Sondes jusqu'à 10 milles de la côte. . . . .   sable fin gris vaseux.
plus près de la côte que 10 milles. . . . .   sable et gravier.
à quelques milles seulement dans le Sud-Ouest de la barre.   sable vaseux.

Entrée de la Manche.

Se servir du fond vaseux, attenant à la côte Sud d'Irlande, et dont l'accore Sud se trouve entre les parallèles de 49° 15′ N. et de 49° 25′ N., pour s'assurer d'une latitude permettant de faire route à l'Est avec sécurité . .   venant du Sud-Ouest, faire bonne route au Nord lorsqu'on est parvenu dans l'Est du méridien de 12° 20′O., jusqu'à ce que le plomb de sonde *amène de la vase.*
Venant du Nord-Ouest, faire bonne route au Sud lorsqu'on est parvenu dans l'Est du méridien de 12° 20′ O., jusqu'à ce que le plomb *n'amène plus de vase.*

Indication à l'aide de laquelle on reconnaît que l'on est à 18 milles au moins dans l'Ouest des Sorlingues. . . .   la présence de la vase dans la qualité du fond.

Se trouvant, par 115 à 122 mètres d'eau, à environ 36 milles des Sorlingues, dans une direction comprise entre le N. N.O et le S. 1/2 O. : si le fond est mêlé de vase.   on est entre les parallèles de 50°17'N. et de 49°38' N.

si le fond est de sable, fin ou gros, ressemblant à du poivre pilé, ou de sable gris clair, brun-rougeâtre, avec de petits morceaux de coquilles, ou d'une nature quelconque, *mais sans trace de vase.* . . . . .   on est au Nord du parallèle de 50°17'N., ou au Sud de celui de 49°38'N.

La qualité du fond n'est pas la même, à l'entrée de la Manche, sur la côte de France que sur la côte d'Angleterre.. . . . .   le fond est plus grossier sur la côte de France que sur celle d'Angleterre

Côte d'Angleterre.

Qualité du fond entre l'île de Wight et Cherbourg : au Sud du chenal. . . . .   le fond est généralement grossier, sans cohésion, ou de roche ; les pierres sont, pour la plupart, couvertes d'une incrustation rougeâtre.

à moins de 15 milles de la côte d'Angleterre. . . . . le fond devient plus fin ; il est principalement composé de sable mêlé de petits graviers.

Qualité du fond entre l'île de Wight et Beachy-Head. . sable mêlé de petits graviers.

Côte de France.

(A l'Est du cap la Hague.)

Qualité du fond dans toutes les directions comprises entre le N.O. et le N. du phare de Barfleur :

à 15 ou 18 milles. . . . . fond grossier.
à 9 milles. . . . . fond de gros gravier.
à petite distance du phare. fond de gros sable brun.

Qualité du fond dans toutes les directions comprises entre le N. N.O. et le N. du phare d'Ailly :

à 15 ou 18 milles. . . . . fond mêlé de morceaux de roches rougeâtres, de coquilles, de graviers et de petits galets de diverses couleurs.

entre 6 et 9 milles du phare. . . . . même fond qu'à 15 ou 18 milles.

Nature du fond sur le banc *Franc Marqué*. . . . . . . sable rouge et coquilles brisées.

Côte de France.

(A l'Ouest du cap la Hague.)

Sable entrant dans la composition du fond autour des îles Anglaises, notamment de Guernesey et d'Aurigny.

Qualité du fond :

dans le Nord-Est de la ligne joignant le cap Gros-Nez (pointe Nord-Ouest de Jersey) à l'île Sercq.	fond de roche pourrie et de débris de coquilles.
dans le Sud-Ouest de la ligne joignant le cap Gros-Nez à l'île Sercq. .	fond de sable, de coquilles ou de gravier, mais *sans roche.*
dans le Nord de la ligne joignant l'île Sercq au cap Rosel (*côte de France*).	fond de gravier, *sans aucune apparence de pierres ni de roches.*
dans le Sud de la ligne joignant l'île Sercq au cap Rosel.	fond de roche pourrie et de débris de coquilles

Qualité du fond :

par 66 mètres d'eau, entre l'île de Bas et l'île Vierge.	sable gris mêlé de petits galets de diverses couleurs ressemblant à des noisettes.
par 82 mètres, devant la partie de côte comprise entre les Roches de Porsal et le Four	sable gris mêlé de petites pierres à feu et autres.
par 15 à 16 mètres d'eau, au large de la côte Ouest de l'île d'Oléron.	fond de sable.
à 9 milles au large de cette côte, par 39 mètres. . .	fond de gravier.

ce sable est de granit bleu, rouge ou jaune.

GISEMENT DES TERRES ET ÉCUEILS.

Côte d'Angleterre.

Venant de l'Ouest avec des vents de la partie du Nord, de quelle côte doit-on prendre connaissance pour entrer en Manche ? . . . . de la côte d'Angleterre (1).

Distances de terre entre lesquelles il convient de se maintenir, en naviguant le long de la côte d'Angleterre. à plus de 12 milles, mais à moins de 24.

Point de la côte d'Angleterre que ne doivent pas dépasser vers l'Est les navires allant au Havre ou à Cherbourg. Portland, si l'on va au Havre ; Start-Point seulement, si l'on va à Cherbourg.

DES SORLINGUES AU CAP LÉZARD.

Eviter :

la roche Gilstone. . . . . . tenir l'île Ste-Agnès détachée de l'île Ste-Marie.

Wolf-Rock, au moyen du feu des Long-Ships. . . amener le feu des Long-Ships plus vers le Nord, ou plus vers l'Est, que le N.E., selon le bord duquel on veut laisser Wolf-Rock en venant du Sud ou du Nord.

au moyen des phares sur le cap Lézard. . . . . . ne pas ouvrir le phare le plus Est à gauche du phare le plus Ouest.—On passe à 3 milles au moins dans le Sud de Wolf-Rock en tenant les 2 phares du cap Lézard l'un par l'autre.

____

(1) Quand les vents dépendent du Sud, on prend connaissance de la côte de France.

Marque faisant éviter les Seven-Stones (1) et en passer :

dans l'Ouest. . . . . le télégraphe qui est sur l'île Sainte-Marie à peu près caché par la pointe Carniweather.

dans le Sud-Est. . . . . . le télégraphe qui est sur l'île Ste-Marie ouvert à gauche du rocher Hanjague (2).

Éviter de nuit les Seven-Stones :

étant dans le Sud-Est de ces dangers. . . . . . . ne pas amener le feu de Ste-Agnès plus vers l'Ouest que l'O. 1/4 N.O.

étant dans le Nord-Ouest de ces dangers. . . . . . . ne pas amener le feu de Sainte-Agnès plus vers l'Ouest que le S.O.

Marque faisant éviter Runnel-Stone et en passer :

au large. . . . . les fenêtres de l'église de Saint-Leven en vue au-dessus de la terre.

à terre. . . . . l'église de Saint-Leven entièrement cachée par la terre.

Mouillages à l'Ouest du cap Lézard . . . . avec des vents de la partie de l'Est, on peut mouiller sur la côte entre Port-Leven et le cap Lézard.

Le fond n'y est point partout de bonne tenue ; mais il y a bon mouillage, par 49 mètres sur fond de sable

---

(1) Le feu flottant des *Seven-Stones* porte deux feux fixes ; il est mouillé à l'Est et à un mille des Roches. — On fait retentir un gong quand il y a de la brume et l'on tire le canon quand un navire court sur un danger.

(2) Rocher remarquable par sa forme conique.

dur, à peu près à 8 milles du cap Lézard et par le travers de Port-Leven, en relevant l'église de Helstone au N.E. 1/4 E. environ, et la pointe Cuddan au N.O. 1/2 N.

On peut encore mouiller dans le Nord de Gundvalloes-Cove, par 13 mètres d'eau, sur un fond de beau sable blanc, à un mille environ dans le Sud de la barre de la rivière Loë. Le fond est aussi fort bon au Nord de cette barre.

Un autre bon mouillage se trouve entre le cap Lézard et Helstone, par 15 mètres d'eau, sous un rocher escarpé remarquable, qu'on nomme Gull-Rock.

Marque faisant éviter les Stags et en passer :

dans l'Ouest. . . . . La montagne Godolphin (*Godolphin-Hill*), qui est à plus de 4 milles dans le Nord-Ouest de Helstone, ouverte à gauche de la pointe Meantale (*cette pointe paraît alors presque à toucher la pointe Rill*).

dans l'Est. . . . . Le cap Innis (*Innis-Head*) ouvert à droite du promontoire qui forme la partie Est des terres du cap Lézard et qu'on nomme *The Beast*.

Eviter Vrogue-Rock (1ᵐ8) et Spernam-Rock (9ᵐ1), dangers situés à environ 1 mille dans l'E.S.E. 1/2 S. du cap Lézard. . . . . Tenir le phare Ouest du cap Lézard ouvert d'au moins

Eviter Craggan-Rock (1ᵐ5), danger situé dans le Nord-Est du cap Lézard. . . . . .

ne pas s'approcher de la côte plus près que 1/2 mille.

deux fois sa propre largeur à gauche du phare Est.

Eviter tous les dangers qui environnent le cap Lézard. .

tenir la montagne Godolphin, au N. 3° O., ouverte de la pointe Rill, jusqu'à ce que la grange de Lowland, au N.E. 1/4 E., ouvre de Black-Head.

DU CAP LÉZARD A START-POINT.

La route ;—la distance. . .

E. 8° S. — 63 milles.

Passer à 1 mille 1/2 au moins dans le Sud de *Black-Head*.. . . . .

tenir les deux feux du cap Lézard en vue.

Eviter les *Manacles* et en passer :

dans le Sud. . . . .

en se tenant au Sud de l'alignement des deux feux du cap Lézard l'un par l'autre, ou en tenant la partie Est des terres du cap Lézard (*the Beast*), à l'O. 1/4 S.O., ouverte à gauche de Black-Head.

dans l'Est. . . . .

tenir la **tour** (*carrée*) de l'église de Mawnan, au N. 8° O., ouverte à droite de l'extrémité de la pointe Nare, ou le feu de St-Anthony au N.N.E.

Fond vaseux pouvant servir à faire éviter *Eddystone*. . .

un fond vaseux entoure Eddystone. La vase, par 38 mètres, est d'un vert foncé et mêlée de sable. Cette nature de fond s'étend à près de 10 milles dans l'Ouest d'Ed-

Eviter, en doublant Start-Point, d'être porté par les courants vers les Iles Anglaises.

dystone et à 4 milles dans le Sud. Plus au large, le fond est de sable.

ne pas s'éloigner de la côte au delà de 66 mètres de fond.

Cette influence de la marée n'est d'ailleurs à redouter que depuis le moment de la basse mer au rivage jusqu'à 5 heures de montée.

Start-Banck (52^m) . . . . . .
dans le S. 1/2 O. de Start-Point. La mer y est parfois très-agitée.

Le rocher Ittor, par l'église de Stoke-Fleming ou par Start-Point, fait traverser, par 55 mètres, sa partie N.E. ou sa partie S.O.

Pear-tree Rocks et Start-Rock . . . .
seuls dangers situés dans le Sud et le Sud-Ouest de Start-Point; ils en sont à 3/4 de mille.

Mouillage à l'Est de Start-Point . . . .
à terre des Skerries : Start-Point au S. 1/4 S.O. et la maison la plus Ouest de Hallsand à l'O. 1/4 N.O.

Marque faisant éviter les Skerries (2^{m}7) et en passer :
dans le Sud . . . .
la pointe Praule, à l'O. 1/2 N., ouverte à gauche de Start-Point.

dans l'Est . . . .
Berry-Head, au N.E. 3° E., ouvert à droite de Down-End.

dans le Nord . . . .
l'église de Street, au N.N.O. 3° O., par la partie la plus élevée de la falaise de Street-Head, et un peu ouverte de l'extrémité Nord de la plage de Slapton.

dans l'Ouest.	le sommet du rocher Mew-stone (de Darmouth), à l'E. N.E. 1/2 N., ouvrant de la haute terre de la pointe de Down-End.
dans le Sud-Ouest.	l'extrémité Ouest des arbres qui sont au-dessus de la maison Widdecomb, au N. N.O. 8° N., par la maison Blanche au Nord de Bee-sands.

DE START-POINT A PORTLAND.

La route ; — la distance. .	E. 3° S.—49 milles.
West-Bay.	très-bon abri contre les vents du S.S.E. au N. 1/4 N.E. passant par l'Est.
	Le meilleur mouillage se trouve par le travers de l'ex-trémité Sud du village de Che-silton, à 1/3 de mille du ri-vage, par 14 à 16 mètres sur un fond d'argile, le phare su-périeur de Portland, au S.S.O. 3° O., touchaut la pointe de Blacknor.
Raz de Portland	par le travers de la pointe de Portland ; éviter d'y passer par mauvais temps et en grande marée.
Passage à terre du raz de Portland.	n'est praticable qu'avec vent sous vergues et au moment de l'étale ; il faut ranger l'extrémité de Portland à moins de 1/3 de mille.
Marque faisant éviter les Shambles et en passer : dans l'Ouest.	la flèche de l'église de Port-land très-peu ouverte à gau-che du moulin à vent le plus Nord-Ouest.

dans l'Est . . . . l'église de Wike-Regis (*à près d'un mille dans le Sud-Ouest de Weymouth*), ouverte de l'extrémité Nord de la presqu'île de Portland et relevée au N.N.O. 3° N.

Rade de Portland. . . . . comprise entre l'extrémité Nord de la presqu'île de Portland et Weymouth.

Atteindre la rade de Portland en passant dans l'Ouest des Shambles :
au moment de l'étale. . . tenir la flèche de l'église neuve de Portland, au N. 1/2 E. (N. 20° O.), par Poor-House (*maison qui porte une grande cheminée à chacune de ses extrémités*), ou, encore, les deux feux de Portland l'un par l'autre au N.N.O. 1/2 O. (N.5 3° O.).

la marée portant vers le N.E. . . . . tenir le plus élevé des phares de Portland à gauche de l'autre.

Atteindre la rade de Portland en passant dans l'Est des Shambles . . . . se maintenir par un fond de 34 à 32 mètres jusqu'à ce que l'église de Wike-Regis ouvre de l'extrémité Nord de la presqu'île de Portland et qu'on relève cette église au N.N.O. 3° N.

Après avoir doublé les Shambles, relever l'église de Wike un peu plus vers l'Ouest que le N.N.O. 3° N.

DE PORTLAND A LA POINTE SAINTE-CATHERINE.

La route ; — la distance. . . E. S.E. 1/2 E.— 45 milles.

Passer au large de l'accore Sud-Est des *Chalk-Rocks*. . tenir la balise de Nodes à droite de la pointe Needles tant que le plus élevé des phares de Portland est vu à gauche de la balise de Hurst.

Distance à laquelle il con— vient de passer de la pointe Ste-Catherine . . . . à au moins 2 milles.

Raz de Sainte-Catherine. 5 nœuds de courant par le travers de la pointe Ste-Catherine.

Sandown-Bay. . . . . on peut y étaler une marée, par 13 à 16 mètres d'eau, dans la direction de l'église de Shanklin au N.O. 1/4 O.

DE LA POINTE SAINTE-CATHERINE A BEACHY-HEAD.

La route ; — la distance. . E. 1/4 S.E. — 60 milles.

Passer au large :

des Owers. . . . . tenir la falaise Red-Clay (dans Sandown-Bay), à l'O.N.O. 3° N., ouverte à gauche de Culver-Cliff.

De tous les dangers situés entre les Owers et Bea-chy-Head . . . . tenir la haute terre située dans le voisinage du Priory (*île de Wight*) ouverte de Selsea-Bill, ou ne pas re-lever Selsea-Bill plus vers l'Ouest que l'O. 1/2 N.

Dans le voisinage des Owers, la marée porte avec force 4 heures au N.E. et 8 heures au N.O. . . . . on se soustrait à l'action de ce courant en passant à 4 ou 5 milles dans le Sud du feu flottant.

Ne pas prendre la falaise Seaford pour Beachy-Head...

Beachy-Head a un petit édifice à son sommet, et la falaise de Seaford est remarquable par une tache verte.

**Mouillage :
à l'Ouest de Beachy-Head**

sur la rade de Seaford, entre le moulin à mer qui est à l'Est de Newhaven et la tour Martello située près de la plage de Seaford.

On y est abrité, jusqu'à l'E.S.E. , contre les vents de la partie de l'Est.

Le meilleur mouillage est entre la tour et la batterie Blatchington : le phare de Beachy-Head venant de se cacher derrière les falaises, ou, encore, par 16 mètres, dans la direction de l'église de Seaford à l'E. 1/2 N. (N. 59 E.)

à l'Est de Beachy-Head.

Par 7 à 9 mètres d'eau, à 3/4 de mille dans l'Est de Beachy-Head : Eastbourn restant au N.O. 1/4 N. et Beachy-Head à l'O. 3° S.

DE BEACHY-HEAD A DUNGENESS.

**Doublant Beachy-Head à une distance de 5 à 6 milles :
La route ; — la distance. .**

E. 3° S. (N. 68° E.) — 29 milles.

Ayant doublé Beachy-Head à moins de 5 à 6 milles, passer au large des bancs du *Royal-Sovereign* (2ᵐ) . . . .

tenir le phare de Beachy-Head dégagé des falaises les plus Est du cap, ou la falaise de Seaford ouverte de Beachy-Head.

On est dans l'Est des Bancs lorsqu'on relève les 2 moulins de Battle, au N.N E., par la ville de Beehill. — On peut alors porter à l'E. 8° N. pour aller chercher Dungeness.

Un navire venant de l'Est ne doit pas gouverner plus vers l'Ouest que l'O. 8° S. jusqu'à ce qu'il aperçoive la falaise de Seaford ouvrant de Beachy-Head, ou le phare de Beachy-Head, au N.O. 8° O., ouvrant des falaises les plus Est du cap.

Marque faisant éviter les bancs du Royal-Sovereign et en passer :

dans l'Est. . . . . le moulin de Fairlight par la partie Nord-Ouest de la falaise à l'Est de Hastings.

dans le Nord . . . . l'église de Willingdon par l'extrémité Nord de la carrière de craie de Willingdon.

dans l'Ouest. . . . . la petite flèche de Hurstmonceaux par la partie Ouest de l'église de Westham, ou Eastbourn plus vers l'Ouest que le N.O. 1/4 N.

Louvoyer :

entre Beachy-Head et les dunes de Fairlight.. . . ne pas s'approcher de terre par moins de 33 mètres d'eau.

entre les dunes de Fairlight et Dungeness. . . porter à terre jusque par 16 mètres d'eau, et, au large, jusque par 39 mètres

sur le méridien de Dunge-
ness. . . . .

ne pas courir au large plus loin que par 34 à 33 mètres d'eau, et ne pas s'appro-cher de la pointe plus près que par 29 mètres.

Passer entre les bancs du Royal-Sovereign et le banc Holywell (2^m) . . . .

tenir la petite flèche de Herst-Monceaux par la partie Ouest de l'église de West-ham.

Passer dans le Nord-Ouest du banc Pevensey (3^m à 6^m) et du banc Rutlan (5^m). . . .

tenir Beachy-Head à l'O. 1/4 S.O.

Banc Boulder (3^m). . . . .

dans le Sud-Est de la pointe Cliffs-End.

Marque faisant éviter le banc Boulder et en passer :
dans le Sud-Ouest. . . . .

le moulin de Fairlight ouvert à droite du sémaphore.

dans le Sud-Est. . . . . .

le clocher de Playdon par la tourelle de l'église de Rye.

Phare de Dungeness. . . .

est situé à plus de 200 mètres de l'extrémité de la pointe; sa tour est rouge.

Mouillage à l'Ouest de Dun-geness. . . . .

bien abrité contre les vents du Nord-Est. Les marques pour le meilleur mouillage sont : le phare de Dun-geness à l'E. 3° S. (N. 69° E.); la tour de l'église de Romney par l'église de Lydd; le moulin de Fair-light par l'église de Fair-light ou un peu ouvert à gauche de cette église. — On y est par 11 mètres d'eau.

Atteindre le mouillage à l'Ouest de Dungeness, en passant dans l'Ouest du Banc Stephenson..........

tenir l'église de Lydd au N E. jusqu'à ce qu'on relève le phare de Dungeness à l'E. 1/4 S.E. On peut alors mouiller ou continuer à porter sur le phare jusqu'à ce qu'on relève la tour de Lydd au N.E. 1/4 N.

Sortir du mouillage à l'Ouest de Dungeness, passer entre le Banc Stephenson et la pointe de Dungeness, et doubler cette pointe.......

tenir le phare de Dungeness à l'E. 1/4 S.E. jusqu'à ce que la tour de Lydd arrive au N. 1/4 N.E.; arrondir le bout du Banc Stephenson, et porter au S.E. 1/4 E. jusqu'à ce que la sonde indique 22 mètres.

Mouillage à l'Est de Dungeness.............

par 7 et 22 mètres d'eau sur un fond de bonne tenue; on y est abrité contre les vents du N. 1/4 N.E. à l'O. 1/4 S.O.; le meilleur mouillage est, par 13 mètres, dans les marques suivantes: l'église de Lydd ouverte à droite du moulin Nord-Est de Lydd, et le phare de Dungeness à l'O.S.O. 8° S.

Sortir du mouillage à l'Est de Dungeness, doubler Dungeness, et faire route vers l'Ouest............

amener le phare de Dungeness au Nord; gouverner

ensuite à l'O.S.O. jusqu'à ce que la sonde indique de 24 à 25 mètres.

De Dungeness a South-Foreland.

La route ; — la distance.. . . E.N.E. 3° E. — 20 milles 1/2.

Louvoyer :

entre Dungeness et Hythe. on peut porter à terre jusque par 20 mètres d'eau, et, au large, jusque par 37 ou 41 mètres.

par le travers des roches de Folkstone, lesquelles sont à petite distance dans l'Ouest de Folkstone. . . ne pas s'approcher de terre plus près que par 24 à 25 mètres d'eau , et ne pas courir au large plus loin que par 32 mètres.

Les navires calant plus de 42 décimètres d'eau ne doivent jamais perdre de vue le phare inférieur de South-Foreland, et l'on ne doit même jamais, quel que soit son tirant d'eau, à moins que l'on ne soit destiné pour Folkstone, perdre de vue le phare supérieur de South-Foreland.

entre Folkstone et Douvres. on peut porter vers le rivage jusque par 22 et 20 mètres d'eau, et, au large, vers le Varne , jusque par 29 mètres.

par temps de brume.. . . ne pas s'approcher de terre par moins de 25 mètres d'eau.

depuis 1/2 montée au rivage jusqu'à 1/2 baissée. on peut prolonger ses bor-

	dées vers le large, car il n'y a pas alors moins de 6 mètres d'eau sur tous les bancs du Pas-de-Calais, y compris le Colbart.
Mouillage devant Folkstone.	par 22 à 25 mètres d'eau : le cap South-Foreland ouvert de la falaise de Douvres (*Dover-Cliff*).
Rade de Douvres	on y mouille par 25 et jusqu'à 13 mètres d'eau. Les marques du meilleur mouillage sont : l'église Saint-James (*située dans la vallée et dont le clocher est plat*) au N.N.O. et South-Foreland à l'E.N.E., ou le chemin blanc, qu'on aperçoit dans le Nord-Ouest du château de Douvres, vu directement au-dessus de la colline, ou vu entre la colline et l'église Saint-James.
Passer entre la côte d'Angleterre et le Varne.	tenir le moulin de Fairlight un tiers plus près de l'église de Lydd que du phare de Dungeness.
Eviter le Varne et le Colbart.	ne pas relever la falaise ou les phares de South-Foreland plus vers le N. que le N.E. 3° N. (N.N.E. 1/2 N.)
Passer dans le Sud du Goodwin.	ne pas croiser la direction des deux phares de South-Foreland vus l'un par l'autre : tenir le phare le plus élevé à gauche du moins élevé.

DE SOUTH-FORELAND A LA MER DU NORD.

Marque faisant éviter le Goodwin (1) et en passer :

dans le Sud. . . . . l'église de Folkstone ouverte à gauche de la falaise de Shakespeare (Hay-Cliff), ou le phare supérieur de South-Foreland vu à gauche du phare inférieur.

Les deux phares de South-Foreland l'un par l'autre, à l'O. 1/4 N.O., font passer à 1 mille dans le Sud du Goodwin.

dans le Sud-Ouest. . . . . le moulin d'Upper-Deal, au N.O. 1/4 N., par le château de Walmer.

Passer entre le cap South-Foreland et le Goodwin . . . se tenir à environ 1/2 mille du cap, par 22 à 26 mètres ; avoir soin de toujours apercevoir la lanterne du phare supérieur au-dessus de la falaise.

Lorsque les deux phares sont l'un par l'autre, à l'O. 1/4 N.O., et que la ville de Deal ouvre des Falaises, on peut porter au N.E. 1/4 N. jusqu'à ce que le château de Sandown soit à l'O. 1/4 N.O.;

---

(1) L'accore Est du Goodwin est signalé par 2 balises et 4 bouées que l'on rencontre dans l'ordre suivant, en allant du Sud vers le Nord : 1° une bouée noire portant une perche surmontée d'un globe ; 2° une bouée, peinte par bandes horizontales noires et blanches, portant une perche surmontée d'une cage ; 3° une bouée noire portant le mot : *Swatchway*, et surmontée d'une perche terminée par un losange ; 4° une bouée rouge portant une perche surmontée d'un triangle. Il faut passer à 1/2 mille à l'Est de ces bouées.

on est alors à l'entrée du Gull-Stream, entre les bouées du Brake et du Bunt.

Mouillage des Dunes. . . . . par 14 à 15 mètres dans les marques suivantes : l'église d'Upper-Deal, à l'O.N.O., ouvrant à gauche du château de Deal ; l'église de Sandwich, au N.N.O, ouvrant à droite du château de Sandown, et le phare supérieur de South-Foreland (le phare inférieur étant alors caché), au S.O. 1/2 O. par le milieu de la baie Old-Stairs.

Les grands navires ne doivent pas mouiller au Nord de l'alignement donné par l'église d'Upper-Deal vue par le château de Deal.

Mouillage des Petites-Dunes . . . . convient aux navires de moins de 4 m. 5 de tirant d'eau : la petite dune Bullock entre les deux églises de Sandwich, et le moulin de Deal par le château de Sandown.

Banc de Deal ($\overline{4^{m}8}$). . . . son accore est signalé par une bouée mouillée par plus de 10 mètres.

Sortir de la rade des Dunes par le Gull-Stream . . . amener et tenir le phare supérieur de South-Foreland au S.O. 1/2 O., par le milieu de la baie Old-Stairs.

Après avoir doublé par l'Ouest le feu flottant de Gull, amener et tenir ce feu flottant, au S.O. 1/2 O., par le phare supérieur de South-Foreland.

Sortant de la rade des Dunes par le Gull-Stream . . .   on peut venir à l'Est, et même à l'E.S.E., lorsque le phare de North-Foreland reste au N.O., ou le feu flottant de North-Sand-Head au S.E.

Venant du Nord pour entrer dans le Gull-Stream . .   ne pas amener le feu flottant de North-Sand-Head plus vers l'Est que le S.E. jusqu'à ce que le feu flottant de Gull reste au S.O. 1/2 O. et le phare de North-Foreland au N.O.

Le Gull-Stream est alors ouvert et l'on peut s'y engager en gouvernant, au S.O. 1/2 O., sur le feu flottant de Gull, tenu par le phare supérieur de South-Foreland.

Doubler le feu flottant de Gull par l'Ouest, et continuer vers le mouillage des Dunes en tenant le phare supérieur de South-Foreland, au S.O. 1/2 O., par le milieu de la baie Old-Stairs.

Pas-de-Calais.

Avec vents d'aval . . . . .   hanter la côte d'Angleterre.
Avec vents d'amont. . . .   hanter la côte de France.
Chenal du côté de l'Angleterre :
    avec vent sous vergues . .   la direction à suivre dans ce chenal est indiquée par le moulin de Fairlight tenu un tiers plus près de l'église de Lydd que du phare de Dungeness.

Pour éviter le Varne et le Colbart, il ne faut pas amener la falaise ou les phares de South-Foreland plus vers le Nord que le N.E. 3° N. (N.N.E 1/2 E.)

en louvoyant. . . . . entre les périodes de demi-montée et de demi-baissée au rivage, il n'y a pas moins de 6 mètres d'eau sur tous les bancs du Pas-de-Calais ; mais, après demi-baissée au rivage, on doit s'efforcer de se tenir entre le Varne et la côte d'Angleterre.

Chenal du côté de la France : avec vent sous vergues . . facile à suivre en s'aidant de la sonde ; — mais prendre garde à la partie Nord du Colbart qui s'élève brusquement de ce côté sur des fonds de 36 à 35 mètres.

en louvoyant . . . . ne pas prolonger les bordées au delà de la direction dans laquelle le plus élevé des feux de South-Foreland est vu au N.N.E. 3° N. (N.1/2 O.), tant que le phare de Gris-Nez reste plus vers le Sud que l'E. S.E. (Est). Se tenir par des fonds de plus de 33 mètres quand on relève le phare de Gris-Nez plus vers l'Est que l'E. S.E.

Marque faisant éviter le Varne ($\overline{2^{m}7}$) et en passer : dans l'Est. . . . . les sapins de Paddlesworth, au N. N.O. 8° O. (N.56° (O.), par la Tour du milieu des trois Martellos qu'on aperçoit dans l'Est de Folkstone.

dans l'Ouest.	le moulin à vent de Lympne, au N. N.O. (N. 47° O.), très-peu ouvert à gauche du clocher carré de Lympne.

Marque faisant éviter le Colbart (1^m8) et en passer:
dans le Sud, entre ce banc et les Ridins ($\overline{10^m9}$). . . — le sommet du Mont-Couple, à l'E. 3° S. à peu près, par le milieu de la première vallée profonde que l'on aperçoit au Sud du cap Gris-Nez et très-près de ce cap, ou, encore, le sommet du mont Lambert, au S.E. 1/2 E. un peu Est, ouvert à droite du beffroi de la haute ville de Boulogne.

dans l'Est. . . . . — l'église d'Outreau à toucher l'extrémité Est du bois qui est dans le Sud-Ouest de l'église de Saint-Etienne-au-Mont.

Marque faisant éviter la Bassurelle (6^m7) et en passer :
dans le Sud. . . . . — le sommet du Mont-Lambert à l'E. 1/2 S. (N. 72° E.), très-peu ouvert à droite du corps de garde qui est sur le cap d'Alprech.

dans l'Ouest . . . . — l'église de Romney, au N. 1/4 N.E. (N. 12° O.), ouverte à gauche du phare de Dungeness.

dans le Nord, ainsi que dans le Nord des Ridins . . . — le corps de garde sur le cap Blanc-Nez, à l'E. 8° N. (N. 57° E.), ouvert de sa propre largeur à gauche du cap Gris-Nez.

Marque faisant éviter le Vergoyer et en passer :

dans le Nord-Est, entre ce banc et les Ridins . . .	l'église de Lydd, au **N. N.O.** (N. 46° O.), ouverte à gauche du phare de Dungeness.
dans le Nord	le mont Lambert, à l'E. 3° S. (N. 69° E.), à mi-distance entre l'église d'Outreau et le corps de garde qui est sur le cap d'Alprech.
Passer entre le Vergoyer et la *Bassure-de-Baas* . . .	se maintenir par une profondeur d'eau de 24 à 26 mètres, de basse mer, dans toute la longueur de ce canal.
Sommet de la *Bassure-de-Baas*	se trouve par le travers du fort de la Crèche.
Haut-fond, sous **3** mètres d'eau, s'étendant dans le Sud-Ouest de la Bassure-de-Baas.	se trouve à 2 milles 1/4 dans l'O. 1/4 S.O. environ du phare d'Alprech.

Côte de France.

(A l'Est du cap la Hague.)

DES CASQUETS A LA POINTE DE BARFLEUR.

La route ;—la distance . .	E. S.E. 3° S.—45 milles.
Passer au large : de celui des dangers, environnant le cap la Hague, le plus avancé vers le Nord	tenir la maison de l'île Burhou bien ouverte à droite de la pointe la plus Nord d'Aurigny.

De la *Basse-Bréfort* ($\overline{0^m8}$).   tenir le corps de garde de Jalletin par le phare de la Hague, ou le fort de Querqueville à gauche de la Coque.

Raz-de-Bannes . . . . . .   on en passe un large en tenant le feu de la Hague en vue, ou le feu de l'île Pelée à gauche du feu (*vert*) de l'extrémité Est de la digue de Cherbourg.

Plateau de Nacqueville . .   les grands navires doivent éviter de traverser ce plateau lorsqu'il y a de la mer.

On en passe au large en tenant la Redoute des Couplets ouverte à gauche du fort de Querqueville.

Direction à suivre pour passer sûrement au large de la côte comprise entre le cap la Hague et Cherbourg . . .   le phare de la Hague tenu en vue, ou le phare de l'île Pelée vu à gauche de la tour à feu (*vert*) qui signale l'extrémité Est de la Digue.

Mouiller le long de la côte entre le cap la Hague et Cherbourg. . . . .   se placer par 32 mètres de fond au moins et dans le Nord-Nord-Est ou l'Est-Nord-Est du plateau du Mermistin.

Le Mermistin . . . .   ce plateau est à 2 milles dans l'E.S.E. d'Omonville et à 1 mille des falaises de Castel-Vendon. Son milieu est dans la direction du clocher de Tourlaville par le Cavalier du fort du Homet.

Mouillage entre le plateau de Nacqueville et la pointe de Querqueville. . . . . — bon mouillage par 12 mètres, fond de sable vaseux, dans les marques suivantes : le phare de l'île Pelée par celui du fort central de la Digue, et le corps de garde du Roule mordant un peu sur la batterie circulaire de Querqueville.

Limite du louvoyage, en portant à terre, entre l'île Pelée et le cap Lévi. . . . . — ne pas dépasser la direction donnée par la flèche de Querqueville vue par la partie Nord du fort central de la Digue.

De nuit, tenir le feu de Querqueville à droite du feu (*rouge*) de l'extrémité Ouest de la Digue.

Alignements entre lesquels sont compris les dangers qui s'avancent, sur quelques points, à 2 milles 1/2 du rivage entre le cap Lévi et la pointe de Barfleur. . . . . . — le clocher de Saint-Pierrre-Eglise, au S. 26° E. environ, vu par le sommet du rocher Biéroc, et, d'autre part, le clocher de la Pernelle, vu, au S.O 1/2 O., par le phare de Barfleur.

Passer au large de ces dangers. . . . . — tenir le fort du Roule à droite de Biéroc; mais, pour passer au large de la Pierre-Noire ($\overline{2^m30}$) et du Raz-de-Lévi, il faut ouvrir le clocher de Querqueville à droite du musoir Ouest de la Digue, ou tenir le clocher de Flottemanville (*sur la hauteur*) par le Fort Central, jusqu'à ce que le clocher de Saint-Pierre-Eglise soit, au S.S.O. 2° S., par celui de Coqueville.

De nuit, tenir le feu de Querqueville ouvert de 5° à droite du feu Ouest de la Digue.

Le feu de Barfleur ne peut être confondu avec aucun autre de cette partie de la côte de France. . . . .

le phare de Barfleur ne pourrait être confondu qu'avec celui d'Ailly ; mais une grande distance sépare ces deux phares, et les profondeurs de l'eau, ainsi que la qualité du fond, sont très-différentes à des distances égales de l'un et de l'autre.

Comment connaître à peu près la position de la pointe de Barfleur quand on ne peut distinguer le phare ? . . . .

au moyen de la vallée de la petite rivière de Saire, laquelle est à 5 milles 1/2 à l'O.S.O. 3° S. du phare, ou de la colline de la Pernelle, qui est à 5 milles dans le S. S.O. 1/2 S. de la pointe.

DE LA POINTE DE BARFLEUR AU HAVRE.

Route :
avec des vents du N.N.E. à l'O.N.O., passant par le Nord. . . . .

partant de 6 milles dans le N.N.E. du phare de Bar-

	fleur, gouverner au S.E. 9º E. (S. 77º E.), de manière à attérir entre les caps la Hève et Antifer.
avec des vents de l'O.N. O. au S.S.O.	la route est le S.E. 1/2 E. (S. 72º E.), de manière à attérir sur le cap la Hève.
avec des vents dépendant du Sud.	gouverner au S.E. 1/4 S., ou au S.E., pour reconnaître le phare de Ver. Faire ensuite porter de deux quarts, quand on relève ce phare au S.S.O., pour venir prendre connaissance des feux de la Hève.
avec vent debout	louvoyer à grands bords, en se rappelant qu'au milieu de la Baie de la Seine, le courant de flot finit 2 heures ou 2 heures et demie après le moment du plein au Havre.
Distance	54 milles.
Différence entre le profil et la couleur des terres de la rive droite de la Seine, et de celles de la rive gauche. . . .	la rive droite est formée de falaises de craie, presque de niveau. La blancheur de ces falaises sert utilement à les distinguer de celles de la rive gauche, dont la teinte est sombre et les contours arrondis.
Reconnaître au moyen des feux de la Hève et de celui de Fécamp si l'on attérit dans le Nord ou dans le Sud du cap d'Antifer	Si le feu de Fécamp se cache avant ceux de la Hève, on

A quelle distance faut-il être de terre, dans le Sud du cap d'Antifer, entre ce cap et Cauville, pour que les feux de la Hève soient masqués par la côte? . . . .

est dans le Sud d'Antifer; on attérit, au contraire, dans le Nord d'Antifer, si les feux de la Hève disparaissent avant le feu de Fécamp.

Attendre le jour, bord sur bord, le long de la partie de côte comprise entre les caps Antifer et la Hève . . . . .

à 6 ou 7 encablures.

en portant à terre, virer quand les feux de la Hève disparaissent.

En portant au large, virer, s'il y a flot, dès qu'on aperçoit le feu de Fécamp; mais on peut, s'il y a jusant, prolonger la bordée.

Mouillage, de beau temps, le long de cette partie de côte. . . . .

dans la direction où le phare de Fécamp est masqué par la terre, pourvu que l'on soit à quelques milles dans le Sud du cap d'Antifer.

Se trouvant avec des vents contraires, à la fin du flot, entre les caps la Hève et Antifer. . . . .

il est inutile de chercher à atteindre le port avant la marée suivante; mais on peut gagner la grande rade en louvoyant à 4 milles au moins de la côte. En deçà de cette distance, le courant porte vers le Nord, 2 heures avant le plein,

Direction dans laquelle il faut se garder d'amener les deux feux de la Hève avant 4 heures de montée lorsqu'on attend, en dehors des bancs, devant l'embouchure de la Seine, qu'il y ait suffisamment d'eau dans le port du Havre pour pouvoir y entrer. . . . . ne pas amener ces deux feux l'un par l'autre ; se maintenir dans l'Ouest de cet alignement.

Autre alignement dans le Nord duquel il faut se maintenir avant 4 heures de montée pour éviter d'être porté en Seine par le flot. . . . . le château d'Orcher, à l'E. S.E. 8° E, par l'angle saillant du mur d'enceinte de la Floride.

Limites des bons fonds de la Grande-Rade du Havre : du côté de l'Est. . . . . . la falaise blanche du cap d'Antifer, à l'E.N.E. 1/2 N., un peu à droite des falaises qui sont au Nord de ce cap.

du côté de l'Ouest . . . . l'aiguille d'Etretat, à l'E.N. E. 2° E., paraissant sur le point de se séparer de terre.

du côté du Sud . . . . . . le château d'Orcher vu presqu'à toucher le pied du coteau d'Ingouville.

Meilleur mouillage sur la Grande-Rade. . . . . à cinq milles environ dans le N.O. 1/4 O. du cap la Hève, l'aiguille d'Etretat cachée par le cap d'Antifer et le phare de Fatouville entre les caps la Hève et Antifer.

Gagner la Petite-Rade du Havre, au moment de la basse mer . . . .

par le feu de la jetée du Nord-Ouest du Havre.

par la passe du Nord-Ouest, praticable à toute heure et comprise entre le cap la Hève et les Hauts-de-la-Rade.

Avoir soin de masquer par la terre la tour du phare Nord de la Hève, mais de toujours tenir la lanterne de ce phare en vue au-dessus de la falaise.

Amener les deux feux de la Hève l'un par l'autre, ou relever le feu Sud au N.N.E.; gouverner dans l'une ou l'autre de ces directions tenue par l'arrière, et mouiller :

Mouillage des grands navires . . . .

dans le premier cas, quand le phare de Fatouville est vu 2 ou 3 degrés à gauche du feu de la jetée du Nord-Ouest, ou, dans le second cas, quand le phare de Fatouville est vu, au S.E., par le feu de la jetée du Nord-Ouest.

Mouillage des petits navires . . . .

dans la direction du feu de Fatouville ouvert de 2 ou 3 degrés à gauche du feu de la jetée du Nord-Ouest, ou dans la direction de ces deux feux vus l'un par l'autre, et jusque dans le Sud (S.S.E.) de celui des deux phares de la Hève qui paraît alors le plus à l'Ouest.

Rade de la Carosse. . . . . les deux feux de la Hève vus l'un par l'autre, et le feu de Fatouville ouvert de 1/2 quart à gauche du feu Ouest de Honfleur (le feu de l'hôpital).

Baie de la Seine.

DE LA POINTE DE BARFLEUR A LA RADE DE LA HOUGUE.

Eviter la grosse mer du raz de Barfleur . . . . ne traverser le prolongement du raz que dans l'Est de l'alignement des deux feux du port de Barfleur vus l'un par l'autre.

Direction à suivre pour passer par la *Brèche-du-Raz.* le clocher de la Pernelle par l'extrémité Ouest de la grande grève de sable blanc qui est au Nord du port de Barfleur.

Passer dans le Sud-Est du *Riden de Quénanville* . . . tenir le clocher de la Pernelle par celui de Monfarville.

Direction au large de laquelle il faut se maintenir : entre la pointe et le port de Barfleur . . . . . . le clocher de la Pernelle ouvert à gauche de celui de Monfarville.

entre le port de Barfleur et le *rocher Moulard,* afin d'éviter ce rocher. . . . le moulin Crabet ouvert à droite de la pointe Nord de l'Ilet de Barfleur.

à partir du travers de la pointe du Moulard, afin d'éviter les *Ridens des Ecraoulettes* (9^m). . . . le clocher de Gatteville ouvert à droite du rocher Moulard, ou la Tour du fort de la Hougue ouverte à gauche de la plus haute maison du lazaret de Tatihou, jusqu'à ce que le clocher de la Pernelle soit à gauche de celui de Réville.

Étant parvenu dans le Sud de l'alignement du clocher de la Pernelle par celui de Réville, afin d'éviter les *Basses-Dranguet* ($\overline{2^m3}$)	le clocher de Barfleur à droite de la pointe du Moulard.
Passer au large de l'extrémité du *pont de Saire* ($\overline{4^m}$).	tenir la Tour du fort de la Hougue à gauche du fort de l'îlet de Tatihou.
Eviter les *Basses-de-Réville* ($\overline{8^m6}$) *et de la Pernelle* ($\overline{11^m3}$), qui sont dangereuses de mauvais temps. . .	tenir le feu de Barfleur à droite du rocher Moulard.
Relèvement auquel il faut se garder d'amener les îles St-Marcouf, après avoir atteint le travers de la pointe de Saire, afin d'éviter d'être porté par le flot dans le Sud-Est de la rade de la Hougue.	ne jamais les amener plus vers l'Ouest que le S.S.O.
Rocher indiquant, quand il est couvert et que la mer est belle, que les bancs et les basses situés entre la pointe de Barfleur et la Hougue ne sont plus touchables	le rocher Moulard, sur lequel est une tourelle : ce rocher découvre de près de 7 mètres.

Etant parvenu dans le Sud de la pointe de Saire, pénétrer

sur la rade de la Hougue en passant entre le *Ouest-Drix* ($\overline{4^m6}$) et l'extrémité Nord du Banc de la Rade ($\overline{9^m}$). . . . . . tenir le phare de Barfleur à droite de celui de Réville jusqu'à ce que le feu de Morsaline arrive par celui de la Hougue. Suivre alors cette dernière direction en ayant soin de tenir le feu de Morsaline un peu à gauche du feu de la Hougue.

Limite Nord de ce chenal. . le feu de Morsaline par celui de la Hougue.

Sa limite Sud . . . . le feu de la Hougue plus vers l'Ouest que l'O.N.O. à l'instant où l'on croise la direction du phare de Barfleur par celui de Réville.

Atteindre le mouillage sur la Grande-Rade de la Hougue :
de jour ou de nuit. . . . . suivre la direction donnée par le feu de Morsaline vu par le feu de la Hougue, ou très-peu ouvert à gauche de ce feu ; puis, lorsque les feux de Barfleur et de Réville arrivent l'un par l'autre, porter à l'O. S.O. un peu Ouest, et mouiller lorsque le feu de Barfleur, relevé au N. 44° E. environ, ouvre à gauche de la tour de Tatihou.

de mer basse . . . . dans ce cas, le phare de Barfleur est un instant caché par la tour de Tatihou ; on doit mouiller dès qu'il reparaît.

de jour . . . . le clocher de la Pernelle par celui de St-Vaast, et le clocher de Réville au-dessus de la plus haute maison du lazaret de Tatihou, indiquent le meilleur mouillage.

Direction dans laquelle s'étendent les bons fonds de la Grande-Rade. . . . . E.N.E., et O. S.O., dans la direction du sommet du Bois-de-la-Ville vu entre le clocher de Quinneville et un corps de garde bâti sur le rivage.

Direction dans l'Ouest de laquelle il convient de ne pas mouiller . . . . le clocher de Réville par celui de St-Vaast.

Atteindre la Petite-Rade de la Hougue . . . . partant du point d'intersection des deux alignements donnés par le feu de Morsaline vu par celui de la Hougue et par le feu de Barfleur vu par celui de Réville, gouverner entre l'O. et l'O.N.O. 1/2 O. (O. S.O. et O. 1/2 S.), et mouiller dès que le feu de Barfleur arrive par la tour de Tatihou.

Mouillage. . . . . le clocher de Quettehou à droite de la pointe Sud du fort de la Hougue, le phare de Réville à droite du fort de l'îlet de Tatihou, et la grosse tour de Tatihou ouverte de sa largeur à gauche du fort de Réville.

Alignement indiquant la limite vers l'Est des bons fonds de la Petite-Rade . . . . . . le phare de Réville touchant l'angle Sud-Est du fort de l'îlet de Tatihou.

Mouillage, de morte eau,

dans la partie Nord de la Petite-Rade . . . . au point d'intersection des deux directions données par le feu de Morsaline ouvert de 2 ou 3 degrés à gauche de celui de la Hougue et du fort de Réville caché par le fort de l'Ilet.

De jour : la marque, pour mouiller dans cette partie de la Petite-Rade est l'église de la Pernelle par celle de St-Vaast.

DE LA HOUGUE AU GRAND-VAY.

Passer au large du *Banc de la Rade,* ainsi que du haut-fond qui termine à angle droit la partie Nord du *banc de St-Marcouf.* . . . . tenir le phare de Barfleur à droite de celui de Réville, et Montebourg à droite de Quineville.

Passer :

entre le banc de la rade et le *banc de St-Marcouf.* tenir le phare de Barfleur par celui de Réville.

au large de l'extrémité Est du *banc du Cardonnet.* tenir les moulins de Criqueville au S.S.O.

Directions à suivre pour se maintenir dans la partie la plus profonde du canal compris entre le rivage et les bancs. . . . . en partant de la Hougue, faire route au S. S.O. un peu Ouest, jusqu'à ce que, relevant Quineville à l'O. S.O., on aperçoive le clocher de la Pernelle 3 ou 4 degrés à droite de la tour de la Hougue.—Faire route dans cette dernière marque, et, quand le phare des îles St-Marcouf est à l'E.S.E. 1/2 S., venir au S.S.E. 2° S. (S.E.) jusqu'à relever l'île de Terre *(celle des îles St-Marcouf sur laquelle n'est pas le phare)* au N. N.E. un peu Est.

Tenir alors la pointe de la Percée par le bois de Huppain; on atteindra ainsi dans le N.N.E. de l'église de Maisy.

Venir alors à l'E.S.E. pour amener les moulins de Cricqueville au S.S.O., ce qui est la marque pour parer l'extrémité Est du banc du Cardonnet.

Mouillage sous le vent des bancs pour un navire affalé.

avec des vents du N.N.E. à l'E.N.E., se placer entre les îles St-Marcouf relevées au N.N.E. et la flèche de Maisy relevée, au S.S.O. 1/2 S., par une petite redoute qu'on aperçoit sur le bord de la mer.

Mouiller les ancres en barbe au pied du banc, hors des brisants.

Tâcher de mouiller une ancre de l'arrière pour rester debout au vent pendant le jusant.

Faire côte :
  avec des vents de l'E.N.E.

appareiller à 1 heure 1/2 de baissée au plus tard et s'échouer, sur le haut de la grève, entre Ravenoville et la chapelle Ste-Marguerite.

avec des vents de N.N.E.

Se garder de faire côte dans le Nord de Ravenoville ou dans le Sud de la chapelle. on peut gagner la grève entre Ravenoville et la chapelle Ste-Marguerite lorsque le jusant commence à prendre de la force ; mais un navire démâté n'aurait quelques chances de salut qu'en grande marée, s'il pouvait s'échouer, au moment du plein, à l'entrée du Grand-Vay, entre la pointe de Maisy et la pointe du Grouin.

étant mouillé derrière les brisants du banc de St-Marcouf avec grands vents d'E.N.E. . . . . .

appareiller à une heure de baissée, abattre sur bâbord, serrer le vent tribord amures, et tâcher d'atteindre sous Grenneville.

Alignements indiquant la limite des bons fonds sur la rade *de la Capelle* :

vers l'Ouest. . . . .

le clocher de Carentan vu par les maisons du hameau du Grand-Vay les plus avancées vers l'Est.

vers l'Est. . . . .

la flèche de Maisy, au S. S.O. 1/2 S., par une petite redoute.

vers le Nord. . . . .

la haute terre du Ménil vue par la pointe de la Percée.

Marques du meilleur mouillage sur la rade de la Capelle.

la pointe des falaises du Ménil vue par la pointe de la Percée, ou très-peu ouverte à gauche de cette pointe, et la petite redoute ouverte de 2 degrés environ à gauche de la flèche de Maisy.

Du Grand-Vay a la pointe de la Percée.

Passer au large des roches qui bordent la côte depuis le Grand-Vay jusqu'à 1 mille 1/2 dans l'Est de Grandcamp . .	se tenir au Nord de la direction donnée par la haute terre du Ménil vue par la pointe de la Percée.
Pointe de la Percée. . . .	pointe peu saillante formant la partie la plus avancée vers le Nord des falaises de craie qui bordent le rivage.
Raz de la Percee	ne se manifeste que quand la marée porte au vent.

De la pointe de la Percée au cap Manvieux.

A quelle distance de la pointe de la Percée se terminent les falaises crayeuses ?	à un mille dans l'Est.
A quelle distance peut-on s'approcher du rivage ?..	à un mille.
A quelle distance de terre peut-on mouiller dans le but d'étaler une marée contraire ?	2 ou 3 milles.
Cap Manvieux.	remarquable par la falaise à pic qui le termine.

Du cap Manvieux a l'embouchure de l'Orne.

Eviter l'extrémité Ouest *du plateau du Calvados*.	tenir la chapelle de St-Côme du Fresné, au S. 7° O., par la flèche de l'église de Bazanville.
Passer au large de la pointe des Essarts : venant de l'Ouest.	se maintenir dans le Nord de la direction donnée par le clocher de Ver vu, à l'O.

4

3° N., par le bouquet de bois de l'Epine, jusqu'à ce que les clochers de Langrune et de Douvres soient vus l'un par l'autre.

venant de l'Est.......... croiser la direction donnée par la flèche de Langrune vue par celle de Douvres, avant d'amener la tour de Lyon par la maison la plus Ouest du village de Saint-Aubin-d'Arquenay.

Fosse d'Espagne........ mauvais mouillage, tenue médiocre.

Le meilleur fond se trouve dans les marques suivantes : le clocher de Crépon entre ceux de Mévaisne et d'Asnelles, et la grande flèche de Bernières vue par les maisons du hameau de Ver les plus rapprochées du phare de Ver.

Fosse de Courseulles. Anneau de la Marguerite. . . . les petits navires peuvent, de beau temps, mouiller en sécurité dans la fosse de Courseulles, ou dans l'anneau de la Marguerite, pour attendre que l'eau ait assez monté pour leur permettre de donner dans Courseulles.

La Marguerite. ...... roche venant à fleur d'eau; elle se trouve, à l'extrémité du plateau de roche qui sépare la fosse de Courseulles de l'anneau de la Marguerite, dans la direction du bout de la jetée Ouest du port vue par le clocher de Courseulles.

Fosse dite du Nord-Est. . le mouillage y est mauvais.

9 Rade de Caen :

alignement limitant le mouillage, vers l'Ouest.	le clocher de Lyon par le bois du Colas (*sur la hauteur*).
alignement limitant le mouillage, vers l'Est...	le clocher d'Oyestreham par le sémaphore.
direction dans laquelle sont les bons fonds...	la flèche de Bernières vue par le clocher de Saint-Aubin.
marques pour le meilleur mouillage.	la flèche de Bernières par le clocher de St-Aubin et le clocher d'Oyestreham ouvrant à droite du sémaphore. Il y reste 7 à 8 mètres d'eau, bon fond.

DE L'ORNE A LA DIVES.

A quelle distance découvre la grève ?.	à 4 ou 5 encablures.
Différence sensible entre l'aspect des terres de la rive gauche de la Dives et celui des terres de la rive droite.	la rive gauche est terminée par des terres basses tandis que la côte s'élève tout à coup sur la rive opposée.
Pointe de Beuzeval.	haute colline dominant l'entrée de la Dives du côté de l'Est et servant à faire reconnaître de fort loin l'embouchure de cette rivière.
Mouillage devant la Dives.	à 1 mille 1/2 ou 2 milles du rivage. N'y mouiller qu'avec vent de terre et très-beau temps.

DE LA DIVES A LA TOUQUES.

A quelle distance peut-on s'approcher de la côte? . . .	un mille.
Mouillage :	
devant la Touques.	à 1/2 mille du rivage, par le travers de la petite plaine de Villers.
entre le banc de Trouville et la Touques.	dans la direction des ruines du château de Lassé relevées, au S.S.O. 1/2 S., par les maisons qui sont sur la pointe de la Cahote.
Avantage que présente ce dernier mouillage. . . .	si les vents viennent à fraîchir, on peut se réfugier à Honfleur.

DE LA TOUQUES AU HAVRE.

Passer au large :	
du Ratier (*les Ratelets*)...	tenir les ruines du château de Lassé dégagées de la pointe de Trouville.
du banc d'Anfard.	tenir la flèche de Harfleur ouverte de 2 ou 3 degrés à gauche du corps de garde de la pointe des Neiges.

Du cap d'Antifer au cap Gris-Nez.

La route ;—la distance. . .	E.N.E. 7° N. (N. 37° 30′ E.); 89 milles.
Où se terminent les falaises de craie qui bordent la côte depuis le cap la Hève? . . .	dans les environs du bourg d'Ault.
Aspect de la côte :	
depuis le bourg d'Ault jusqu'à 4 milles dans le Sud de Boulogne.. . . .	bas et sablonneux.
entre Boulogne et le cap Gris-Nez.	escarpé.

Points remarquables entre le cap d'Antifer et le bourg d'Ault. . . . . la falaise de la pointe Fagnet, pointe Nord de l'entrée de Fécamp, sur laquelle se trouvent une chapelle et un phare ; la falaise du Catelier, au sommet de laquelle on aperçoit un petit mamelon ; la falaise de Saint-Léger, dans l'Ouest de Saint-Valery-en-Caux, signalée par un clocher isolé ; la falaise de Sotteville, remarquable par un grand corps de garde et par un lourd clocher qui domine une rangée d'arbres ; enfin, la falaise de Criel, qui est la plus haute de toutes, et qui est surmontée d'un large mamelon couvert de bruyères et nommé le Mont-Joli—Bois.

Influence de la côte sur la direction et la force du vent. quand le vent souffle perpendiculairement au rivage, la brise est molle et la mer très-agitée près de la côte. Lorsque la direction du vent est oblique aux falaises, la force du vent direct est au contraire augmentée près du rivage.

Rafales avec vents de terre. avec les vents de terre, les navires qui se tiennent près du rivage doivent se méfier des rafales qui descendent des vallées. Les plus violentes sont celles qui tombent par les vallées dont le fond ne descend pas jusqu'à la grève.

4.

A quelle distance les grands navires peuvent-ils s'approcher de terre, entre le cap d'Antifer et la pointe d'Ailly?

Les *Ridins*. . . . . — 1 mille 1/2.
amas de sable et de coquilles brisées.

Le plus élevé est le Ridin de Dieppe ou *Frilandais* ($\overline{7^m}$ à $\overline{8^m}$). — Ces hauts-fonds ne peuvent être réellement dangereux que dans les gros temps, à cause de la mer qu'occasionnent leurs remous.—Ils sont sujets à varier en position et en hauteur à partir du méridien de la pointe d'Ailly.

Seuls moyens de les éviter. — l'observation des remous et la sonde.

Déviation que subit le courant de flot dans le N.N.E. de la pointe d'Ailly. . . . . — le flot porte, E. 1/4 N.E., vers les bancs de l'embouchure de la Somme.

A quelle distance peut-on s'approcher du cap Gris-Nez en le doublant de mer basse? — 3 encablures.

DU CAP D'ANTIFER A FÉCAMP.

A quelle distance peut-on s'approcher de terre?. . . . — 4 encablures.

Fonds propres au mouillage — depuis la grande rade du Havre jusque dans le N.N.O. de la vallée d'Etretat.

Vallée d'Étretat. . . . . . — est comprise entre des falaises fort remarquables, formant des pointes étroites et avancées, qui sont percées à jour en forme de portes et de voûtes.

Les *Hardiers*. . . . . . . — remous dans lequel la mer est dure pendant le flot quand il vente frais de l'E.N.E., et qui s'étend, à 1 mille au

Mouillages devant Fécamp.

large, depuis le méridien de la roche Vandieu jusque dans le N.N.O. d'Etretat. l'aiguille d'Étretat mordue sur la pointe de la Porte-Orientale, et le clocher de l'abbaye de Fécamp vu un peu au Sud des maisons de la ville.

On peut mouiller plus près de terre si la mer n'est qu'à 2 ou 3 heures de son plein.

Ces mouillages ne conviennent que pour y passer peu d'heures, à moins de très-beau temps.

DE FÉCAMP A SAINT-VALERY-EN-CAUX.

Passer au large des *Charpentiers*. . . . .

tenir le vallon de Grinval ouvert de manière à voir le corps de garde neuf au-dessus du niveau de la brèche par laquelle on descend à la mer.

De *nuit* : Tenir le feu de Fagnet bien en vue au-dessus de la falaise.

A quelle distance les grands navires peuvent-ils ranger la côte ? . . . .
Mouillages. . . . .

1/2 mille.

avec des vents de terre, on peut mouiller entre le corps de garde des Cinq-Trous et celui de Saint-Léger, en tenant le feu de Fécamp 2 ou 3 degrés à droite de la falaise du Catellier, ou, encore, en tenant la pointe Fagnet ouvrant et fermant avec la falaise du Catellier.

Ces mouillages ne conviennent que de très-beau temps.

DE SAINT-VALERY-EN-CAUX A DIEPPE

Passer au large :
du haut-fond nommé les *Ridins*. . . . . — tenir la pointe du Catellier, à l'O. 1/2 N., ouverte de 2 ou 3 degrés à droite de la pointe que forment les falaises aux environs du val de Sussette.

des roches qui forment le *Raz de Saint-Michel*. . — tenir la falaise du Catellier un peu ouverte à droite de la pointe que forment les falaises du val de Sussette.

A quelle distance peut-on passer de *la pointe de Sotteville?* . . . . — 3 encablures.

Marque faisant passer à 1/2 encablure au moins au large des *roches d'Ailly*. . . . . . — la tour (carrée) de l'église Saint-Jacques de Dieppe, à l'E.S.E. 1/2 S. (S. 88° E.), ouverte de 2 ou 3 degrés à gauche de la falaise sur laquelle s'élèvent les remparts du château.

Hauteur de l'eau dans le chenal de Dieppe quand la *Galère* est couverte. . . . . — 6 mètres au moins.

Relèvement auquel les navires destinés pour l'embouchure de la Somme doivent avoir soin de ne pas amener le feu d'Ailly . . . . . . — pas plus vers l'Ouest que l'O. S.O 1/2 O.

Ridins. . . . . — ils sont éparpillés sur le fond depuis le rivage jusqu'à 12 milles au large. Leur partie Ouest est dans le N.N.E. de la pointe d'Ailly et leur extrémité Est se trouve dans le N.N.E, de Tréport.

Les Ecamias.. . . . . dangereux seulement de gros temps. Situés à 7 milles et 4 milles de la côte dans le N.N.E. de la pointe d'Ailly.

Ridin de Dieppe ou Frilandais.. . . . . à 10 milles dans le N.E. 1/4 N. de Dieppe et à 10 milles dans le N.O. 9º O. (N. 77º O.) de Tréport.

Son étendue est de 2 milles N.N.O. et S.S.E.

Il n'y reste que 7 à 8 mètres d'eau.

Mouillage, avec vents de terre ou calme, entre la vallée de Pourville et celle de Dieppe. . . . . dans le N.N.O. ou le N. de la chapelle Saint-Nicolas , depuis 4 encablures du rivage jusque dans la direction donnée par la chapelle de Quiberville, à l'O.S.O., ouvrant et fermant avec la pointe des falaises du Croc.

DE DIEPPE A TRÉPORT.

Points remarquables.. . . la vallée du Puits, à un mille de Dieppe, au sommet de l'escarpement Est de laquelle on aperçoit une petite étendue de terrain entourée d'une digue en terre et que l'on nomme : le *Camp de César*; la vallée de Belleville; les vallées de Berneval et de Penly, qui sont à 1/2 mille l'une de l'autre; la vallée de Criel, au sommet de l'escarpement Ouest de laquelle se trouve une butte conique, très-remarquable, couverte de bruyères, et connue sous le nom de *mont Joli-Bois*; enfin, la vallée de Mesnil-Val, qui est à un mille de la vallée de Criel et à 2 milles dans l'Ouest de Tréport.

Roches du Muron. . . . . situées à 3 encablures dans le N.O. de la vallée de Mesnil-Val.

La plus élevée de ces roches découvre de près de 5 mètres.

Marques faisant passer au large des Haumes et des Granges. . . . . les deux moulins du bourg d'Ault les plus rapprochés de la mer ouverts de la pointe des falaises de Siez.

A quelle distance au large s'étendent les Ridins entre le méridien de Dieppe et celui de Tréport ?. . . . . à 4 ou 5 milles.

Ridins de Belleville. . . . à 3 milles dans le N.N.O. de la vallée de Berneval.

Ridins de Neuvillette. . . à 2 milles au large.

Ridins de Tréport. . . . . à 3 milles du rivage.

Directions entre lesquelles sont compris les Ridins de Tréport. . . . . le clocher d'Eu vu par le milieu de la batterie de Tréport, et ce même clocher vu à toucher la chute des collines qui limitent la vallée de Tréport du côté de l'O.

Passer au large du *banc Franc-Marqué*. . . . . . . ne pas amener le phare d'Ailly plus vers l'Ouest que l'O. S.O. 1/2 O., ou tenir le feu de Càyeux dans l'Est de l'E.N.E. 8° E.

Qualité du fond sur le *banc Franc-Marqué*. . . . . . sable rouge et coquilles brisées.

La Bassurelle de la Somme.	à 8 milles dans le N. 1/4 N. O. de Tréport.
Le Quémer.	à 10 milles dans le N. 1/4 N.O. de Tréport.
Mouillage devant la vallée de Mesnil-Val.	à 2 milles dans l'Ouest de Tréport, et à un mille 1/2 de la côte, dans la direction de la vallée de Mesnil-Val. La Grande-Rade est à 2 milles dans le N. N.O. de la vallée de Mesnil-Val; son étendue est de 1/2 mille parallèlement à la côte. — La tenue y est excellente, mais il faut se tenir en appareillage.

DE TRÉPORT A L'EMBOUCHURE DE LA SOMME.

Points remarquables. . . .	on compte neuf vallées entre le Tréport et le bourg d'Ault; les vallées de Siez et d'Ault sont les principales; cette dernière est la seule dont le fond descende jusqu'à la mer.

Les seuls objets bien apparents du large sont les bois de Rampval (le *bois de Blaingue*) et de Siez.

Il faut être à l'ouvert de la vallée d'Ault pour apercevoir l'église du Bourg.—Cinq moulins, visibles de la mer, sont auprès du Bourg d'Ault; 2 de ces moulins, situés sur les hauteurs et plus éloignés des habitations que les trois autres, se voient de très-loin.

L'escarpement au sommet duquel est situé le Bourg

d'Ault termine, vers l'Est, les falaises à pic qui bordent le rivage depuis le cap la Hève.

A quelle distance faut-il être de terre entre le mont Joli-Bois et Cayeux ?

pour trouver 8 mètres d'eau de basse mer. . . . . . . 2 milles.

pour trouver de 13 à 14 mètres. . . . . 6 milles.

Différence entre le feu de Cayeux et celui d'Ailly . . . le feu de Cayeux est varié de 4 en 4 minutes par des éclats de 8 à 10 secondes de durée et qui sont précédés et suivis de courtes éclipses ; les éclats du feu d'Ailly se succèdent de minute en minute, et sont séparés par des éclipses dont la durée est beaucoup plus longue que celle des éclipses du feu de Cayeux.

Dans quelle direction, par rapport au clocher de Cayeux, s'étendent les bancs de l'*embouchure de la Somme* ? . . dans le N.O. 1/4 O.

Passer au large de ces bancs tenir le bois qui entoure la ferme de la Grange (*située au-dessus de Tréport*) ouvert à droite de la falaise de la pointe de Mers.

Bancs de Somme . . . . . bancs de sable situés au large et dans les environs de l'embouchure de la Somme.

Dans quelle direction la *Bassure de Baas* commence-t-elle à devenir dangereuse pour de grands navires ? . . par le travers des feux du Touquet.

Extrémité Sud-Ouest du *Battur*. . . . . se trouve à 13 milles dans l'E. N.E. 1/2 E. du phare de Cayeux.

Le *Quémer*. . . . . se termine à 12 milles dans le N.O. 1/4 O. (O. 1/4 N.O.) du phare de Cayeux.

La *bassurelle de la Somme*. se termine à 11 milles dans l'O.N.O. 1/2 O. du phare de Cayeux.

Canal compris entre le *Qué-mer* et la *bassurelle de la Somme*. . . . . ce canal est sans issue dans le Nord-Est et se termine, par des fonds de 11 mètres, à 5 milles dans l'O.N.O. de la pointe Saint-Quentin.

DE LA SOMME A L'AUTHIE.

Distinguer les dunes de l'in-térieur de celles situées sur le rivage. . . . . les dunes situées à plus de 1/2 mille dans l'intérieur sont recouvertes de ver-dure et se voient de 7 ou 8 milles au large; celles qui bordent la côte sont dénu-dées et ne peuvent se dis-tinguer qu'à moins de 3 à 4 milles de distance.

Etendue de la grève qui dé-couvre :
Dans l'Ouest de la pointe Saint-Quentin. . . . . 1 mille 1/2.
Dans l'O.N.O. de la pointe de Routhiauville. . . . . . 1 mille.
Il est dangereux de s'ap-procher du rivage entre la Somme et l'Authie, ainsi que de l'embouchure de l'Authie. surtout avec flot et vents d'a-val, car ces vents rendent la mer très-grosse sur les hauts-fonds qui bordent cette côte.

DE L'AUTHIE A LA CANCHE.

Etendue de la plage de sable qui découvre en avant du rivage. . . . .   1/2 mille.

Ne pas confondre les dunes de l'intérieur avec celles bordant la plage. . . . . . .   les dunes de l'intérieur sont plus élevées que celles bordant la plage; elles ne sont qu'à 2 milles de la mer et on les voit de 8 à 9 milles au large.

Ces dunes commencent à 1 mille 1/2 dans l'E.N.E. du village de Berck, près duquel on aperçoit 5 moulins et dont le clocher a l'apparence d'un sloop à la voile. Elles se prolongent jusqu'à la Canche, en formant deux groupes séparés.

Dunes de Merlimont. . .   groupe Sud des dunes de l'intérieur; ce groupe se trouve par le travers de Merlimont.

Dunes de Cuque. . . . . .   groupe Nord des dunes de l'intérieur; ce groupe est situé dans le N.N.O. de Cuque.

Où se trouve la pointe Nord du *Battur* ? . . . . . .   à peu près dans le N.O. 1/4 O. du phare de la pointe du Haut-Banc.

Quantité dont le brassiage varie sur les parties les plus élevées de la *Bassure de Baas*, entre les dunes de Merlimont relevées à l'E.S.E., et le feu de la pointe de Lornel relevé au S.E. 1/4 E.   de 6 à 9 mètres.

Passer au large des hauts-fonds situés dans le canal

compris entre la Bassure de Baas et la côte, ainsi que des bancs de sable qui encombrent l'embouchure de la Canche. . . . .

tenir le cap Gris-Nez ouvrant du cap d'Alprech, ou, de *nuit*, ne pas perdre de vue le feu de Gris-Nez.

DE LA CANCHE AU CAP D'ALPRECH.

Où s'arrètent les dunes qui bordent la côte depuis la rive droite de la Canche ? . .

au petit ruisseau de Brône, lequel est à 2 milles du cap d'Alprech.

A quelle distance au large s'étend :

la grève comprise entre la rive droite de la Canche et le ruisseau de Brône ?

1/2 mille au large du pied des dunes.

le banc de roche qui borde la côte dans le Nord du ruisseau de Brône ? . . .

une encablure.

De quel côté du canal à terre de la Bassure de Baas, y a-t-il le plus d'eau ? . . .

à l'accore Est de la Bassure.

Passer dans la partie milieu du canal compris entre la Bassure de Baas et la terre, entre les directions données par le moulin de Gravois et le corps de garde d'Equihem relevés à l'E.S.E. (Est). . . . .

en tenant la pointe de la Crèche ouvrant et fermant avec le fort de l'Heurt.

Sommet de la *Bassure de Baas*. . . . .

se trouve à 2 encablures dans le Sud-Est de la direction donnée par la colonne de la Grande-Armée, à l'E.N.E. 3° E., par le fort de l'Heurt.

Marque faisant passer à bonne distance à terre de ce sommet. . . . .

la pointe de la Crèche ouvrant et fermant avec le fort de l'Heurt.

A quelle distance au large s'étend le banc de roche qui assèche au pied du cap d'Alprech ? . . . .

1 encablure.

DU CAP D'ALPRECH A BOULOGNE.

Passer au large des *roches de Linneur*. . . . .

ne pas relever la tourelle des feux de la jetée Nord-Ouest de Boulogne plus vers le Nord que l'E.N.E.

Traverser la Bassure de Baas devant Boulogne :
en tout temps. . . . . . .

tenir la colonne de la Grande-Armée, à l'E. 3° N., par la tourelle des feux de la jetée du Nord-Ouest.

à toute heure, dans les mortes-eaux, et depuis 1/3 de montée jusqu'à 2/3 de baissée dans les grandes marées. . . . .

se tenir entre les directions données par le cap d'Alprech et le fort de la Crèche relevés l'un et l'autre à l'E.S.E. (Est).
Quand la mer est très-grosse, on traverse la Bassure de Baas en tenant le clocher du Portel par le fort de l'Heurt.

Mouillage devant Boulogne.

compris entre les directions données : par la colonne de la Grande-Armée vue par la tourelle des feux de la jetée du Nord-Ouest, et par l'édifice qui est sur le

	sommet du mont Lambert vu par le beffroi de la haute ville.
Meilleurs fonds.	compris entre la direction donnée par la colonnade de la cathédrale neuve vue par le corps de garde de la batterie de Châtillon, et celle dans laquelle le sommet du mont Lambert est vu par le beffroi de la haute ville.

De Boulogne au cap Gris-Nez.

A quelle distance au large s'étendent, entre Audrecelles et la tour de Croï, les fonds de moins de 3 mètres de mer basse ?	jusqu'à 5 et 6 encablures
Passer au Nord de la *Bassure de Baas*..	ne pas relever le village d'Ambleteuse plus vers l'Est que le S.E., ou tenir les clochers d'Audrecelles et de Bazinghen l'un par l'autre.
Entre quelles directions peut-on mouiller sur la rade d'Ambleteuse?.	depuis l'O.N.O. de Vimereux jusque dans l'alignement du clocher d'Audrecelles vu par celui de Bazinghen.
Où mouiller ?.	à petite distance dans l'Est ou dans l'Ouest de la direction donnée par la tourelle du Renard, vue, au S. 1/4 S.O., par la tour à feu de la jetée du Nord-Ouest de Boulogne.
Bons mouillages : par 14 mètres d'eau de mer basse.	fond de vase argileuse dans

les marques suivantes : l'entrée du port de Vimereux au S.E. 1/4 E. et la tourelle du Renard 1 ou 2 degrés à droite de la tourelle des feux de la jetée Nord-Ouest de Boulogne.

par 16 mètres......... fond de sable vaseux, dans les marques suivantes : la tourelle du Renard par celle des feux de la jetée du Nord-Ouest de Boulogne, et le clocher de Bazinghen, à l'E. 1/2 N., par le côté gauche du fort d'Ambleteuse.

par 13 mètres....... fond de sable et de coquilles moulues, dans les marques suivantes : le clocher de Bazinghen, à l'E. 1/2 N., par le côté gauche du fort d'Ambleteuse, et la colonne de la Grande-Armée vue par le milieu de la tour de Croi.

Partie de la *Parfondingue* propre au mouillage des grands navires devant séjourner quelque temps sur la rade d'Ambleteuse.......... entre la direction donnée par la colonne de la Grande-Armée vue par la chute Sud de la pointe de la Crèche, et celle donnée par le clocher de Bazinghen vu par le fort d'Ambleteuse. Affourcher N.E. et S.O.

DU CAP GRIS-NEZ A LA BELGIQUE.

Bancs rendant dangereux les abords de la côte septentrionale de France...... tous ces bancs sont situés à la limite Est du Canal du plus grand brassiage. Ils s'étendent en pente douce vers le large et forment un talus sur lequel il n'y a jamais moins de 33 mètres d'eau.

Comment éviter ces bancs ? en se maintenant par des fonds de plus de 33 mètres.

DU CAP GRIS-NEZ A CALAIS.

Etendue de la plage qui découvre :

devant Sangatte. . . . . . 1/2 encablure.

près de la jetée Ouest de Calais. . . . . 1/2 mille.

A quelle distance s'étendent les fonds de 8 mètres devant Sangatte et Calais ? . . . . . à 6 encablures.

Navires pouvant passer entre les *Quennocs* (2ᵐ) et la *Barrière* (1ᵐ3), ainsi qu'à terre du *Rouge-Riden* :

à toute heure de marée. . les petits navires seulement.

depuis demi-montée jusqu'à demi-baissée. . . . les grands navires

Marque faisant passer entre les *Quennocs* et la *Barrière*, ainsi qu'à terre du *Rouge-Riden*. . . . . le clocher de Sangatte par l'une quelconque des trois tours de Calais.

Passer dans le Nord-Est du *Rouge-Riden* (2ᵐ27). . . . . tenir le clocher de Sangatte, au S.E. 1/2 S., entre les deux moulins de Coquelles.

Meilleur mouillage sur la *rade de Calais*. . . . . . . le cap Gris-Nez 8 à 10 minutes à droite de la falaise du cap Blanc-Nez, le clocher de Sangatte par le corps de garde de Blanc-

Nez, et le bout de l'estacade de l'Est de Calais par la plus haute des dunes qui sont dans l'Est de la ville.

Atteindre ce mouillage de nuit. . . . . tenir le phare de Gris-Nez ouvrant et fermant avec la falaise du cap Blanc-Nez, et mouiller dans le N.O. 3° N. du phare de Calais.

Utilité de ce mouillage. . . il convient pour attendre, avec des vents de terre, qu'il y ait assez d'eau pour entrer à Calais. . . . . . .

Mouillage devant Calais, de beau temps et avec vents de terre. . . . . dans les marques suivantes : le phare de Calais au S. S.E. 8° E. et le moulin de Bas, au S.S.O. 1/2 S., ouvert de 10 ou 15 minutes à droite d'une maison couverte en ardoises qui fait partie de la ferme de Trouie.

Affourchage. . . . . O.S.O. et E.N.E.
Ridens de la rade (les Têtes). . . . . ces ridens s'étendent à 1 mille de terre depuis le N.O. jusque dans le N. 1/4 N.O. de l'extrémité des jetées; ils sont sujets à varier de forme et de brassiage.

Aller à Calais, venant de la Manche.

De jour, avec vent sous vergues :
à quelle distance convient-
il de doubler le cap

Gris-Nez, si les vents sont d'aval?. . . . . . .
à 1 mille.

route à suivre, après avoir amené le cap Gris-Nez à l'E.S.E., jusqu'à ce qu'on soit parvenu dans la direction du clocher de Sangatte par les moulins de Coquelles. . . .
E.N.E. (N.E.).

indication donnée par le clocher de Sangatte vu par les moulins de Coquelles. . . . .
la *Barrière* et les *Quennocs* sont doublés.

dans quelle direction faut-il avoir soin de ne pas amener l'extrémité du cap Gris-Nez afin de passer à une distance suffisante au large de la *Barrière* et des *Quennocs?* . . . .
pas plus vers l'Ouest que l'O. S.O. 7° S. (S. 38° O.).

route à suivre, étant parvenu dans la direction du clocher de Sangatte par les moulins de Coquelles, jusqu'à ce que le clocher d'Audinghen soit caché par la falaise du cap Blanc-Nez. . . .
E.S.E. 1/2 S.; le cap sur le milieu de la ville de Calais.

le clocher d'Audinghen venant d'être caché par Blanc-Nez. . . . .
gouverner directement sur l'entrée de Calais, s'il y a flot.

Longer la terre à la distance à laquelle on se trouve, s'il y a jusant.

Mouillage dans la partie Sud de la rade de Calais. . .
à 1 mille du rivage, dans

les marques suivantes : le cap Gris-Nez ouvert de 8 à 10 minutes à droite de la falaise du cap Blanc-Nez , le moulin Est de Coquelles au S.S.O. 1/2 O., le clocher de Sangatte par le corps de garde de Blanc-Nez, et le bout de l'estacade de l'Est de Calais par la plus haute des dunes qui sont dans l'Est de la ville.

On y est, par 20 mètres, sur un fond d'assez bonne tenue.

De nuit, avec vent sous vergues :

à quelle distance convient-il de doubler le cap Gris-Nez ? . . . .   à 1 mille.

route à suivre. . . . . . .   E.N.E. (N.E.).

à quel relèvement faut-il avoir soin de ne pas amener le feu de Gris-Nez afin d'éviter la *Barrière* et les *Quennocs ?*   pas plus vers l'O. que le S.O. 1/2 O.

Route à suivre quand le phare de Calais reste à l'E. S.E. (S. 89 E.) . . . .   E. 1/4 S.E. (E. 1/4 N.E.).

s'il y a flot.. . . . .   dès que Gris-Nez est masqué par la falaise de Blanc-Nez, porter sur le feu (à éclats) de Calais; puis manœuvrer pour donner entre les jetées.

s'il y a jusant. . . . . . .   mouiller dès que le phare de Gris-Nez est masqué par la falaise du cap Blanc-Nez.

En louvoyant avec flot, à quel relèvement ne pas amener le phare de Gris-Nez avant

d'avoir ouvert le clocher de
Sangatte à droite des moulins
de Coquelles ? . . . . pas plus vers l'Ouest que le
                           S.O. 1/4 O.

Aller à Calais, venant du Nord.

**Avec grande brise de
vent sous vergues, de jour
ou de nuit :**
   Route à suivre. . . . . . . directement sur le port.
   Riden de Calais. . . . . tous les navires peuvent le
                           traverser depuis le mo-
                           ment de demi-montée à
                           Calais jusqu'à 2/3 de bais-
                           sée

**Avec jusant et en lou-
voyant, de jour :**
   directions à l'intersection
     desquelles il faut se
     placer. . . . . dans le N.N.E. des falaises
                           du cap Blanc-Nez et dans
                           l'alignement de Sangatte
                           vu par les moulins de Co-
                           quelles.
   route à suivre. . . . . . . parallèlement à la côte.
   instant où il convient de
     mouiller.. . . . . dès que, le moulin Est de
                           Coquelles restant au S.
                           S.O. 1/2 O., le cap Gris-
                           Nez n'est plus que très-peu
                           ouvert du cap Blanc-Nez.

**Avec jusant et en lou-
voyant, de nuit :**
   dans quelle direction faut-
     il se placer? . . . . . . dans l'O.N.O. du phare de
                           Calais.
   route à suivre. . . . . . . E.S.E.
   lorsque, faisant route à l'E.
     S.E., le phare de Gris-
     Nez reste à l'O.S.O. . . venir d'un quart sur bâbord.
   quand Gris-Nez disparaît
     derrière Blanc-Nez.. . . . on peut mouiller.

DE CALAIS A GRAVELINES.

Etendue de la plage qui découvre :

entre Calais et le N.N.E. des moulins de Walde, ainsi que devant l'entrée de Gravelines. . . . . . 1 mille.

partout ailleurs. . . . . . de 1/2 mille à 2/3 de mille.

A quelle distance s'étendent les fonds de moins de 8 mètres attenant à la plage :

dans le N.N.E. de l'église de Calais et dans la direction du cheval de Gravelines ? . . . . . à environ 2 milles au large.

entre les moulins de Walde et le village d'Oye. . . . à 1 mille seulement.

Mouillage, de beau temps, devant Gravelines. . . . . . à 1 mille 1/2 ou 2 milles du rivage, dans le N. (N.N.O.) de la flèche de l'église d'Oye. . . . .

DE GRAVELINES A DUNKERQUE.

Le Grand et le Petit-Cassel. seules terres élevées qu'on aperçoive à toute vue, lorsque le temps est clair, entre Gravelines et Dunkerque. Ces terres forment deux collines isolées, situées dans le S. 1/2 O. (S.S.E. 1/2 S.) de Dunkerque. L'une de ces collines est le Grand-Cassel, et l'autre, le Petit-Cassel. On aperçoit la ville de Cassel sur le sommet de la plus grande de ces collines, qui est aussi la plus Ouest ; le Petit-Cassel a la forme d'un cône dont la base est égale à la hauteur.

Disposition des dunes qui composent la pointe de Gravelines (*ou pointe de Clipont*) et distance à laquelle on peut les apercevoir. . . . . elles sont disposés sur plusieurs rangées et peuvent être aperçues à 8 ou 9 milles.

Dunes comprises :

entre la pointe de Gravelines et le méridien de Mardick. . . . . elles sont, pour la plupart, aussi hautes que celles de la pointe même.

entre le méridien de Mardick et Dunkerque. . . . les Dunes sont à 1/2 mille en arrière du rivage ; elles sont couvertes de verdure et disposées en chaînes parallèles.

Etendue de la plage qui découvre :

depuis Fort-Philippe jusqu'à la pointe de Gravelines.. . . . . 5 encablures.

devant la pointe de Gravelines.. . . . . 3 encablures

au delà de la pointe de Gravelines et entre Gravelines et Dunkerque. 6 à 7 encablures.

Etendue, vers le large, des fonds de moins de 8 mètres entre Fort-Philippe et la pointe de Gravelines.... 2 milles.

Fosse de Mardick. . . . . se trouve située dans les fonds de moins de 8 mètres qui s'étendent à 2 milles du rivage entre Fort-Philippe et la pointe de Gravelines. On doit éviter de s'engager dans cette fosse, bien qu'il y reste toujours de 8 à 9 mètres d'eau.

Dans quelle direction s'étend le haut-fond dont la partie Est sépare la fosse de Mardick de la passe de l'Ouest de la rade de Dunkerque?..
dans le N.N.E. du phare de Gravelines.

Profondeur de l'eau, de mer basse, sur ce haut-fond.
de 3 à 5 mètres.

Dans quelle direction s'étend un autre haut-fond, très-accore, qui, attenant à la plage comprise entre Mardick et l'entrée du chenal de Dunkerque, s'avance à 1/2 mille vers le large en formant une pointe qui se porte vers l'Ouest............
dans le N. 1/4 N.O. du clocher de Mardick.

Aller à Dunkerque, venant de la Manche.

De jour, avec vent sous vergues :

position à prendre dans l'O. N.O. (Ouest) du phare Gris-Nez........
à 2 milles, par 26 mètres d'eau de mer basse, et dans le N. 15° E. du cap d'Alprech.

route à suivre, partant de cette position, pour venir se placer au point d'intersection des deux directions données par le moulin Ouest de Coquelles vu exactement à mi-distance entre le moulin Est et le moulin de Fienne, et par le Mont-Couple vu précisément à mi-distance entre le clocher de Sangatte et le corps de garde sur le cap Blanc-Nez........
E.N.E., 12 milles.

si la route faite ne conduisait pas à ce point d'intersection. . . . . .

route à suivre, partant de ce point d'intersection, pour atteindre l'entrée de la passe de l'Ouest de la rade de Dunkerque. . — E. 1/4 S.E.; 16 milles.

précaution à prendre en faisant cette route. . . . — sonder souvent quand on est dans le N.N.E. de Gravelines pour se maintenir sur les fonds de plus de 8 mètres.

direction à suivre dès qu'on aperçoit le feu flottant de Ruytingen (ou *feu flottant de Gravelines*) et celui de Dunkerque. — tenir ces deux feux l'un par l'autre.

moindre profondeur d'eau par laquelle fait actuellement passer l'alignement donné par les feux de Dunkerque et de Ruytingen vus l'un par l'autre — un peu plus de 8 mètres (1).

dans quelle direction se trouve cette moindre profondeur ?. . . . . — dans le N.E. 1/2 E. du phare de Calais.

De nuit, avec vent sous vergues :
relèvements des phares de Calais et de Gris-Nez au point d'intersection desquels il faut venir se placer en faisant 12 milles — faire en sorte de s'en rapprocher le plus possible.

----

(1) On a le projet de porter les feux flottants de Gravelines et de Mardick un peu plus dans l'Ouest. La direction donnée par le feu flottant de Gravelines, vu par celui de Dunkerque, fera alors passer, dans le Sud de ce fond de 8 mètres, par une plus grande profondeur d'eau.

à l'E.N.E. à partir de la position prise, comme de jour, dans l'O.N.O. du phare de Gris-Nez et dans le N. 15° E. de celui d'Alprech. . . . . . | il faut venir relever le feu de Calais au S.S.E. 1/2 E. et celui de Gris-Nez à l'O. S.O. 8° S.

route à suivre à partir de ce point d'intersection. . | E. 1/4 S. E.

relèvements des phares de Gravelines et de Dunkerque au point d'intersection desquels il convient de s'arrêter si l'on n'aperçoit pas le feu flottant de Ruytingen (ou feu flottant de Gravelines). . | le phare de Gravelines au S. 1/4 S.E. et celui de Dunkerque à l'E.S.E. 3° E.

que faire ensuite? . . . . | mouiller si le temps est beau; mais si l'état de la mer ne permet pas de mouiller, se tenir, bord sur bord, par des fonds de 15 à 25 mètres, entre le Dyck occidental (l'*Orteil*) et la terre, sans amener le phare de Gravelines plus vers le Sud que le S.S.E., ni le phare Calais plus vers le Sud également que le S.O. 1/4 O.

Avec des vents de N.N. E. à l'E.N.E. :

relèvement auquel il convient d'amener Calais en s'élevant à grands bords dans le Pas-de-Calais. . | S.S E.

Comment s'approcher ensuite de Calais de façon à éviter le *riden de Calais?* | bâbord armures et la sonde à la main.

Espace dans lequel il convient de veiller attentivement à se maintenir quand on est parvenu sur le méridien de Calais. . entre le Dyck occidental (l'*Orteil*) et les fonds de moins de 8 mètres attenant au rivage.

Longueur des bordées dans cet espace. . . . . 3 milles 1/2 à 4 milles quand on relève le phare de Gravelines plus vers l'Est que le S.S.E.

2 milles, au plus, quand on relève le phare de Gravelines plus vers le Sud que le S.S.E., à cause du hautfond de Gravelines sur le sommet duquel il ne reste qu'un peu plus de 6 mètres d'eau (1).

Haut-fond de Gravelines. son sommet est à près de 4 milles dans le N.N.E. 3° N. du phare de Gravelines et à près de 10 milles dans l'O.N.O. 1/2 N. du phare de Dunkerque.

Mais, si le feu flottant de Ruytingen n'existait pas. . . chercher la grosse bouée à cloche indiquant l'entrée de la passe de l'Ouest de Dunkerque.

Dans quelle direction faudrait-il amener la ville de Gravelines avant de se préoccuper de chercher la bouée

---

(1) Tant que le feu de Dunkerque est vu à droite de celui de Ruytingen (feu flottant de Gravelines), la moindre profondeur d'eau que l'on puisse trouver en courant la bordée du Nord est de 8 mètres. Cette profondeur se trouve dans le N.E. 1/2 E. du feu de Calais et dans la direction actuellement donnée par le phare de Dunkerque vu par le feu de Ruytingen (feu flottant de Gravelines).

indiquant l'entrée de la passe
de l'Ouest de Dunkerque ?. .

au S. S.O.

Comment venir chercher
cette bouée ? . . . .

en se tenant à petits bords
près de la limite des fonds
de 8 mètres.

Venant de la mer du Nord en destination pour Calais, Gravelines ou Dunkerque.

Où prendre position ?. . .

à 3 ou 4 milles dans l'E.S.E.
des feux de Galloper, sur
la limite Ouest du canal
du plus grand brassiage
(33 mètres).

Partant de cette position,
route à suivre pour passer à
bonne distance dans l'Est des
Four - Mile - Knolls et du
North-Falls. . . . .

S. 1/4 S.O.

Route faisant passer à mi-
distance entre la pointe Sud
du *banc de Falls* et la
pointe Sud-Ouest du *Sandet-
lié,* lorsque, portant au S. 1/4
S.O., on relève le phare de
North-Foreland à l'O.N.O. .

S.O. (S.S.O.), en se tenant
par des fonds d'au moins
33 mètres.

Étant parvenu entre la
pointe Sud du banc de Falls
et la pointe Sud-Ouest du Sandettié. . . . .

gouverner sur le phare de Calais, si les vents dépen-
dent de l'Ouest, en ayant
soin de ne pas amener le
phare de Gris-Nez plus vers
l'Ouest que l'O.S.O., ou
le phare de Gravelines pas
plus vers l'Est que l'E.S.
E. 1/2 S. Mais si les vents
dépendent de l'Est, porter

entre le phare de Calais et celui de Gravelines, en ayant soin de ne pas amener le phare de Gris—Nez plus vers l'Ouest que le S. O. 1/4 O., ou celui de Calais pas plus vers l'Est que le S.E. 1/4 S.

Avec vents grand frais de la partie de l'Ouest : où passer pour trouver la mer plus belle? . . . .

dans l'Ouest du Galloper ainsi que du banc de Falls, soit en doublant le Galloper par le Nord, soit en passant entre ce banc et celui de Falls.

route à suivre, partant d'environ 2 milles dans l'O. N.O. (Ouest) des feux du Galloper, pour atteindre le travers de la pointe Sud du banc de Falls . . . .

34 milles au S.O. 1/4 S. un peu Ouest (S.13°O.).

ayant atteint le travers de la pointe Sud du Falls, venir prendre connaissance des terres ainsi que des phares de South-Foreland, Gris-Nez et Calais . . . .

faire encore 5 à 6 milles au S.O. 1/4 S. un peu Ouest (S.13°O.).

Avec vents de la partie de l'Est : partant de 3 ou 4 milles dans l'E.S.E. des feux du Galloper, route la plus directe vers Calais.

passer au vent du Sandettié, c'est-à-dire traverser le *canal du plus grand brassiage*, pour donner dans la

circonstances dans lesquelles on peut s'engager dans la fosse qui sépare le *Sandettié* de *l'Out-Ruytingen* . . . . fosse qui sépare le *Sandettié* de *l'Out-Ruytingen*.

Mais si la destination est Dunkerque . . . . quand le temps est assez clair pour permettre de voir les feux de Dunkerque, Gravelines et Calais, et que l'on a de bonnes cartes.

prendre connaissance des feux de North-Hinder et de West-Hinder, si le temps est clair.

entre quels bancs passer ensuite ? . . . . entre les deux Ruytingen et les deux Dicks.

quelle direction suivre pour passer entre ces bancs ? le phare de Gravelines par le feu flottant de Ruytingen (1).

PASSE DE L'OUEST DE LA RADE DE DUNKERQUE.

Feux flottants éclairant cette passe . . . . deux : celui de Ruytingen (ou feu flottant de Gravelines) et celui de Mardick. . . .

Feu de Ruytingen. . . . . mouillé, par 8 mètres, à 3 milles dans le N. 46° E. du monde du phare de Gravelines.

Feu de Mardick. . . . . . mouillé, par 9 mètres, à 2 milles 4 dans le N. 41° O. du monde de Mardick.

______

(1) Mais lorsque le feu flottant de Ruytingen (feu flottant de Gravelines), aura été porté , comme on en a le projet, dans l'Ouest de sa position actuelle, son alignement avec le phare de Gravelines ne pourra plus servir pour passer entre les deux Ruytingen et les deux Dicks.

Bouée à cloche indiquant l'entrée de la passe . . . . . elle est peinte par bandes rouges et noires et surmontée d'une glace.

Alignements à l'intersection desquels se trouve cette bouée . . . . le clocher de Saint-Georges vu par une balise en charpente élevée près du bord de la mer, et le clocher de Mardick vu également par une balise élevée, sur le rivage, à l'Est de la précédente.

Etant parvenu dans la direction du feu flottant de Ruytingen par le phare de Dunkerque, ou dans celle donnee par les deux feux flottants de Ruytingen et de Mardick vus l'un par l'autre, faire la passe de l'Ouest et pénétrer sur la rade de Dunkerque. . . . . ranger le feu flottant de Ruytingen d'un bord ou de l'autre ; porter ensuite sur le feu flottant de Mardick, qu'on laisse sur tribord ; puis tenir par l'arrière ces deux feux flottants dans le même alignement, ou le feu flottant de Ruytingen un peu à droite de celui de Mardick.

Bouées balisant :
le côté Nord de la passe. . trois bouées noires.
le côté Sud de la passe. . trois bouées rouges.

RADE DE DUNKERQUE.

Fosse de l'Ouest. . . . . . elle commence dans le Nord-Est du clocher de Mardick.

Extrémité Est de la fosse de l'Ouest. . . . . se trouve dans le N.N.O.

Profondeur de l'eau dans cette fosse. . . . . 14 à 16 mètres.

Navires auxquels convient le mouillage dans la fosse de l'Ouest.. . . . . les grands navires, qui, avec vents d'aval et grosse mer, arrivent devant Dunkerque plusieurs heures avant le plein.

Fond de mauvaise tenue séparant la fosse de l'Ouest de celle de l'Est. . . . . . il a 3 encablures d'étendue et son milieu se trouve dans le N. N.O. 1/2 O. du phare de Dunkerque.

Fosse de l'Est. . . . . . . elle commence à la passe de l'Est.

Son extrémité Ouest. . . . se trouve dans l'alignement donné par la tour de l'Heuguenar vue par le phare de Dunkerque.

Profondeur de l'eau dans la fosse de l'Est. . . . . . de 14 à 19 mètres.

Navires auxquels convient le mouillage dans cette fosse. les grands navires qui doivent séjourner sur rade ou qui viennent y chercher un refuge.

Meilleur mouillage sur la rade de Dunkerque . . . . . dans les marques suivantes : la tour de l'Heuguenar touchant le côté Est du phare de Dunkerque, et cette même tour vue par la tour de Dunkerque.

On peut également mouiller dans la direction des deux feux flottants de Ruytingen (de Gravelines) et de Mardick vus l'un par l'autre, sans dépasser vers l'Est la direction

Mouillage des petits navires attendant qu'il y ait assez d'eau pour eux dans le chenal de Dunkerque...... de la tour de l'Heuguenar vue par le phare de Dunkerque.

à 1 mille environ dans le Nord-Ouest de l'entrée.

Ce mouillage est surtout bon quand le vent vient de terre ; il convient également dans ce cas aux grands navires. On y est par 9 à 13 mètres d'eau sur un fond de sable de bonne tenue.

Affourchage sur tous les points de la rade de Dunkerque.......... Est et Ouest, l'ancre la plus forte à l'Ouest.

PASSE DE L'EST DE LA RADE DE DUNKERQUE, OU PASSE DE ZUYDCOOTE.

Bouées balisant la passe de l'Est :
à laisser sur bâbord en sortant......... 4 bouées rouges.
à laisser sur tribord.... 1 bouée noire.

Alignement dans lequel se trouve la bouée noire.... le clocher de Leffrinckoucke par une balise en charpente située, sur les dunes, à petite distance dans l'Ouest de la tour des Sables.

Cette bouée est à peu près au N. 10° E. du monde de Zuydcoote.

Direction à suivre dans la passe de Zuydcoote..... les flèches de Bergues, au S.O. 1/4 S., ouvertes d'environ 1 degré à droite du clocher de Leffrinckoucke, ou la tour des Sables, sur laquelle est établi le séma-

Profondeur de l'eau dans cette passe. . . . . — 5 à 7 mètres de basse mer.

Quantité dont le brassiage porté sur les cartes se trouve augmenté à l'instant où le courant de flot commence à se faire sentir sur la rade de Dunkerque, c'est-à-dire à 1/2 montée dans le port. . . — phore de Zuydcoote, tenue au S.S.O., de manière à voir le jour à travers les fenêtres de la tour.

29 décimètres

Profondeur de l'eau dans la rade de Nieuport. . . . . — 9, 13 et 16 mètres.

Distance à laquelle le *Smal-Banck*, qui limite la rade de Nieuport vers le nord, se trouve de la *bouée rouge du Nord-Est*. . . . . . — 1/2 mille.

Dans quelle direction le *Smal-Banck* est-il extrèmement accore et dangereux? . — dans le N.N.E. de la tour des Sables.

Profondeur d'eau par laquelle, en sortant de la passe de Zuydcoote, il faut s'empresser de faire valoir à la route l'E. 9° N. (E. 30° N.), afin d'éviter le *Smal-Banck*. — 13 mètres (déduction faite de la hauteur de la marée).

De nuit : lorsque, entrant par la passe de Zuydcoote, avec un navire calant 3 mètres, on ne peut distinguer la couleur de la première bouée dont on a connaissance, de quel côté laisser cette bouée? — dans l'Est, attendu que, quand même cette bouée serait la bouée noire, on aurait encore assez d'eau en en passant à 4 encablures dans l'Est.

En louvoyant :

périodes favorables de la marée.	depuis 1/2 montée jusqu'à 1/2 baissée.
précautions à prendre en portant sur le *Hils-'Banck*.	sonder continuellement.
alignement à ne pas dépasser en courant la bordée de l'Est.	les flèches de Bergues ouvertes de 1 ou 2 degrés à gauche du clocher de Leffrinckouke.

DE DUNKERQUE VERS LE NORD.

En traversant les bancs :

Direction à suivre pour traverser successivement le Breack-Banck, le Smal-Banck et le Breedt-Banck.	Aussitôt en dehors des jetées, faire route au Nord pour se mettre dans l'alignement de la flèche de Petite-Synthe, au S.O. 1/2 S., par le corps de garde des Polders, qui est à 1 mille environ dans l'O. 1/2 N. (O.S.O. 1/2 O.) du phare de Dunkerque, et faire route, dans cet alignement, au N.E. 1/2 N. (N. 17° 30′ E.).
Jusqu'où faut-il suivre cette direction ?.	jusqu'à ce que la sonde indique qu'on a atteint la partie Est du Cliff-d'Islande.
Nombre de milles à faire à partir du *Breedt-Banck* pour atteindre la partie Est du *Cliff-d'Islande*.	7 à 8 milles.
Route à suivre pour gagner la pleine mer après avoir reconnu le Cliff-d'Islande. .	E.N.E. 8° E. (N. 17° 30′ E.); 35 milles.

6

Bancs entre lesquels cette route fait passer........ entre le *Bligh-Banck*, qu'on laisse à bâbord, et le *Thorntons-Ridge*, qu'on laisse à tribord.

Profondeur d'eau le long de ce parcours........ 19, 26 et 31 mètres, excepté entre ces deux bancs, où l'on ne trouve que 14 à 16 mètres.

Haut-fond, sous 14 à 16 mètres d'eau, entre le *Bligh-Banck* et le *Thorntons-Ridge*, et que cette route fait traverser........ se trouve à un peu plus de 26 milles de la partie Est du Cliff-d'Islande.

Par la passe de Zuyd-coote, quand le tirant d'eau du navire ne permet pas de traverser les bancs :

Route à suivre, étant parvenu par une profondeur d'eau de 9m7 dans la partie Est de la rade de Nieuport. E. N.E. 1/2 E.

Direction dans laquelle cette route fait traverser le haut-fond qui relie le Smal-Banck au banc de Nieuport. Furnes par le sommet de Broer's-Duyn.

Route à suivre, étant par un peu plus de 5 mètres d'eau et dans la direction de Furnes par le sommet de Broer's Duyn, pour passer entre le *Breedt-Banck oriental* et le *Middel-Kerque*... N.E. 2°N. (N. 21°E.)environ.

Nombre de milles à faire à cette nouvelle route pour être paré de tous les bancs. 35 milles.

Profondeur d'eau par laquelle cette dernière route

fait traverser la partie Est du Smal-Banck. . . . . — 6 mètres.

Breedt-Banck oriental. . . — on longe son accore Est à moins d'un mille, jusque dans le Nord-Ouest d'Ostende.

Brassiage au delà du Breedt-Banck oriental et jusque dans le N.N.O. 1/2 N. d'Ostende. . — de 13 à 16 mètres, puis 18 à 24. On continue à trouver ces dernières profondeurs jusqu'au pied des hauts-fonds qui sont dans le Sud-Ouest du Thornston-Ridge

Dans quelle direction, par rapport à Ostende, rencontre-t-on les hauts-fonds situés dans le Sud-Ouest du Thornston-Ridge ? . . . . . — dans le N. 3° O.

Profondeurs d'eau :

par lesquelles on traverse les hauts-fonds situés dans le Sud-Ouest du Thornston-Ridge ? . . . — 16 à 23 mètres.

au delà de ces hauts-fonds. . . . . — 23 à 31 mètres.

à 4 milles 1/2 plus loin, sur la partie Ouest du *Thornton-Ridge* . . . . — 16 à 18 mètres.

à 7 milles au delà du *Thornton-Ridge*, sur le haut-fond qui occupe le milieu entre le *Bligh-Banck* et le *Thornston-Ridge*. . . . . — 15 à 16 mètres.

Nombre de milles à faire, après avoir franchi ce dernier haut-fond, pour être totalement paré des bancs. . . . — 5 milles.

Précaution que doivent prendre les navires d'environ 6 mètres de tirant d'eau pour gagner la pleine mer par la passe de Zuydcoote et en sui- suivant les routes indiquées ci-dessus (1). . . . . traverser la passe de Zuyd- coote peu de temps avant le plein, et le haut-fond qui relie le Smal-Banck au banc de Nieuport, peu après le moment du plein.

DE DUNKERQUE A LA BELGIQUE.

Objets remarquables :
   sur la côte. . . . . quelques corps de garde des douanes placés sur les du- nes près du rivage ; une grande balise (*Mât des Pi- lotes*) ; une vieille tour (la *Tour des Sables*), qui est située près de Zuydcoote (clocher carré) et le petit édi- fice de la douane française, élevé sur la frontière vis-à- vis et dans l'Ouest d'un édifice à peu près sembla- ble appartenant à la douane belge.

   en arrière des dunes. . . la flèche du clocher de Lef- frinckouke, et au loin, dans l'intérieur, les flèches très-rapprochées l'une de l'autre de la petite ville de Bergues.

   au delà de la frontière dans le voisinage de la côte. . les flèches inégalement éle- vées de la ville de Furnes, les remparts et le clocher

---

(1) Ces routes sont obliques à la direction des courants de flot et de jusant ; mais elles présentent l'avantage d'être éclairées par le feu d'Ostende jusqu'à 2 milles du point où l'on rencontre le Thornston-Ridge.

Broer's-Duyn. . . . . . . de Nieuport, et une grande dune nommée : *Broer's-Duyn*, située au Nord de Furnes. Cette dune est remarquable ; elle est haute et large, aplatie au sommet, en pente douce du côté de l'Ouest. et elle est la seule qui ne soit pas couverte de verdure.

Etendue :
de la plage qui découvre en avant du rivage. . . 2 encablures 1/2.
des fonds de moins de 8 mètres. . . . . . . 1 mille du rivage.
Echouages par gros temps. . les échouages sont moins funestes sur cette partie de côte que sur celle à l'Ouest de Dunkerque, surtout quand ils ont lieu de grande marée et peu après le plein.

Les équipages doivent attendre pour quitter le navire que la mer se soit retirée.

Côte de France.

(A l'Ouest du cap la Hague.)

RAZ BLANCHARD.

Roches indiquant, selon qu'elles sont couvertes ou découvertes, la direction des courants dans le Raz. . . . . . la Foraine (4^m5) et la grande roche des Huquets-de-Jobourg (4^m3).

Quand ces roches sont découvertes, il y a jusant dans le Raz ; il y a flot quand elles sont couvertes.

6.

Marées les plus favorables pour traverser le Raz.....
La molle eau (ou étale). . les marées de morte-eau.

a lieu au moment du reversement des courants dans le Raz, depuis environ 1/2 heure avant jusqu'à 1/2 heure après, par conséquent à 1/2 marée montante et à 1/2 marée baissante au rivage voisin.

On profite autant que possible de ce moment pendant les vives eaux, les petits navires surtout, pour donner dans le Raz.

Voilure à conserver en donnant dans le Raz.......

seulement celle nécessaire pour bien gouverner.

Franchir le Raz avec des vents contraires. ......

s'attacher plus à dériver au vent, en se maintenant debout à la lame, qu'à franchir le Raz rapidement.

Directions entre lesquelles se produit la grande agitation des eaux dans le Raz. ...

entre les directions données par la pointe Jardeheu au S.S.O. et les Casquets ouvrant et fermant avec la pointe Sud-Ouest de l'île d'Aurigny

Aspect du Raz pour peu qu'il vente frais dans une direction opposée à celle du courant. ....

la mer brise sur tous les points du Raz, absolument comme sur des récifs.

Le Raz Blanchard est parfois inabordable. ......

dans les gros temps, de quelque côté que souffle le vent.

Passer :
au large des dangers qui

sont au Nord du cap la Hague. . . . . tenir l'île Burhou, ou mieux l'Ortach, à droite d'Aurigny.

La pointe Jardeheu (*sur laquelle il y a un sémaphore*), ouverte d'un quart à gauche des roches du Houffet, fait également passer dans le Nord des Grunes.

à une encablure au moins au large de la *Petite-Grune* (0m3) . . . . . . ne pas dépasser vers le Sud la direction donnée par l'extrémité de la pointe des roches du Houffet vue, au S.E. 2° E., par le sommet du rocher Esquima.

à 2 encablures 1/2 dans l'Ouest de la *Grande-Grune* (0m6) . . . . . . tenir le phare de la Hague par la chute de la falaise du Nez-de-Jobourg.

De quelque côté qu'on vienne, passer dans l'Ouest de tous les dangers situés à l'Ouest du phare de la Hague. . . . . tenir le cap Flamanville assez ouvert du Nez-de-Jobourg pour apercevoir le clocher de Flamanville à mi-distance entre ces deux caps, ou, encore, conserver le clocher de Jobourg en vue au-dessus de la terre.

Marque de travers de la *Foraine*. . . . . le phare de la Hague par la pointe basse du cap la Hague (*pointe d'Auderville*).

Direction à suivre dans le but d'éviter la plus grosse mer. le cap Rosel ouvert de 1/2 quart environ du **cap Fla-**manville.

Mais si, venant du Sud avec des vents de la partie de l'Est, on craint de se souventer, il suffit de tenir le corps de garde du cap Carteret ouvert du cap Flamanville, après toutefois qu'on a paré les Huquets-de-Jobourg ainsi que les basses Saint-Gilles ($\overline{2^m3}$). On passe au large de ces dangers en tenant le cap Rosel **ouvert** du cap Flamanville, ou, *de nuit*, en n'amenant pas le feu du cap la Hague plus vers le Nord que le N.E. 1/2 N.

Marque faisant passer au large :

des basses de la Dossière ($\overline{3^m}$). . . . .   le rocher Greniquet mordu sur la pointe basse du cap la Hague (*pointe d'Auder-ville*).

des basses St-Gilles ($\overline{2^m3}$) .   le cap Rosel ouvert du cap Flamanville.

des Huquets de Jobourg ($\underline{4^m3}$) . . . .   le cap Carteret ouvert du cap Flamanville , ou le phare de la Hague ouvert du Nez-de-Jobourg.

Venant de l'Est, en destination pour Saint-Malo ou pour Granville.

Sans passer par la Déroute.

Moment favorable pour traverser le Raz Blanchard.   le moment de la molle eau qui précède le courant de flot (4 heures après que la mer a été pleine à Saint-Malo).

Route à suivre après avoir passé le Raz..........	faire valoir à la route le S. O. 3º O. (S. 25' O.)
A quel moment de la marée à Saint-Malo doit-on s'efforcer d'arriver entre les îles Sercq et Jersey ?....	au moment de la basse mer.
Etat de la marée, à ce même moment, entre Sercq et Jersey............	encore 1 heure 1/2 de jusant environ.
Il importe de se hâter de profiter de cette fin du jusant...............	on doit, dans ce but, forcer de toile en continuant à faire valoir à la route le S.O. 3º O., afin de se trouver au commencement du courant de flot le plus loin possible dans l'Ouest et dans le Sud des Minquiers.
Eviter le banc de la *Schôle* et en passer dans le Sud-Est et dans le Sud..........	tenir le phare du cap la Hague à l'E.N.E. (N. 43 E.), ou la tour de Jerbourg, à l'O. 3º S. (S. 59 O.), par la roche la Fauconnière, ou, encore, l'Etat-de-Sercq ouvert à gauche des Burons.
Marque faisant éviter l'extrémité Ouest des Pierres-de-Lecq (ou *Pater noster*)....	le grand rocher la Corbière (*Jersey*), au S.S.O. 3º S., ouvert à droite du cap Gros-Nez.
Précaution à prendre dès qu'on présume que le courant de jusant a cessé....	se donner un point de départ certain pour pouvoir déterminer la direction à

Marques, sur Jersey, indiquant qu'on passe dans l'Ouest des *Minquiers.* . . .

suivre pour doubler sûrement les Minquiers.

le clocher de St-Ouen, au N.E. 8° E., par le grand rocher la Corbière (qui est près de l'extrémité Ouest de la pointe la Moye, pointe Sud-Ouest de Jersey), ou la maison peinte en blanc, nommée *la Vigie*, et qui est sur le haut de la pointe la Moye, vue entre les clochers de Saint-Ouen et de Saint-Pierre.

Après avoir doublé les Minquiers. . . . .

Avec vents contraires :
que faire ?. . . . .

rallier le cap Fréhel.

doubler les Casquets et Guernesey par l'Ouest.

à quelle distance convient-il de doubler les Casquets ?. . . . .

à bonne distance, pour éviter d'être entraîné par le courant de flot dans le canal au Sud de ces îlots.

comment combiner les bordées ? . . . .

de manière à attérir à 8 milles dans le S.O. de la pointe de Pleinmont (*pointe Sud-Ouest de Guernesey*) vers le commencement du courant de jusant, c'est-à-dire 2 heures environ après que la mer a été pleine à Saint-Malo.

Partant de la pointe de Pleinmont, environ 2 heures après que la mer a été pleine à Saint-Malo, route à suivre pour atteindre à 6 milles dans le N. 1/4 N.O. du cap Fréhel. . . . .   36 milles au S. environ (S. 25° E.).

ANSE DE VAUVILLE ET ANSE CALGRAIN.

Meilleur mouillage dans l'anse de Vauville. . . . . .   par 16 à 18 mètres d'eau, à 2 milles du rivage, et dans l'Ouest un peu Nord (O.S.O.) de Biville.

Navires pouvant mouiller dans l'anse Calgrain. . . . .   les petits navires du cabotage.

Où se placent ces navires ?   à 1/2 mille du rivage, et même plus près, en face du moulin à eau.
Plus on est près de terre, moins on a de courant.

Quand convient-il d'appareiller des anses de Vauville et de Calgrain pour donner dans le Raz ? . . . .   lorsque la grande roche des Huquets de Jobourg est encore élevée d'environ 7 décimètres au-dessus de l'eau, c'est-à-dire 1/2 heure ou 3/4 d'heure avant le commencement du courant de flot.
On s'exposerait à être entraîné par le courant de flot sur les roches de la pointe de Jobourg si l'on appareillait trop tard.

PASSAGE DE LA DÉROUTE.

Comment gouverner après avoir atteint le travers du cap Flamanville ? . . . . . .   parallèlement à la côte, en se tenant à environ 2 milles de la laisse de basse-mer.

Profondeur d'eau à partir de laquelle le fond s'élève

brusquement, en allant vers la côte, entre les caps Flamanville et Carteret. . . . . . — à partir d'une profondeur de 11 mètres.

Eviter de s'engager sur ces petits fonds, et passer au large des *bancs de Surtainville* ($\overline{4^m3}$) *et des roches du Rit*. . . . . — tenir le Nez-de-Jobourg assez ouvert du cap Flamanville pour apercevoir également le phare de la Hague ouvert du Nez-de-Jobourg.

Marque faisant passer sur la partie Sud-Est des bancs de Surtainville quand il y a suffisamment d'eau sur ces bancs pour qu'on puisse les traverser. . . . . — le Nez-de-Jobourg ouvert du cap Flamanville

Précaution à prendre, en suivant la direction indiquée ci-dessus, afin de se maintenir dans l'Est du *Caillou* ($\overline{4^m}$) et de la *basse Bihard* ($\overline{2^m}$). . . — ne pas amener le Nez-de-Jobourg plus vers l'Est que le N.N.E. 2° N. (N. 4° 30′ O.), le tenir ouvrant et fermant avec le cap Flamanville.

Marque de travers de la *Basse-Bihard*. . . . . — l'église des Pieux ouverte de 5° à gauche du cap Rosel.

Marque de travers des *Roches du Rit*. . . . . — les églises de Port-Bail et de Gouey ouvrant du cap Carteret.

Comment gouverner après avoir atteint le travers des roches du Rit? . . . . . . — S. S.E. 2° S. environ.

Eviter les Trois-Grunes ($\overline{1^m6}$) et en passer :

à terre. . . . . faire en sorte de n'apercevoir au-dessus de la terre que l'extrémité de celui des deux clochers de St-Pierre-les-Moutiers qui est surmonté d'une flèche.

à 1/2 mille dans le Nord. tenir le fort qui est à la partie Sud-Est du cap Carteret caché par la partie Ouest de ce cap.

dans l'Est . . . . tenir la roche la Vieille (*des Ecréhou*) par le Vieux-Château (*Jersey*).

dans le Sud . . . . tenir la tour (*carrée*) de l'église de Barneville ouverte du cap Carteret.

De quel côté des *bancs Félés* est-il préférable de passer ? . . . . dans l'Est.

Marque faisant passer dans l'Est des *bancs Félés*, entre ces bancs et la côte de France. la pointe Nord – Ouest des dunes blanches et élevées de Hatainville cachée derrière le mondrain de couleur sombre et presque à pic qui termine le cap Carteret, au N. 1/4 N.E. (N. 12° O.) (1).

Profondeur d'eau par laquelle cette marque fait traverser les *bancs Félés*. . . . par un peu plus de 4 mètres de mer basse.

Un grand navire peut, par suite, se trouver contraint d'attendre, d'un côté ou de l'autre des *bancs Félés*, avant de pouvoir traverser ces *bancs*. il devra attendre qu'il y ait au moins 1/4 de montée.

____

(1) Le cap Flamanville, au N. 1/2 E. (N. 19° O.), ouvert à gauche du cap Carteret fait traverser la partie Sud-Est des bancs Félés.

Quelle est, à 1/4 de montée, la profondeur de l'eau sur les bancs Fêlés dans la direction à suivre ?	plus de 7 mètres.
Meilleure position à prendre en mouillant, sous le cap Carteret. . . .	par 7 mètres de fond, à 2 milles de la pointe, et dans la direction du phare vu très-peu ouvert à gauche du fort construit sur la partie Ouest du cap.
dans le Sud des bancs Fêlés	les dunes de Hatainville cachées derrière le cap Carteret, et l'église Saint-Germain entre l'E. S.E. et l'E. 1/4 N.E.
Marque faisant éviter : les basses de **Port-Bail** (2^m), les basses de Surville (3^m), et la partie Sud-Est des bancs Fêlés (2^m6)	les caps Flamanville et Carteret vus l'un par l'autre. .
les roches du Sac-de-Pirou (1^m6) et le petit banc de sable (1^m3), de 1 mille de long, qui est à 2/3 de mille dans l'Ouest de ces roches. .	le clocher de Mont-Gardon tenu plus vers le Nord que le N.E. 1/2 E. et à gauche du corps de garde de la batterie qui est sur la pointe Nord de l'entrée du havre de St-Germain-sur-Ay.
le banc de l'Ecrevière (1^m), (*partie Sud-Est des Ecréhou*)..	les maisons qui sont sur le Marmotier (*des Ecréhou*) ouvertes de deux fois leur largeur à droite de la Bigorne.

Marque faisant éviter la *basse Jourdan* (0^{m}6) et passer entre le *Sénéquet* et la *chaussée des Bœufs* (1) . . . — la pointe Nord-Ouest des dunes blanches et élevées de Hatainville cachée derrière le mondrain de couleur sombre et presque à pic qui termine le cap Carteret, au N. 1/4 N.E.

Route à suivre quand on est parvenu dans l'O.N.O. du Sénéquet. . . . . — le S.O. un peu Ouest (S. 22° 30′ O.); ouvrir les dunes de Hatainville du cap Carteret.

Marque faisant passer à 1 mille au large des *Nattes* (0^{m}5) et conduisant sûrement, entre la *basse Lemarié* (1^{m}5) et les *roches d'Agon* (0^{m}6) et de *Ronquet* (0^{m}5), jusque dans le voisinage des *bancs de la Catheue*. . . . . — la pointe de Champeaux, au S. 3°O. (S. 21° E.), ouverte d'une voile à droite du Roc.

Hauteur de l'eau sur la Catheue (0^{m}8) :
après 2 heures de montée. — plus de 3 mètres.
quand Ronquet est couvert. — plus de 5 mètres.

À quel moment les navires destinés pour St-Malo doivent-ils incliner leur route vers l'Ouest pour aller attaquer la

---

(1) De jour, on passe dans le Nord de la chaussée des Bœufs en tenant le clocher de Blainville par le Sénéquet, et on en passe dans le Sud en tenant ce même clocher de Blainville par les flèches de la cathédrale de Coutances.

De nuit, on passe dans le Nord de cette chaussée en tenant le feu du Sénéquet au S.-E., et on en passe dans le Sud en conservant le feu du Sénéquet à l'E.-S.-E.

partie Nord-Ouest des îles Chausey et passer entre ces îles et les Minquiers?.....

lorsque la tour (*blanche*) d'Agon arrive par la colline de Mont-Huchon (*haute terre située à environ 2 milles dans le Nord de Coutances*).

Les autres navires doivent, avant d'avoir atteint ce même alignement, s'être décidés à passer à terre ou au large des bancs de la *Catheue*.

Passer à terre des bancs de la Catheue........

tenir la pointe de Champeaux ouverte d'une voile du Roc.

Navires pour lesquels le passage à terre de la *Catheue* n'est point sûr à mer basse des grandes marées.....

Pendant quelles périodes de la marée les navires calant 3 mètres peuvent-ils louvoyer dans ce passage?..

ceux calant 3 mètres

en tout temps lors des mortes eaux, ou après 1 heure 1/2 de montée dans les grandes marées.

Précautions que ces navires doivent prendre........

tenir la pointe de Champeaux ouverte du Roc et le Mont-Saint-Michel caché par la pointe Champeaux.

Marque faisant passer au large des bancs de la Catheue............

le rocher *Tombelaine*, au S. un peu Est, ouvert d'une voile de la pointe de Champeaux.

Jusqu'où cette dernière marque peut-elle conduire?

jusque devant Granville.

Marque à prendre sur les îles Chausey, quand on ne peut apercevoir le rocher

Tombelaine, pour passer dans l'Ouest des bancs de la Catheue. . . . . le rocher l'Etat ouvert à gauche de la Mauvaise.

Marque à prendre, de basse mer, sur les îles Chausey, pour se rapprocher de ces îles. . . . . le rocher l'Etat par la tourelle des Huguenans.

En contournant de près les îles Chausey par l'Est :
éviter les Canuettes. . . . tenir la Sellière à droite du rocher l'Etat.

éviter le Founet (2^m) . . . tenir le rocher l'Etat ouvert de sa largeur à droite de la Canue.

Etant parvenu dans la direction de la cathédrale de Coutances vue par le clocher de Mont-Martin, faire route pour Granville :
si la mer est suffisamment montée. . . . . tenir le rocher Tombelaine à toucher la pointe de Champeaux.

si la mer est basse. . . . ne pas dépasser vers le Sud la direction donnée par la cathédrale de Coutances vue par le clocher de Mont-Martin jusqu'à ce que le phare de Chausey, vu à l'O.N.O 1/2 N. environ, soit bien ouvert à gauche des Huguenans.

Hauteur de l'eau à l'entrée du port de Granville au moment où *les Foraines* (de Chausey) couvrent. . . . . . 5 mètres environ.

Passer à bonne distance dans le Sud des *Foraines* . tenir le sommet de Conchée par le phare de Chausey.

Eviter *Fourchie*. . . . . ne pas fermer l'église de Bréville derrière la pointe de Ménars avant que le clocher de Saint-Pair soit **ouvert** du bout du Roc.

De nuit, le feu du bout de la jetée, ouvert du bout du Roc, fait parer Fourchie.

Eviter les *Ondes*. . . . . . ne pas dépasser vers l'Est la direction donnée par la tourelle du Loup vue par le clocher de Saint-Pair avant que le clocher de Saint-Nicolas, relevé à l'E. 1/4 S.E., soit ouvert à droite de la pointe de Roche-Gautier.

Etant parvenu, de mer basse, dans l'alignement de l'église de Granville par le phare du Roc, manœuvrer pour passer à terre du *banc de Tombelaine* (0^m) et atteindre le mouillage dans la *fosse du Loup*. . . . . incliner un peu la route vers l'Est de façon à cacher le rocher Tombelaine par la pointe de Champeaux et à amener le Mont-Saint-Michel à toucher cette pointe. Conserver ce dernier alignement, et mouiller dans la direction du clocher de Saint-Nicolas par le Loup, ou un peu ouvert à droite de ce rocher.

Alignements entre lesquels est compris le mouillage dans la fosse du Loup. . . . . . . le phare du bout de la jetée vu a droite de l'extrémité Est de la presqu'île sur laquelle la ville de Granville est bâtie (*par la Tranchée*), et la tourelle du Loup, à l'E. 7° N., vue par le corps

Hauteur de l'eau, à mer basse des grandes marées, dans la fosse du Loup.... — de garde de la pointe de Roche-Gautier.

1 mètre.

Mouillages, le long de la côte, entre le Nez-de-Jobourg et le Roc de Granville.... — Ils sont assez bons avec les vents de la partie de l'Est.

Précaution à prendre en mouillant............ — ne mouiller que dans les marques indiquant les directions à suivre, et si l'on ne peut les apercevoir, s'assurer au moyen de la sonde qu'on n'a rien à redouter du perdant de la marée.

De combien la mer marne-t-elle dans ces parages?... — 10 à 13 mètres dans les grandes marées, et de 5 à 7 mètres dans les mortes eaux.

PASSER DE NUIT, PAR LA DÉROUTE, VENANT DU NORD.

Dans quelle direction du phare de la Hague faut-il se placer après avoir doublé les *basses Saint-Gilles* et les *Huquets?*.......... — dans le S. S.O. 3° S. environ (S. 6° E.), le phare de la Hague ouvrant et fermant avec le Nez-de-Jobourg.

Route à suivre....... — S. S.O. 3° S.

Quand on relève le phare de Carteret au S. S.E. 3° S. (S. 45° E.)......... — porter sur le phare, faire 2 milles 1/2, puis gouverner au S. S.O. 3° S. (Sud.)

Le feu de Carteret étant relevé à l'E. S.E. un peu Est (Est)............ — gouverner de nouveau au S. S.E. 3° S. (S. 45 E.)

Lorsque, portant de nouveau au S. S.E. 3° S. (S. 45° E.), on relève le feu de Carteret à peu près au N. 1/2 E. (N. 18° O.)...........

tenir le feu de Carteret à ce relèvement en gouvernant au S. 1/2 O. pour passer dans l'Est des bancs Fêlés.

Alignement indiquant que l'on est dans le Sud des bancs Fêlés.............

les 2 petits feux de l'entrée de Port-Bail l'un par l'autre.

Combien faut-il faire de milles en tenant le feu de Carteret par l'arrière au N. 1/2 E. (N. 18 O.) ?......

6 à 7 milles environ jusqu'à ce que l'on soit à 2 milles du Sénéquet.

Se trouvant dans le Sud des bancs Fêlés, que faire dès que l'on aperçoit le feu du Sénéquet ?...........

gouverner dessus en le tenant entre le Sud et le S. 1/2 O.

Etant parvenu à environ 2 milles du Sénéquet, route à suivre pour passer entre la chaussée des Bœufs et les Nattes (0^{m}5)...........

S. O.

Le phare de Granville étant en vue.............

l'amener et le tenir au S. 1/2 O. environ (S. 19° E.). Ce relèvement du phare de Granville conduit jusqu'au bout du Roc (1).

---

(1) Dans ce dernier trajet, on peut, au moyen d'un relèvement sur le feu de Chausey, vérifier et rectifier au besoin la position du navire.

Passage entre les iles Chausey et les Minquiers.

Passer entre les Ardentes (2ᵐ) et les îles Chausey. . . — tenir la colline de Mont-Huchon très-ouverte à droite de la tour d'Agon, ou la *Tour de l'Enseigne* ouverte à droite du Sémaphore de Chausey, jusqu'à ce que la *Canue* soit ouverte à droite du rocher *l'Etat*, ou, mieux, jusqu'à ce qu'elle soit ouverte à gauche de l'église de Granville.

Marque indiquant :

qu'on est dans l'Est des Ardentes . . . . — tant qu'on aperçoit le *sémaphore de Chausey* à gauche de la tour de *l'Enseigne*.

qu'on n'a rien à redouter des roches qui bordent le groupe des Chausey du côté du Nord.. . . . — tant qu'on aperçoit la *Canue*, et même l'*Etat*, à gauche de la *Sellière*.

Alignement à ne pas dépasser vers le Nord-Ouest . . — la tour blanche d'Agon ouverte à gauche de la colline de Mont-Huchon d'environ deux fois la largeur apparente du sommet de cette colline.

Marque faisant éviter les *Sauvages* (0ᵐ6) et en passer : dans l'Est . . . . — le moulin Terqueté, au S. S. O. 1/2 S. (S. 6° E.), vu entièrement ouvert de la haute terre de la pointe Meinga, ou l'église de Cancale vue par le moulin du Haut-Bout.

7.

dans le Sud. . . . .   le Vieux-Château de Chausey ouvert à droite de la Corbière.

PLATEAU DES MINQUIERS.

Passer dans le Sud de la *Souarde* (3^{m}) ainsi que du *Four* ($5^{m}6$) et des autres dangers situés à la partie Sud du plateau des Minquiers. . . .   tenir le phare des îles Chausey, à l'E. S.E. 3° S. à peu près (S. 88° E.), entre le rocher la Corbière et l'extrémité Sud de la Grande-Ile Chausey, ou les Huguenans ouverts à droite de cette île.

Marque de travers :
du Four. . . . .   la tour d'Auvergne, au N.E. 1/4 N. un peu Est (N. 11° E.), ouverte de 2 degrés à droite de la tête la plus Est du Faucheur, ou encore, le poste de signaux de la Moye (Jersey) par les roches des Minquiers nommées les *Maisons.*

des Pointues ($5^{m}6$).. . . .   les rochers du Faucheur dans le N.E. 1/4 E. environ.

Passer dans le Sud-Ouest des Minquiers. . . . .   ne pas dépasser vers le Nord-Est la direction donnée par le sémaphore du Grand-Larron au S. S.E. 8° S. (S. 39° E.), ou le clocher de Saint-Malo touchant l'extrémité Est de l'île Cézembre.

Marque de travers de la *Dérée française* (2^{m}).. . . .   la tour d'Auvergne (Jersey) par la Dérée anglaise, ou

Passer :

à 1 mille dans l'Ouest de tous les dangers du plateau des Minquiers. . . — la Maîtresse-Ile des Minquiers, au S. 83° E. (N. 73° E.), très-peu ouverte à gauche du Faucheur.

— tenir le moulin du Tertre-Morgan, au S. S.O. (S. 2° E.), ouvert à droite de l'A-mas-du-Cap d'une quantité égale à celle dont ce grand rocher semble lui-même distant de l'extrémité du cap Fréhel.

à environ trois milles de tous les dangers situés dans l'Ouest de la *Dérée anglaise* (8"'3), et par une profondeur d'eau qui n'est jamais de moins de 33 mètres. . . . . — la flèche de l'église Saint-Pierre (Jersey) tenue par la maison blanche du poste de signaux de la Moye, ou l'église de Saint-Ouen tenue par la pointe de la Corbière. — On doit apercevoir en même temps le sable blanc de la plage qui se trouve sous le Tac (*pointe Nord-Ouest de Jersey*) ouvert de la pointe de la Corbière.

Marque de long, vers le Nord, de l'extrémité Nord-Ouest du plateau des Minquiers. . . . . — le moulin de Montmado (Jersey), au N.E. (N. 23° E.), à peu près à mi-distance entre la Bergerie et le mât de signaux que l'on aperçoit sur les hauteurs de la

Sa marque de travers. . .   pointe Noirmont, ou l'église (*blanche*) de Saint - Ouen ouverte à gauche du mât de signaux de la Moye.
la Maîtresse-Ile des Minquiers, au S.E. 1/4 E. (S. 84° E.), par les roches nommées *les Maisons.*

ILES CHAUSEY.

Passer au large de la Cancalaise (4ᵐ), ainsi que de tous les autres dangers situés entre l'extrémité Ouest des îles et la pointe Sud de la Grande-Ile (*pointe de la Tour*). . .   tenir le rocher *la Ronde* ouvert à gauche du rocher *la Corbière* jusqu'à ce que l'*Ile Longue* soit entièrement ouverte à droite de la pointe Sud de la Grande-Ile (*celle sur laquelle est le phare*).

Cette dernière marque fait passer dans le Sud de la *Cancalaise*, des *roches de Bretagne* (5ᵐ) et de la *basse du Château* ($\overline{4^m}$).

Meilleur mouillage pour un grand navire devant le Port-Marie. . . . .   à l'Ouest et près de la pointe de la Tour, en se plaçant entre cette pointe et les roches de Bretagne.

Passer dans le Sud de la *basse de l'île Longue* ($\overline{1^m4}$).   venant de l'Ouest, tenir le rocher la *Chapelle* ouvert à droite des *Grands Piliers*, ou la *Conchée* ouverte à droite des *Huguenans*, avant d'amener la tourelle de l'*Enseigne* à

Marque faisant éviter les *basses du Fis-Cous* (3ᵐ) et en passer :

dans le Sud-Ouest . . . .   la petite plage de sable qui est devant la ferme de Chausey ouverte à gauche de la pointe Sud de l'île Longue.

dans le Sud. . . . .   le rocher la Chapelle ouvert à droite des Grands Piliers, ou la Conchée à droite des Huguenans.

Marque de travers du sommet le plus élevé des basses du Fis-Cous. . . . .   la roche Hamon touchant la partie Est de l'îlot Grande-Ancre (Anneret).

droite du plateau des Epiettes.

DEVANT GRANVILLE.

Alignement à ne pas dépasser vers l'Est pour se maintenir :

dans l'Ouest de tous les bancs, y compris *Rondehaie* (4ᵐ). . . . . . .   le rocher l'Etat (*sur lequel est une tourelle*) par la Conchée.

dans l'Est du banc de Rondehaie, mais dans l'Ouest de la Videcoq (1ᵐ). . .   la Mauvaise (îles Chausey) tenue à mi-distance entre les Huguenans et la Conchée.

dans l'Est de la Videcoq, mais dans l'Ouest de tous les autres bancs à l'exception du banc Haguet (0ᵐ5). . . . .   la Mauvaise par la Conchée.

Direction dans laquelle se trouve l'extrémité Nord du *banc Haguet* . . . .   à plus de 2 milles dans le

Direction à suivre, venant de l'Ouest, pour atteindre le bout du Roc ou la fosse du Loup, en passant par une profondeur d'eau qui n'est jamais de moins de 2 mètres.

S.O. 2° O. (S. 24° O.) du bout de la jetée.

le clocher de Saint-Nicolas par la pointe de Roche-Gauthier, à l'E. 1/4 S.E. environ, et à peu près par le phare du bout de la jetée, jusqu'à ce que le Mont-Saint-Michel arrive par la pointe de Champeaux.

Direction à suivre, venant du Nord et ayant doublé le Roc, pour atteindre le mouillage dans la fosse du Loup.

le Mont-Saint-Michel par la pointe de Champeaux. On aura atteint le mouillage dans la fosse du Loup lorsque le clocher de Saint-Nicolas sera par le Loup, ou un peu à droite.

Marque faisant passer :
  entre le Loup et les Ondes et atteindre le port . . .

le phare du bout de la jetée par la Tranchée.

dans l'Est du Loup. . . .

le clocher de Granville par le feu du bout de la jetée ou un peu à droite.

DE GRANVILLE A CANCALE.

La route . . . .   O.S.O.

Direction à suivre pour se tenir par des fonds d'au moins 9 mètres. . . . . . .

l'église de Cancale ouverte à droite du fort des Rimains.

Marque indiquant :
  qu'on est dans le Nord de

la *Pierre* et de la *Fille.*

qu'on en est dans le Sud.

Passage entre la Fille (3^{m}6) et la Pierre (10^m).. . . . . .

Passage entre la Pierre et le rocher Herpin . . . . . .

la pointe du Grouin vue à droite du rocher Herpin.
la pointe du Grouin vue à gauche de Herpin.

facile lorsque la Pierre est découverte.
Ranger la Pierre entre 1 encablure 1/2 et 3 encablures.
Il ne reste jamais moins de 16 mètres d'eau dans ce passage.

praticable à toute heure.
Ranger Herpin à moins de 1 encablure. On peut venir sur tribord dès qu'on aperçoit la pointe Meinga à gauche de Herpin.
Le flot allant vers le S. E. et l'E. S.E. 1/2 S. quand il est dans sa plus grande force, on n'a pas à craindre d'être porté par lui sur *les Banchets.*

Venant de l'Ouest chercher un refuge sous Cancale.

Partant d'environ 2 milles dans le N. N.E. de l'île Cézembre, route à suivre et précaution à prendre pour passer au Nord de la *basse Rault* (5^{m}3). . . . .

Est (E. N.E.).
Conserver la pointe remarquable nommée la *Garde-Guérin* ouverte à droite du fort de la Grande-Conchée jusqu'à ce que le Mont-Saint-Michel soit vu, au S.E. (S. 68° E.), ouvrant et fermant avec le rocher Herpin.

Direction à suivre pour passer à mi-distance entre la *basse Grune* (2^m6) et la *basse du Nid* (5^m3) . . . . le Mont-Saint-Michel tenu ouvrant et fermant avec le rocher Herpin jusqu'à ce qu'on soit à environ 1/2 mille dans le N. N.O. de ce rocher.

Venir alors un peu sur bâbord, de façon à éviter d'être entraîné par le flot dans le Petit-Ruet (*compris entre Herpin et l'extrémité Nord-Est de l'île des Landes*), et passer dans le N.N.E. du rocher Herpin que l'on contourne à une encablure de distance.

Ayant doublé le rocher Herpin, aller se mettre dans la direction des fonds de bonne tenue de la Grande-Rade de Cancale . . . . venir sur tribord dès qu'on aperçoit la pointe Meinga à gauche de Herpin, et gouverner au S.S.O.

Cancale.

Grande-Rade. — Bancs limitant la Grande-Rade :
vers l'Est . . . . le banc des Corbières.
vers l'Ouest . . . . le banc de Chatry.
Marque faisant passer au Nord du *banc des Corbières* quand le tirant d'eau du navire empêche de traverser ce banc . . . . le moulin du Haut-Bout (*le plus Sud des deux moulins qu'on aperçoit l'un près de l'autre*) un peu ou-

Passer dans le Sud du banc des Corbières . . . . — tenir le moulin du Haut-Bout un peu ouvert à gauche de la Cormorandière (*grande roche pointue à l'extrémité Nord de l'île des Rimains*).

vert à droite de la pointe de Chatry (*pointe Sud de l'anse de Port-Mer*).

Alignement dans le Sud duquel se trouvent les meilleurs fonds de la Grande-Rade. . — le moulin du Haut-Bout vu par le milieu d'une petite grève de sable qu'on nomme *Portz-Picain* et qui se trouve immédiatement au Sud de la pointe Chatry.

Direction dans laquelle ces fonds sont situés. . . . . . . — la Cormorandière vue entre l'île des Rimains et la roche Hubert (*roche en forme de coin de mire à 3/4 d'encablure dans l'Est de l'île des Rimains*).

Limite des bons fonds de la Grande-Rade :

vers l'Est. . . . . — la Cormorandière touchant le côté Est du fort sur l'île des Rimains.

vers l'Ouest. . . . . — l'accore Est du banc de Chatry, accore qui se trouve dans l'alignement de la Cormorandière vue par la roche Hubert.

Affourchage. . . . . — Nord et Sud, pour faire tête au flot et au jusant.

Précaution à prendre . . . — serrer les voiles avec des ris.

Marques dans lesquelles il faut se placer à la partie Sud

de la Grande-Rade pour être sous la protection du fort des Rimains. . . . . le clocher de Cancale à l'O. 9° N. (S. 75° O.) par le milieu du fort des Rimains, et la pointe du Grouin, au N. 3° O. (N. 27° O.), un peu ouverte à gauche de l'île des Landes (1).

Mouillage au large du banc des Corbières :
Alignements entre lesquels doivent se placer les grands navires. . . . . d'une part, le moulin du Haut-Bout par la petite grève de sable nommée Portz-Picain, et, d'autre part, le clocher de Cancale par le côté Sud du Châtellier.

Alignement que ces navires ne doivent pas dépasser vers l'Ouest . . . . le clocher de Dol vu par le pied de la pente Est du Mont-Dol.

Meilleure position à prendre. . . . . dans les marques suivantes : au point d'intersection de l'alignement indiqué ci-dessus avec celui donné par le clocher de Cancale vu, entre le Châtellier et le fort des Rimains, par la tête Nord de l'îlot attenant au Châtellier et qu'on nomme le *Petit-Rimain*.

Profondeur de l'eau sur ce point. . . . . 11 à 13 mètres, fond d'argile.

---

(1) De basse mer, le clocher de Cancale ne se voit pas. On prend alors pour premier alignement la maison Thomassin (située sur le sommet de la pointe de la Chaîne) par le côté Nord du fort des Rimains.

précaution à prendre.. . . — relever les ancres de temps à autre, si l'on fait un long séjour à ce mouillage, car elles pénètrent profondément.

La Bréhaut. . . . . — mauvais fond; — éviter d'y mouiller.

Fosse de Chatry :

où se trouve cette fosse ? — entre le banc de Chatry et la terre.

profondeur de l'eau. . . . — 8 à 10 mètres.

passer au Nord du banc de Chatry afin d'atteindre la fosse de Chatry. — tenir le moulin du Haut-Bout un peu ouvert à droite de la chute Nord de la pointe Chatry.

meilleure position à prendre dans cette fosse. . . — le moulin du Haut-Bout par le milieu de la petite grève de Portz-Picain, et le Mont-Dol ouvrant et fermant avec la pointe Est du petit Rimain.

Où peuvent mouiller les petits navires ? . . . . — un peu plus à terre.

Alignements que ces navires ne doivent pas dépasser :

vers l'Ouest. . . . . . . — le Mont-Dol touchant le côté Ouest du Châtellier.

vers le Nord . . . . — le moulin du Haut-Bout par la grève de Portz-Picain.

Echouage de Port-Mer :

où sont les bons fonds de cet échouage ? . . . . . — à 150 mètres environ de l'escarpement de la côte Nord de l'anse..

quelle est leur étendue ? . — ils s'étendent depuis la direction dans laquelle le Châtellier est vu touchant la pointe Chatry jusqu'à

élévation au-dessus du niveau des basses mers du sommet de la posée ainsi limitée . . . . .

49 décimètres.

seul danger à éviter en se rendant sur cet échouage.

un petit plateau de roches qui découvrent. Ce plateau est à 1/2 encablure dans le S.S.E. de la pointe Nord de l'anse de Port-Mer.

1 encablure en dedans de l'extrémité de la pointe Nord de l'anse.

Mouillage dans le Sud du banc des Corbières :
où mouillent ordinairement les navires du commerce?

par 6 à 7 mètres, fond de bonne tenue, dans le Sud de la direction du moulin du Haut-Bout, au N.O. 1/2 N., par la Cormorandière.
Pour se trouver au meilleur mouillage il faut, étant affourché, apercevoir le moulin du Haut-Bout entre la pointe Nord de l'île des Rimains et le fort qui est sur cette île.

alignement dans l'Est duquel on ne trouve jamais moins de 4 mètres d'eau.

la pointe du Grouin par la Cormorandière, pourvu qu'on n'ouvre pas la pointe de la Chaîne à gauche du Châtellier.

où peut mouiller un navire ne calant pas plus de 3 mètres? . . . .

à 1/2 mille dans le Sud des Rimains.

Eviter les basses qui sont dans le Sud-Est du petit Rimain . . . .

en tenant le moulin de la

Houle à gauche de la pointe du Hoc.

Où peut mouiller, de morte eau, un navire calant de 3 à 5 mètres?. . . . .

au sud des Rimains, sur un fond de bonne tenue.

Profondeur de l'eau sur ce mouillage. . . . .

13 décimètres dans les plus basses mers.

Alignement à ne pas dépasser vers l'Ouest en mouillant, de nuit, au Sud des Rimains. . . . .

le feu de Chausey par l'île des Rimains.

Passer entre l'île des Rimains et le banc des Corbières :
   à quelle distance faut-il ranger l'île des Rimains, en venant, du rocher Herpin, chercher l'un des mouillages au Sud du banc des Corbières? . .

à moins de 1/4 de mille, surtout si la mer est basse.

marque faisant éviter les basses qui s'avancent dans le Sud-Est du petit Rimain . . . .

le moulin de la Houle ouvert à gauche de la pointe du Hoc.

Echouage de la Houle :
   si l'on se trouvait surpris à l'un des mouillages dans la baie de Cancale par des vents de la partie du Nord-Est ne permettant ni de s'élever au vent ni d'étaler à l'ancre. . .

profiter du moment du plein pour appareiller et faire route vers l'échouage de la Houle, lequel est au Sud de l'église de Cancale.

seul danger à éviter en faisant route pour s'échouer devant la Houle. . . . . **le rocher Thomen (balisé) (8m6).**

passer à terre de Thomen. **tenir le côté Sud du fort des Rimains par la chute Nord du Châtellier.**

en passer au large. . . . **tenir le fort des Rimains ouvert à droite du Châtellier.**

partie de l'échouage de la Houle propre aux grands navires du commerce. . **dans l'E.S.E. 1/2 S. du second des deux ravins qui sont dans le Sud-Ouest du village de la Houle.**

alignements entre lesquels cette partie de l'échouage est comprise. . . . . **la partie Sud du fort des Rimains touchant le côté Nord du Châtellier et le milieu du fort des Rimains vu par le côté Nord du Châtellier.**

Elévation de cette posée au-dessus du niveau des plus basses mers. . . . . **39 décimètres.**

Echouage des petits navires. . . . . **un peu plus à terre que la direction donnée par la partie Sud du fort des Rimains vue par le côté Nord du Châtellier.**

Précaution à prendre en se plaçant sur cet échouage. . . **ne jamais cacher entièrement la pointe de la Chaîne par la pointe de la Houle (ou *pointe de la Fenêtre*).**

DE CANCALE AU CAP FRÉHEL.

Marque indiquant qu'on est au large des *Tintiaux* (8m6) et de tous les dangers situés dans le voisinage de la pointe du Grouin . . . . le phare du cap Fréhel, à l'O.N.O. 1/2 O., ouvert à droite de la tourelle du rocher Rochefort.

Passer au large du *Vieux-Banc* (1^m6) et de tous les autres dangers situés entre ce récif et le rocher Rochefort. . tenir le rocher Herpin, à l'E. S.E., ouvert de deux fois sa propre largeur à gauche de la tourelle de Rochefort.

Marque faisant passer dans le Nord-Ouest de tous les dangers, y compris la *basse du Nid* ($\overline{5^m3}$) et la *basse Grune* ($\overline{2^m6}$) . . . . le mondrain remarquable qui termine la pointe de la Garde-Guérin ouvert à droite de la Grande-Conchée.

Marque faisant éviter le Vieux-Banc et en passer :
à deux encablures dans le Nord-Est. . . . . la tour qui est sur le Grand-Jardin par le clocher de Saint-Servan.

dans le Nord-Ouest. . . . l'Amas-du-Cap ouvert de sa largeur apparente à droite du cap Fréhel.

dans le Sud, entre le Vieux-Banc et la *basse Ban-chenou* ($\overline{5^m}$). . . . . . . le sommet de la pointe de la Varde par le fort de la Grande-Conchée.

dans l'Est. . . . . le moulin de Saint-Guildo, au S.O. 3° O. (S. 23° O.), par la partie Ouest de l'île des Ehbiens.

dans l'Ouest. . . . . le moulin Saint-Jacut, au S.S.O. 8° O., par la partie Est de l'île des Ehbiens.

Marque faisant éviter la basse Banchenou et en passer :

dans l'Est.	le moulin Saint-Jacut à gauche de l'île des Ehbiens.
dans l'Ouest.	le moulin Saint-Jacut à droite de l'île des Ehbiens.
à bonne distance dans le Nord.	le clocher de Saint-Malo, au S.E. 1/2 E. (S. 75° E.), par les roches les Cheminées.
à 1/2 mille dans le Sud. .	le clocher de Saint-Malo par l'île Harbour.
Marque faisant éviter les Bourdinots (2ᵐ3) et en passer dans le Nord.	la Grande-Conchée bien ouverte à gauche de l'île Cézembre.
Passer entre les Bourdinots et la pointe Saint-Cast, et à petite distance dans le Nord du banc Chelin, sur lequel il ne reste que 3 mètres d'eau	tenir la pointe de Fréhel touchant la pointe de la Latte.
Marque indiquant qu'on est : dans l'Est des Bourdinots.	le moulin du Chesne bien ouvert à gauche du rocher Bec-Rond.
dans l'Ouest des Bourdinots.	le moulin du Chesne bien ouvert à droite du rocher Bec-Rond.
Baie de la Frenaye : côte Ouest : Précaution à prendre en mouillant dans cette baie. . .	très-saine. Évaluer la perte probable de la marée pour ne pas échouer au bas de l'eau.
Mouillage, par 8 à 9 mètres d'eau de mer basse.	le phare de Fréhel vu entre le fort de la Latte et la pointe de la Cierge. Plus on est près du fort, plus il y a d'eau.

Échouage de Portmieux. . sur la côte Ouest de la baie, derrière la pointe Muret.

Échouage de Port-à-la-Duc. sur la côte Ouest de la baie, à un mille dans le Sud-Ouest de la pointe Muret.

Navires pouvant atteindre ces échouages. . . . . . . ceux ne calant pas plus de 29 décimètres.

Distance à laquelle il faut se tenir de la côte entre la baie de la Fresnaye et le cap Fréhel. . . . . à au moins un mille.

Passer au large de la *basse de la Latte* (0^m3), de la *basse Raimonde* (3^m), et de l'*Etendrée* (4^m6). . . . . se tenir à au moins un mille de la côte.

Marque faisant éviter la Catis (8^m) et en passer :
dans le Sud. . . . . la pointe d'Erqui cachée par le cap Fréhel.

dans le Nord. . . . . . . la pointe d'Erqui ouverte à droite de l'Amas-du-Cap.

Marque faisant éviter la basse des Sauvages (8^m8) et en passer :
dans le Sud. . . . . le clocher de Saint-Malo par le rocher les Mûriers.

à 1/2 mille dans le Sud-Est. . . . . l'Amas-du-Cap touchant la partie Sud du village des Hôpitaux-d'Erqui.

Marque faisant éviter la basse Trouvée (4^m2) et en passer :
dans le Nord. . . . . . . le clocher de Saint-Malo par l'extrémité Nord-Est de Cézembre.

dans le Sud. . . . . la butte sur laquelle est situé le village des Hôpitaux-d'Erqui vue entre le cap Fréhel et l'Amas-du-Cap.

dans le Nord . . . . l'Amas-du-Cap vu entre le cap Fréhel et la butte sur laquelle est situé le village des Hôpitaux-d'Erqui.

Marque faisant éviter la Grande-Livière ($\overline{4^m6}$) et en passer :

à bonne distance au large. ne pas amener le sommet de l'Amas-du-Cap plus vers l'Est que le S.É. 1/4 S. (S. 59° E.) ; le tenir à droite de la plus haute des deux tours qui sont sur le sommet du cap Fréhel, celle qui porte le feu actuel. *De nuit,* ne pas amener le feu de Fréhel plus vers l'Est que le S.E. 1/4 S.

dans le Nord-Ouest et à 1/2 mille dans l'Ouest . . . . la pointe de Pléneuf par la pointe basse du cap d'Erqui.

à deux encablures dans l'Est . . . . la flèche de l'église de Plurien au S.O. 1/4 S. (S. 9° O.), par le sommet du grand rocher Bénard (1).

DU CAP FRÉHEL AUX HÉAUX DE BRÉHAT.

Route à suivre, coupant le méridien du cap Fréhel à une distance de 6 milles, pour atteindre, entre la *Horaine* et la *basse Maurice* ($\overline{13^m3}$), le meilleur des passages au Nord de Bréhat (*Raz-de-Bréhat*) . . . . N.O. (N. 70° O.)

______

(1) Le rocher Bénard ne couvre jamais ; il se détache en noir sur la grève des Bouches d'Erqui.

Fonds sur lesquels s'élèvent tous les dangers compris entre le cap Fréhel et les Héaux, à l'exception de la basse Maurice, du plateau de Barnouic et des Roches-Douvres . . . .

sur des fonds de moins de 33 mètres.

Profondeur d'eau par laquelle il importe par suite de se maintenir pour éviter ces dangers . . . .

par plus de 33 mètres.

Précaution à prendre en louvoyant de nuit par un temps ordinaire pour ne pas accoster de trop près les *Bouillons* (1^m5), lesquels sont situés aux environs du Grand-Léjon (7^m3). . . . .

se tenir en dehors de la portée (10 milles) du feu de l'île Harbour.

Danger pouvant résulter, par un temps très-clair, du soin de virer de bord constamment en dehors de la portée du feu de l'île Harbour. . . . .

la portée du feu pouvant être alors de plus de 10 milles, on pourrait s'approcher de trop près du plateau des Minquiers. Il est donc prudent, dans cette circonstance, de se servir au moins une fois du feu de l'île Harbour pour assurer la position du navire.

Entre quelles directions par rapport au feu de l'île de Harbour peut-on venir, sans risque, prendre connaissance de ce feu ? . . . .

entre le S.O. 1/4 S. (S. 1/4 S.O.) et l'O.S.O. (S.O.)

A quel moment de la marée couvre la plus haute tête du Grand-Léjon? . . . . . .

2 heures 1/2 environ avant le plein.

A quelle distance faut-il se tenir dans le Nord-Est du Grand-Léjon pour éviter les *Bouillons?* . . . .

7 encablures au moins.

Relèvement du phare des Héaux indiquant le milieu du chenal compris entre la Horaine et la basse Maurice. . .

O. 1/4 N.O. (S. 77° O.) environ.

Les navires venant du Sud-Est doivent donc amener le phare des Héaux à ce relèvement avant d'atteindre le travers de la Horaine.

Reconnaître d'une manière certaine que l'on est dans le Nord de la *Horaine*, et que l'on peut croiser chacun des deux alignements au point d'intersection desquels se trouve cette roche. . . . . .

lorsque les Héaux sont détachés des roches du Sarck, c'est-à-dire lorsqu'on aperçoit le passage de la Gaîne ouvert.

Alignements indiquant la position de la Horaine. . . .

la tour à feu du Rosédo par celle du Paon, ou le Vieux-Moulin de Bréhat (*moulin sans ailes et à toit rouge*), par la pyramide Ar-Morbic. Le moulin de Sainte-Barbe entre les deux sommets de l'île Saint-Riom.

Il faut donc, venant du Sud-Est, avoir soin d'ouvrir le feu du Rosédo à droite de celui du Paon, ou le Vieux-Moulin de Bréhat à droite de la pyramide Ar-Morbic, avant de croiser la direction donnée par le moulin de Sainte-Barbe vu entre les deux sommets de l'île Saint-Riom.

Ce serait évidemment l'inverse si l'on venait du Nord-Ouest.

Après avoir doublé la Horaine, à quel relèvement amener le phare des Héaux pour passer dans le Sud-Est de la *basse Maurice*, et dans le Nord-Ouest de *Roch-ar-Bel,* ($\overline{6^m3}$), ainsi que de *Carec-Mingui* ($\overline{3^m6}$)? . . . .   O. 2° N. (S. 67° O.).

Dans quels relèvements du phare des Héaux sont situées :

la *basse Maurice?* . . . .   E. 3° N. (N. 62° E.) à 7 milles.

la pointe Sud du plateau de Barnouic? . . . .   E. 8° N. (N. 57° E.), à environ 13 milles.

les basses du plateau de Barnouic les plus avancées vers l'Ouest?. . . .   E.N.E. 4° E. (N. 47° E.), à 10 milles 1/2.

Ayant dépassé vers l'Ouest le méridien du phare des Héaux, à quel relèvement faut-il avoir soin de tenir ce phare, pour être certain d'éviter les dangers situés dans l'Ouest des Héaux ? . . . .   plus vers le Sud que le S.S.E. 2° S. (S. 45° E.), tant qu'on n'est pas à plus de 5 à 6 milles dans l'Ouest de ce phare.

Franchir le raz de Bréhat, en venant de l'Ouest, et atteindre le cap Fréhel.

Relèvement dans l'Est duquel on ne doit pas amener le phare des Héaux, dès qu'on

8.

en est à 5 ou 6 milles dans l'Ouest.. . . . . S.S.E. 2° S. (S. 45° E.)

A quelle distance doit-on passer dans le Nord du phare des Héaux, avec un navire à voiles, pour éviter d'être porté par le flot sur la *Horaine* ? à 4 milles.

Ayant doublé le phare des Héaux, à quel relèvement faut-il éviter d'amener ce phare afin de doubler *Roc'h-ar-Bel* par le Nord ?. . . . . pas plus vers le Nord que l'O. 2° N., jusqu'à ce qu'on ait croisé la direction donnée par le corps de garde de Crec'h-ar-Maout vu par les roches du Sarck.

Ayant doublé Roc'h-ar-Bel, à quel relèvement faut-il amener et tenir le phare des Héaux pour passer entre la *Horaine* et la *basse Maurice* ? O. 1/4 N.O. (S. 77° O.), jusqu'à ce qu'on ait dépassé le travers de la Horaine.

Marque faisant passer dans le Nord de la Horaine. . . . la passe de la Gaîne ouverte.

Route et distance pour aller, du travers de la Horaine, passer à 6 milles dans le Nord du cap Fréhel. . . . . S.E. (S. 70° E.), 33 milles.

Navires allant à Saint-Malo :

Précaution que doivent prendre les navires allant à Saint-Malo avec des vents de l'O.N.O. au S.S.O., quand ils relèvent le cap Fréhel au S.S.E. environ (S. 45° E.). . . . . porter au S.E. 1/4 S. ; se rapprocher d'autant plus du cap Fréhel que les vents dépendent davantage du Sud.

Navires allant à Granville :

Distance à laquelle ces navires doivent passer du cap Fréhel. . . . . entre **4** et **6** milles.

Partant de **4** à **6** milles dans le Nord du cap Fréhel :

route à suivre pour atteindre Granville. . . . . . E. 1/4 S.E. ; 29 milles.

Etant empêché par le jusant de doubler le cap Fréhel :

Entre quels alignements doit-on se maintenir en louvoyant à petits bords, dans l'Ouest du cap Fréhel, entre le cap et les *Livières ?* . . . . l'Amas-du-Cap vu entre l'extrémité du cap Fréhel et le phare, et l'Amas-du-Cap vu ouvert de sa largeur apparente au large de l'extrémité du cap.

Eviter la *Petite-Livière* ($\overline{3}$). ne pas dépasser vers l'Ouest la direction donnée par la flèche de Plurien vue par les dunes situées entre le rocher Bénard et la pointe Est de la Bouche-d'Erqui.

Eviter la basse, sous **4** mètres d'eau, qui est dans l'Est de la Petite-Livière. . . . . . tenir la flèche de Plurien à gauche du rocher Bénard.

Baie de Saint-Brieuc.

DU CAP FRÉHEL AU CAP D'ERQUI.

Seul point où l'on pourrait faire côte. . . . . sur la plage de la Bouche-d'Erqui.

Navire affalé. . . . . on pourrait, de morte-eau, trouver un peu d'abri au

Sud de la roche plate de St-Michel, et dans la direction du rocher le Rohinet vu un peu engagé sur le côté Est de l'îlot St-Michel.

CHENAL D'ERQUI.

Moindre profondeur d'eau dans le chenal d'Erqui. . . .

48 décimètres.

Navires pouvant s'engager sans risque dans ce chenal. .

à mer basse des grandes marées, les petits navires seulement ; mais les plus gros navires peuvent y passer depuis le moment de demi-montée jusqu'à celui de demi-baissée.

Utilité du chenal d'Erqui.

il permet aux navires surpris par des vents forcés de l'E. N.E. à l'E.S.E. d'aller se réfugier sur la rade d'Erqui.

Dans quelle direction faut-il se placer, venant du cap, pour s'engager dans le chenal d'Erqui?. . . . .

l'Amas-du-Cap, à l'E. 1/4 S. E. (N. 77° 15′ E.), touchant par son extrémité Sud l'extrémité du cap Fréhel.

Quand faut-il quitter cette direction et quelle direction suivre pour atteindre le mouillage sur la rade d'Erqui ?. .

lorsque la pointe de Pléneuf (haute et escarpée) arrive à l'O.S.O. 2° S. (S. 42° 15′ O.), par le rocher qui termine le cap d'Erqui. Faire route alors sur le *Verdelet;* gouverner de manière à passer à une bonne encablure du cap d'Erqui et l'arrondir pour gagner le mouillage.

Partie difficile du chenal . — dans la direction du cap d'Erqui relevé entre le S.S.O et le S. 1/2 O.

De combien découvre la plus élevée des basses près desquelles on passe en cette partie? . . . . — 17 décimètres.

Atteindre le chenal d'Erqui en passant au milieu des basses situées entre le plateau du Rohinet et les Livières, lorsque, toutefois, la mer est suffisamment montée et qu'elle ne déferle pas dans les remous de ces basses . . — se placer dans la direction de la pointe de Pléneuf vue de telle sorte, par la pointe d'Erqui, que le corps de garde qui est sur la première de ces pointes paraisse exactement au-dessus de la roche pointue qui termine le cap d'Erqui, et que le télégraphe qui est un peu dans l'intérieur de la pointe de Pléneuf soit dégagé du sommet de ce cap. Suivre cette direction jusqu'à ce que l'extrémité Sud de l'Amas-du-Cap touche l'extrémité du cap Fréhel. Gouverner alors sur le Verdelet.

Rade d'Erqui.

Mouillage . . . . — abrité contre les vents de l'E.N.E., à l'E.S.E. 3 à 4 mètres d'eau ; bonne tenue.

Affourchage . . . . — O.N.O. et E.S.E.

ATTEINDRE LA RADE D'ERQUI EN PASSANT ENTRE LES PLATEAUX DE ROCHES QUI SONT AU LARGE.

Entre le Petit-Léjon ($\underline{3^m}$) **et les Landas** ($\underline{0^m6}$) **:** navires auxquels convient ce passage . . . . . .

ceux qui, surpris par un coup de vent de l'E.N.E. entre le Grand-Léjon et le cap Fréhel, veulent se réfugier sur la rade d'Erqui.

quand ce passage est-il praticable ? . . . .

à toute marée.

marque donnant la direction du milieu du passage. .

le moulin Tournemine, au S.S.O. (S. 2° E.), par le sommet des Comtesses.

quand faut-il quitter cet alignement, et quelle direction suivre pour atteindre la rade d'Erqui ?

lorsque le moulin Turquet arrive, au S.S.E. (S.47° E.), par la pointe des Trois-Pierres ; on suit alors cette dernière direction.

En louvoyant, se maintenir :
dans l'Est du Petit-Léjon.

en tenant le Verdelet à gauche du sommet des Comtesses.

dans l'Est des Comtesses et des basses qui sont au Nord de ces roches. . .

en tenant le moulin Tournemine à mi-distance entre le sommet des Jaunes et celui du Verdelet.

à bonne distance du plateau des *Portes-d'Erqui*. . .

en tenant le moulin Turquet à gauche de la pointe de la Houssaye, tenir l'îlot Saint-Michel ouvert de la pointe de la Mare-aux-Rêts, ou, encore, en ne dépassant

Eviter tous les dangers situés sur le côté Est de ce
passage . . . .

pas vers le Sud l'aligne-
ment donné par le sommet
de Rohein vu par le som-
met des Comtesses.

virer de bord, en courant la
bordée de l'Est, lorsque le
moulin Turquet commence
à s'engager sur les hautes
terres du cap d'Erqui, ou
se maintenir dans l'Ouest
de la direction donnée par
le moulin du Travers vu
par la pointe des Trois-
Pierres.

Bancs de sable entre les
Pierres-du-Banc et les *Landas*. . . . .

ces bancs ne sont dangereux
que par les remous qu'ils
peuvent occasionner.

Direction dans laquelle se
trouve le plus grand et le
plus élevé de ces bancs, qui
est aussi celui du milieu. . .

le moulin Tournemine par le
Verdelet.

**Entre le Rohein et le
Petit-Léjon :**
moindre profondeur d'eau
dans le passage compris
entre le Rohein et le
Petit-Léjon. . . . . . .
marque faisant passer à
1/2 mille dans l'Ouest du
Grand-Léjon et à 2 en-
cablures dans l'Ouest du
Petit-Léjon . . . .

18 mètres environ.

le sommet des Comtesses, au
S. 1/4 S.E. (S. 36° E.), par
l'extrémité Sud du bois de
Bien-Assis jusqu'à ce que
le moulin Turquet arrive
par la pointe de la Hous-
saye.

nouvelle direction à suivre pour atteindre la rade d'Erqui. . . . .

le moulin Turquet par la pointe de la Houssaye.

dangers à éviter en louvoyant dans ce passage avant que la mer soit à demi-montée . . . . . .

la basse des Dahouétins, la basse des Comtesses et l'Izard.

la basse des Dahouétins ($\overline{1^m}$) . . . .

située à la pointe Nord du plateau de Rohein.

la basse des Comtesses ($\underline{1^m}$).

à 1/2 mille dans le N. 1/4 N.E. de la plus haute des Comtesses.

l'Izard
l'Evette ($\underline{8^m}$) } . . . .

l'Izard et l'Evette, situées Est et Ouest et à 1 encablure l'une de l'autre, font partie du plateau des Portes-d'Erqui.

dangers à éviter sur le côté Nord du passage . . . .
marque faisant passer entre le Petit-Léjon et la basse, sous 6 mètres d'eau, qui en est à 7 encablures dans le S.S.E. 1/2 S., et qui, par gros temps, pourrait être dangereuse de mer basse. .

le Petit-Léjon seulement.

le Rohinet ouvert de toute sa largeur apparente à gauche du moulin de Plevenon.

Entre le Rohein et les Jaunes :

moindre profondeur d'eau dans le passage compris entre le *Rohein* et les *Jaunes*. . . . .

près de 10 mètres.

éviter la partie Sud du Rohein. . . . .

tenir le phare de Fréhel à droite du sommet des Comtesses.

passer à 2 encablures dans

dans le Sud des *Portes-d'Erqui* . . • . . . . .   tenir le phare de Fréhel par le grand rocher pointu qui termine le cap d'Erqui.

éviter les Jaunes . . . . .   tenir le phare de Fréhel détaché du cap d'Erqui.

éviter les Ecarets ($0^{m}6$) .   tenir le moulin Turquet bien engagé sur la côte escarpée qui sépare les sables de la grande grève d'avec ceux de l'anse d'Erqui.

Profondeur de l'eau, de basse mer, entre les Comtesses et les Jaunes. . . . .   moins de 8 mètres.

AYANT PASSÉ PAR LE CHENAL D'ERQUI, ATTEINDRE LE *Légué*, *Binic* OU *Portrieux*.

Alignement dans lequel on doit cesser de porter sur le Verdelet. . . . .   le sommet des Comtesses par le sommet du Rohein. — Suivre cet alignement pour passer dans le Nord des Portes-d'Erqui.
   Laisser les Comtesses dans le Nord.

Etant parvenu dans le Sud des Comtesses, alignement indiquant la direction à suivre pour porter sur Binic et éviter les dangers qui sont à l'extrémité S.E. du groupe de Saint-Quay. . . . .   le sommet des Comtesses par celui du Rohinet.
   Le clocher de Pordic vu à gauche de la pointe de Pordic fait également passer dans le Sud-Est du groupe de St-Quay (1).

---

(1) On est également certain de passer dans le Sud-Est du

DU CAP D'ERQUI A LA POINTE DE PLÉNEUF.

Marque faisant passer entre le cap d'Erqui et les *Portes-d'Erqui*, et au large des *Ecarets* (0^m6) et du *Guyoméré* (5^m). . . . . la pointe de Pléneuf par l'ancien Télégraphe de Da-houet.

Passer entre le *Verdelet* et les *Jaunes* . . . . tenir le moulin de la Garenne par la pointe de la Houssaye.

Moindre profondeur de l'eau dans ce passage . . . . un peu plus d'un mètre.

DE LA POINTE DE PLÉNEUF A LA POINTE DU ROSELIER.

Marque faisant passer au large de toutes les roches si-tuées, en avant du rivage, entre la pointe de Pléneuf et celle de Longue-Roche . . . le Robinet par le plateau des Jaun

Autre marque faisant pas-ser à 2 encablures 1/2 au moins au large de ces roches, ainsi que des *roches Trahil-lons* (7^m3). . . . . la tour Nord de l'église St-Michel (St-Brieuc) tenue entre la tour Sud de la même église et les mai-sons les plus avancées vers le Sud du hameau *Sous-la-Tour.*

Etendue de la plage qui découvre dans le Nord des pointes de la Pâture et des

---

groupe de Saint-Quay, en tenant une grande maison blanche entourée de bois (située sur la hauteur en arrière de l'anse de Binic) ouverte de deux fois sa largeur apparente à gauche du bout de la jetée de Binic.

Guettes . . . . plus d'un mille.

Distance à laquelle il faut être dans le Nord-Ouest de Dahouet pour trouver, à basse mer des grandes marées :

8 mètres d'eau . . . . . . à plus de deux milles.

plus de 5 mètres . . . . . à plus d'un mille.

Atteindre Dahouet, venant du Nord :

seuls dangers à éviter, jusqu'à l'entrée du port de Dahouet, après qu'on a dépassé le Rohein, lequel est à 4 milles 1/2 dans le N. 8°O. (N. 30° O.) de cette entrée . . .   les *Bignons* (7ᵐ5), la *basse Godiche* (2ᵐ3), et le *Dahouet* (0ᵐ).

les *Bignons* (7ᵐ5) . . . . .   sont à l'O. et à l'O.S.O. des hautes roches du plateau des Jaunes.

la *basse Godiche* (2ᵐ3) . .   dans l'O.S.O. du plateau des Jaunes.

Hauteur de l'eau sur la basse Godiche et dans le chenal de Dahouet, par le travers du musoir de la jetée de ce port, au moment où les Bignons couvrent . . . . . .   32 décimètres.

Marque faisant passer dans le Nord de *Dahouet* . . . . .   le petit clocher de Pléneuf, vu sur les dunes, et ouvert de 1/2 quart à gauche de la côte escarpée qui est au N. de l'entrée de Dahouet.

Alignement à ne pas dépasser vers le Sud pour se tenir au large de la laisse de basse mer dans le Nord de l'anse d'Iffiniac . . . .   la partie Nord du bois de Bien-Assis ouverte à gauche de l'ancien télégraphe de Dahouet.

DE LA POINTE DU ROSELIER A BINIC.

Point de cette partie de côte toujours accessible pour des embarcations lorsque les vents viennent de terre . . . la grève des Rosaires, entre les pointes du Roselier et de Pordic.

Distance à laquelle il faut être dans le Nord de la pointe du Roselier, et dans l'Est du port de Binic, pour trouver 8 mètres d'eau au moment des plus basses mers . . . . à 2 milles au Nord de la pointe du Roselier, et à 3 milles 1/2 dans l'Est du port de Binic.

Comment reconnaître le *Martin* ? . . . . son sommet ne couvre jamais, et c'est le seul rocher qui assèche entièrement sur cette côte.

Fonds sur lesquels se trouvent situés :

le petit Gripet (0^m3), le grand Gripet ($\overline{0^m6}$), les Equerrets ($\underline{0^m3}$) . . . . ces rochers sont en avant de la Grève, entre les pointes du Roselier et de Pordic, et se trouvent sur des fonds de moins de 52 centimètres de basse mer.

Hauteur de l'eau sur le petit Gripet, quand l'extrémité Est du rocher Martin est couverte . . . . plus de 45 décimètres.

MOUILLAGE DEVANT BINIC.

Utilité du mouillage devant Binic . . . . il sert aux navires qui attendent qu'il y ait suffisamment d'eau dans les ports de Binic et du Légué pour pouvoir y entrer.

Direction dans laquelle se trouve ce mouillage . . . . . le *Pommier* (grand rocher remarquable tout près de la pointe Plouha) par la *Hergue* (grand rocher remarquable à 6 encablures 1/2 dans le Nord-Ouest de la pointe de St-Quay).

Précaution à prendre en mouillant . . . . se placer dans le Sud de la direction donnée par la Roselière vue, à l'E. (N. 64° E.), par le sommet de la Longue, et dans le Nord de celle dans laquelle Binic est relevé à l'O.N.O.

Qualité du fond . . . . . . vase argileuse.

Refuge dans l'avant-port de Binic et derrière la pointe du Roselier

Quand la *Longue* (8^m3) couvre, hauteur de l'eau :
au pied du musoir de l'avant-port de Binic ; 45 décimètres.

sur la grève située au Sud et près de la pointe du Roselier (*Port-Aurelle*) ; . . . . plus de 7 mètres.

Route à faire avec de gros vents du N.O. au Nord et dans une grande marée pour se réfugier dans l'avant-port de Binic . . . . passer à terre des îles Saint-Quay, comme pour atteindre la rade de Portrieux (1).

(1) Voir, page 158, les directions à suivre pour atteindre la rade de Portrieux.

Seul danger situé entre Binic et le mouillage sur la rade de Portrieux. . . . . . — l'*Ours-Seul*.

Marque faisant passer au large de l'*Ours-Seul* (2^m6). . — le rocher le Four (sur lequel est une tourelle) par le milieu de l'île de la *Comtesse*.

Route à suivre en morte-eau . . . . — passer dans l'Est des îles Saint-Quay et dans le Sud de la *Caffa*.

Si l'on s'aperçoit, après avoir doublé la *Caffa* (0^m6) par le Sud, qu'on tombe sous le vent de Binic. . . . . — s'empresser d'aller chercher un abri, sous la pointe du Roselier, dans l'anse de Port-Aurelle.

Quelle serait la meilleure route à suivre pour aller à Binic, avec des vents forcés du N.E. à l'E? . . . . — passer dans l'Est des îles Saint-Quay et dans le Sud de la *Caffa*.

Anse de Port-Aurelle. . . — on y est un peu abrité contre le vent de N.E. en se plaçant près de la côte du Nord.

Elévation de la grève de Port-Aurelle au-dessus du niveau des plus basses mers. . . . . — 1 mètre tout au plus.

Qualité du fond dans cette anse. . . . . — sable vaseux.

Entre quelles périodes de la marée, dans les plus faibles marées des morte-eaux, le refuge sous la pointe du Roselier est-il accessible à un navire calant 45 décimètres? . . — depuis 2 heures avant le plein jusqu'à 2 heures après.

VENANT DE L'OUEST EN DESTINATION POUR LE LÉGUÉ.

Avec des vents de l'E. N. E. à l'O. S. O. passant par le Sud et au commencement du courant de flot :

Quand faut-il quitter les marques du chenal de Bréhat ?

passer par le chenal de Bréhat (1).

lorsque le phare des Héaux est vu par l'extrémité de la pointe du Paon (*pointe Nord de l'île Bréhat*).

Suivre cet alignement jusqu'à ce que les deux moulins de Lande - Blanche soient vus par le sommet de l'île Lemenez.

Etant parvenu dans la direction des deux moulins de Lande-Blanche par le sommet de l'île Lemenez, route à suivre pour venir prendre position entre les îles Saint-Quay et le Rohein. . . . . .

le S. 1/4 S.E. (S. 33° 45 E.), jusqu'à ce que la tour de Cesson arrive par la pointe du Roselier.

Suivre cette dernière direction jusqu'à ce qu'on soit à environ 2 milles de la pointe du Roselier.

Quand sera-t-on parvenu à 2 milles de la pointe du Roselier ? . . . .

lorsqu'on relèvera le phare de l'île Harbour au N. 48 O. environ.

Etant parvenu à environ 2 milles de la pointe du Roselier. . . . .

gouverner sur la pointe de la Pâture, vers le S. 1/4 S.O.

---

(1) Voir page 167.

Marques indiquant la direction du chenal du Légué. . .   (S. 1/4 S.E.), jusqu'à ce qu'on soit dans les marques du chenal du Légué.

la tour Nord de l'église Saint-Michel (Saint-Brieuc) vue entre la tour Sud de la même église et les maisons les plus avancées vers le Sud du hameau nommé *Sous-la-Tour.*

Avec des vents du S.O. au S.S.E. :

Parti à prendre si la direction du vent oblige à louvoyer. . . . .   doubler par le Nord Roc'h-ar-Bel et la Horaine.

Comment éviter d'être entraîné trop dans l'Est par le flot ?. . . . .   en se tenant le plus près possible de la limite des fonds de 33 mètres.

Relèvements entre lesquels il faut tenir le phare de l'île Harbour pour être certain de passer entre le Grand-Léjon et les bancs de sable qui entourent l'île Bréhat du côté de l'Est. . . . . .   entre le S.S.O. 1/2 O. et l'O. S.O.

Etant parvenu dans le Sud du Grand-Léjon, précaution à prendre :

Pour se maintenir dans l'Ouest des Léjons. . .   tenir le sommet des Comtesses à gauche de l'extrémité Sud du bois de Bien-Assis.

En approchant de la basse des Dahouétins et pour éviter le plateau du Rohein, jusqu'à ce qu'on

soit parvenu dans le Sud de ce rocher.	tenir la pointe des Guettes ouverte à droite du Rohein.
Marque indiquant le milieu du chenal de 4 milles de largeur qui sépare le plateau du Rohein des roches Saint-Quay..	la pointe (ou la tour) de Cesson par la pointe du Roselier.
Dangers à éviter *en louvoyant* dans ce chenal.. . .	le plateau des Hors, les basses Parfondes et la Caffa.
Basse Nord-Est du *Plateau-des-Hors* (1ᵐ3)	se trouve dans les marques suivantes : le Rohein, au S. E. 1/4 E. (S. 81° 13' E.), entre le moulin Turquet et les hautes terres d'Erqui ; la Merdouze ouverte à droite du clocher d'Etables ; le piton Est de la montagne Mené-Béler, au S. 8° O. (S. 17° 15' E.), par la pointe de la Pâture.
Marque faisant éviter les basses Parfondes (1ᵐ3), ainsi que la Caffa (0ᵐ6), et en passer :	
dans l'Est.	la pointe de la Pâture ouverte à droite de la montagne Mené-Béler d'une quantité double, au moins, de la distance apparente entre les pitons Est et Ouest de cette montagne.
dans le Sud.	le phare de Fréhel par le sommet des Comtesses, ou le clocher d'Etables, au N. O. 8° O., par celui de Plourhan.
dans le Sud-Est.	le clocher de Pordic ouvert à

Alignements entre lesquels il faut louvoyer, après être parvenu dans le Sud de la Caffa et du Rohein, afin d'éviter les *Gripets*. . . . .

gauche de la pointe de Pordic.

Avec des vents de la partie de l'Est :
quel parti prendre ? . . .

d'une part, la pointe du Roselier par la tour de Cesson, et, de l'autre, la tour de l'église St-Michel (*Saint-Brieuc*) un peu ouverte à gauche du hameau Sous-la-Tour.

doubler par le Nord Roc'h-ar-Bel et la Horaine, puis venir successivement prendre connaissance du Grand-Léjon et du Rohein ; le reste du trajet ne présente plus ensuite de difficulté.

Venant de l'Ouest en destination pour Binic ou pour Dahouet.

Allant à Dahouet :
jusqu'où les navires allant à Dahouet doivent-ils suivre les mêmes routes que ceux allant au Légué ? . . . .
que doivent faire ces navires à partir du Rohein ?

jusqu'au Rohein.

faire route sur Dahouet, en laissant dans le Nord les Bignons et la basse Godiche, et, dans le Sud, le Dahouet.

Allant à Binic :
jusqu'où les navires allant à Binic doivent-ils suivre les mêmes routes que

ceux allant au Légué? . jusque par le travers du Grand-Léjon.

Que doivent faire ces navires à partir du travers du Grand-Léjon :

avec des vents du N.N.E. à l'O.S.O. passant par l'Ouest? . . . . passer entre la côte et les îles St-Quay.

avec des vents du N.N.E. à l'E.S.E? . . . . . . passer d'un côté ou de l'autre des îles St-Quay.

avec des vents du S.O. au S.E. passant par le Sud ? passer dans l'Est des îles St-Quay et dans le Sud de la Calïa.

INDICATIONS DE LA MONTÉE DE L'EAU A BINIC, AU LÉGUÉ ET A DAHOUET.

Hauteur de l'eau, quand le sommet de la Longue couvre :

au bout du môle de l'avant-port de Binic. . . . . . 45 décimètres.

à l'entrée du Légué . . . . 34 décimètres.

à l'entrée de Dahouet. . . 38 décimètres.

Hauteur de l'eau, quand la plus haute roche des Trahillons ou le Grand-Léjon couvrent :

au bout du môle de l'avant-port de Binic. . . . . . 35 décimètres.

à l'entrée du Légué . . . 24 décimètres.

à l'entrée de Dahouet. . . 29 décimètres.

DE BINIC A LA POINTE SAINT-QUAY.

Etendue de la grève qui découvre :

devant Binic . . . . plus d'un mille.

devant Portrieux . . . . . une encablure.

Les Neyes . . . . roches situées entre l'Ours-

Seul et le Four; elles sont élevées de 6 décimètres au-dessus des sables de la grève.

la Fille . . . . roche située tout près du rocher le Four.

Montée de l'eau au-dessus des plus basses mers, quand la Fille couvre. . . . . 6 mètres.

RADE DE PORTRIEUX.

Alignements entre lesquels est compris le mouillage sur la rade de Portrieux :
vers l'Ouest. . . . . le Pommier un peu à droite de la Hergue.

vers l'Est. . . . . la Hergue vue par l'escarpement de la pointe de Plouha.

Limites de ce mouillage :
vers le Nord . . . . l'église de Portrieux, à l'O.N.O. 4° N. (N. 88° O.), vue par le milieu de la jetée.

vers le Sud . . . . le moulin de Carhuel, à l'O. N.O. 1/2 N. (N. 87° O.), vu par le sommet du rocher le Four.

Marques indiquant le plus grand fond et le meilleur mouillage . . . . le Four par le clocher d'Etables et le moulin St-Michel par le bout de la jetée de Portrieux; 5 à 6 mètres d'eau de mer basse, bon fond.

Profondeur de l'eau à mer basse :
entre la limite Sud du mouillage et la direction donnée par le moulin de

St-Michel vu par le bout de la jetée de Portrieux. — de 45 à 55 décimètres.

entre cette dernière direction et la limite Nord du mouillage. . . . . — de 35 à 38 décimètres.

dans la direction du moulin Saint-Michel vu par le bout de la jetée de Portrieux, en allant de l'Ouest vers l'Est. . . . — de 32 à 64 décimètres.

Seules circonstances dans lesquelles on doive chercher à mouiller sur la rade de Portrieux avec des vents de l'E.N.E. à l'E.S.E. . . . . . . — dans les faibles marées des mortes-eaux, et seulement lorsqu'il est impossible d'atteindre la côte Est de la baie.

ATTEINDRE LA RADE DE PORTRIEUX PAR LE SUD.

Alignements faisant doubler la *Caffa*. . . . . — le phare de Fréhel par le sommet des Comtesses.
le clocher d'Etables, au N. O. 8° O., par celui de Plourhan.

Direction à suivre pour pénétrer par le Sud dans le canal qui sépare les îles St-Quay de la côte et atteindre le mouillage sur la rade de Portrieux . . . . — les deux grands rochers remarquables la Hergue et le Pommier vus l'un par l'autre

Profondeurs d'eau par lesquelles cette direction fait passer. . . . . — on traverse 3 basses sur lesquelles il ne reste, au bas de l'eau des grandes marées, que 13, 19 et 16 décimètres d'eau.

ATTEINDRE LA RADE DE PORTRIEUX PAR LE NORD.

Les navires calant 45 décimètres peuvent-ils toujours pénétrer par le Nord sur la rade de Portrieux ? . . . . .

oui, *excepté* au bas de l'eau des grandes marées.

Marque faisant doubler les roches de St-Quay par le Nord . . . .

le clocher de Plouha à droite de la pointe Bec-de-Vir.

Direction à suivre pour pénétrer sur la rade de Portrieux après avoir doublé les roches de St-Quay par le Nord.

la tourelle du Four, au S. 13° O. (S. 12° E.), par celle de la Moulière de Portrieux, jusqu'à ce que la tourelle du Herflux soit vue par celle de la Longue.

Gouverner ensuite dans la direction de ces deux tourelles, vues l'une par l'autre au S. 37° E. (S. 52° E.)

Quand faut-il quitter la direction donnée par les deux tourelles du Herflux et de la Longue vues l'une par l'autre ?

lorsque la tourelle du Four arrive, au S.S.O. 1/2 O. (S. 2° O.), par le clocher de Pordic ;

Gouverner ensuite dans la direction donnée par ce dernier alignement jusqu'à ce que la Hergue arrive par le Pommier.

Alignement conduisant enfin sur la rade et donnant la direction du mouillage . . .

la Hergue par le Pommier.

En continuant à faire route dans cet alignement on sortirait de la rade de Portrieux par le Sud.

Marques indiquant qu'on est hors de la rade, dans le Sud, et qu'on peut porter à l'E.S.E. 1/2 S. pour doubler la Caffa. . . . . le clocher d'Etables, au N.O. 8° O., par celui de Plourhan.

Le phare de Fréhel très-peu à droite du sommet des Comtesses.

Le clocher de Pordic à gauche de la pointe de Pordic.

DE LA POINTE SAINT-QUAY A LA POINTE DE MINAR.

Pointe Plouha. . . . . . . très-remarquable. C'est la plus élevée de la baie de Saint-Brieuc; elle se termine par une falaise de roches à pic qu'on peut apercevoir à 25 milles de distance.

Pointe de Minar. . . . . . une pyramide blanche, un corps de garde et un ancien sémaphore la font reconnaître de loin.

Distance à laquelle il faut se tenir de la *pointe de Minar* quand la mer est basse . . . 3 encablures au moins.

Basses situées sur le parallèle de la pointe de Plouha, à des distances de 1 mille 1/2 à 2 milles 1/2. . . . . la seule de ces basses qui soit à craindre (*la Place-de-Grève*), et sur laquelle il ne reste jamais moins de 55 décimètres d'eau, est la plus rapprochée de terre; elle se trouve dans la direction du moulin Sud de Plouzec par le milieu du rocher la Mauve.

Marque faisant passer au large du *Taureau*.	la pyramide de la Cormorandière ouverte à droite de la pointe de Minar.
A quelle distance peut-on s'approcher du rivage, même de basse mer, entre la pointe Plouha et celle de Minar, quand le vent vient de terre?	1/2 mille.
Les courants portant dans le coude que la côte forme entre la pointe Plouha et celle de Minar, quelle précaution faut-il prendre quand le vent souffle du S. à l'E.N.E. passant par l'Est?	ne pas s'approcher trop près de terre.
Direction dans laquelle il faut tâcher de se placer si, dans la crainte d'être entraîné dans ce coude par le courant, on est obligé de mouiller	celle donnée par le clocher de Treveneuc vu par la Comtesse de Guérédan.

DE LA POINTE DE MINAR A LA COLLINE DE CREC'H-AR-MAOUT.

Crec'h-ar-Maout.	colline remarquable. Deux petites maisons l'une près de l'autre et son sémaphore la font reconnaître de loin.
Parties les plus élevées des terres situées entre la pointe de Minar et la colline de Crec'h-ar-Maout.	le bourg de Plouzec, la pointe de la Trinité et la pointe de l'Arcouest.
Mets-de-Goelo.	c'est le plus élevé des 3 îlots remarquables situés à la pointe de Plouzec.

Ile Bréhat.

Elévation des terres de l'île Bréhat relativement à celle des terres qui l'environnent.

Directions dans lesquelles l'île Bréhat se distingue parfaitement. . . . . les deux tiers.

quand on la relève au S.S.E., au S.S.O. ou au N.N.O.

Points les plus remarquables. . . . . la pointe du Paon, pointe Nord-Est de l'île; vers le centre, le mondrain où est la chapelle St-Michel; et, dans la partie Sud, les tertres qui couronnent les pointes Est et Ouest du Port-Clos.

Objets les plus apparents. la chapelle St-Michel, le moulin du Nord, le moulin du Sud (*Vieux-Moulin*), et les pyramides blanches de *Ar Morbic, Roc'h Louet* et *Quistillic*, lesquelles, placées dans l'ordre ci-dessus en allant du Nord vers le Sud, sont élevées sur des îlots en avant de la côte Est de l'île.

Relèvements entre lesquels sont situés les dangers qui entourent l'île Bréhat. . . . d'une part, le phare des Héaux au S.S.O., et, de l'autre, le moulin de l'Ile (1), au N.O. 7° O. (N. 77° O.), par la pointe S.O. de l'île Bréhat.

Seul passage par lequel on

---

(1) Ce moulin est situé, sur les hautes terres, un peu au Nord de l'anse Pomelin.

puisse, au moment de la basse mer, traverser le raz violent que les courants produisent en se précipitant avec force à travers la chaîne des dangers qui entourent l'île Bréhat. . . . . le Chenal de Bréhat (1).

Ce chenal passe à environ 1 mille de la pointe du Paon, puis dans l'Est de l'île, et se trouve compris entre le plateau de roches·attenant à l'île et les Echaudés.

RADE DE BRÉHAT.

Utilité de la rade de Bréhat.   c'est le seul point situé entre le phare des Héaux et le cap Fréhel où les grands navires puissent trouver un refuge avec des vents forcés du N.N.E. au N.N.O.

De quel côté de l'île Bréhat se trouve la rade ? . . . au Sud.

Passages donnant accès sur cette rade. . . . . le Chenal de Bréhat et les chenaux compris entre les dangers situés dans l'Est de l'île.

Profondeur de l'eau sur ce mouillage. . . . . 55 décimètres.

Direction dans laquelle s'étendent les fonds de bonne tenue. . . . . de l'Est à l'Ouest, dans la direction du corps de garde de l'Ile-à-Bois par la chute Sud de la haute roche Men-ar-Vran.

Alignements entre lesquels sont compris ces fonds de bonne tenue. . . . . d'une part, la chute Est du

____

(1) Voir, page 167, la marque à suivre pour faire ce chenal.

Marques pour le meilleur mouillage . . . . le corps de garde de l'Ile-à-Bois par la chute. Sud de Men-ar-Vran; le moulin Ste-Barbe par le sommet de l'île Blanche; les arbres de la chapelle Ste-Barbe par le sommet de l'île Blanche.

Mets-de-Goelo par le grand rocher Men-Gam, et, de l'autre, le moulin Ste-Barbe par la pointe de la Trinité.

Affourchage . . . . E.S.E. et O.N.O.
Inconvénients résultant des vents de [l'E.S.E. au S.S.E. la mer est alors très-agitée et l'appareillage rendu difficile, souvent même impossible durant la molle eau. Il faut dans ce cas, pour déraper, attendre que le courant ait fait .convenablement éviter.

ATTEINDRE LA RADE DE BRÉHAT.

Venant du Sud-Est :
Alignement donnant la direction à suivre pour atteindre, dans le Nord-Est de la Balise de la rade, l'alignement du moulin de l'Arcouest, à l'O. un peu Sud (S. 66° O.), par un grand rocher fourchu situé dans le Nord-Ouest et près l'île Blanche de l'Arcouest . . . . . . le moulin Nord de Bréhat par la pyramide Quistillic.

Moindre profondeur d'eau par laquelle cet alignement fait passer . . . . 13 décimètres à mer basse.
Étant parvenu dans l'alignement du moulin de l'Arcouest par le grand rocher

fourchu qui est dans le Nord-Ouest et près de l'île Blanche, atteindre le mouillage. . . .

En passant entre Caïn-ar-Monse et Carec-Mingui :

Marque faisant atteindre, dans la direction du moulin Nord-Est de Lande-Blanche vu par le sommet de l'îlot *Roc'h-ar-Menou*, l'alignement du moulin de l'Arcouest, à l'Ouest un peu Sud (S. 66° O.), par le grand rocher fourchu qui est dans le Nord-Ouest et près de l'île Blanche de l'Arcouest. . . . .

rallier la Balise de la rade ; porter ensuite sur le mouillage.

la pyramide Quistillic vue entre le Vieux-Moulin de Bréhat (*Moulin sans-ailes*) et la chapelle St-Michel.

Quels sont les dangers près desquels fait passer la direction donnée par cette marque ? . . . .

la direction donnée par cette marque fait passer : dans le Sud de l'extrémité Sud des bancs de sable qui sont dans l'Est de l'île Bréhat ; à petite distance dans le Sud de la basse Pomoriou ($\overline{2^m}9$) ; entre le plateau de Caïn-ar-Monse ($\underline{O}$) et celui de Carec-Mingui (2^m).

Moindre profondeur de l'eau dans ce passage. . . . . . .

29 décimètres à mer basse.

Où se trouve située cette moindre profondeur ? . . . .

sur l'extrémité Sud du plateau de Caïn-ar-Monse.

Etant parvenu dans l'alignement du moulin de l'Arcouest par le grand rocher fourchu qui est dans le Nord-

Ouest et près de l'île Blanche de l'Arcouest, gagner le mouillage . . . . suivre la direction donnée par cet alignement; rallier la Balise de la rade; puis porter sur le mouillage.

ATTEINDRE LA RADE DE BRÉHAT EN PASSANT ENTRE LES DANGERS QUI SONT DANS L'EST DE L'ILE (1).

Entre le plateau de Men-Marc'h et ceux de la Horaine et des Echaudés :

Marque indiquant la direction à suivre . . . . le sommet de l'îlot *Roc'h-ar-Menou*, au S.O. 1/2 O. (S. 35° O.), par le moulin Nord-Est de Lande-Blanche.

Quand faut-il quitter cette direction ? . . . . lorsque le moulin de l'Arcouest arrive, à l'O. 4° N. (S. 66° O.), par le grand rocher fourchu qui est au Nord-Ouest et près de l'île Blanche de l'Arcouest.

Suivre alors la direction donnée par ce dernier alignement; rallier la Balise de la rade et gagner ensuite le mouillage.

Entre le plateau de Men Marc'h et celui de Ringuebras :

Direction à suivre. . . . . le sommet le plus élevé de l'île St-Riom, à l'O.S.

---

(1) Ces passages sont sains, mais les courants les traversent obliquement.

O. 3° O. (S. 45° ' O.), par le moulin Nord-Est de Lande-Blanche.

Alignement dans lequel on quitte cette direction et que l'on suit pour s'approcher de la Balise de la rade et gagner facilement le mouillage . . .
le moulin de l'Arcouest, à l'O. 1° N. (S. 66° O.), par le grand rocher fourchu qui est au Nord-Ouest et près de l'île Blanche de l'Arcouest.

En traversant le plateau de Ringue-bras :
Circonstances de vent et de marée dans lesquelles on peut traverser sans risque le plateau de Ringue-bras. . . . .
avec des vents modérés, et en morte-eau, depuis le moment de 1/2 montée jusqu'à celui de 1/2 baissée.

Direction à suivre. . . . . .
celle donnée par le moulin Nord-Est de Lande-Blanche par le sommet le plus élevé de l'île St-Riom.

Marque conduisant jusqu'en dehors des bancs de sable . .
le moulin de l'Arcouest, à l'O. 1° N. (N. 66° O.), par le grand rocher fourchu qui est au Nord-Ouest et près de l'île Blanche de l'Arcouest.

CHENAL DE BRÉHAT.

Etendue du Chenal de Bréhat
le Chenal de Bréhat commence, vers le Nord, dans l'E. S. E. 2° S. de la tourelle du Petit-Pen-Azen, et se termine, vers le Sud, dans la direction donnée par la tourelle de Men-Garo vue par le moulin Nord de Bréhat.

Largeur du chenal :
à mer basse. . . . .   2 encablures.
à 1/2 marée. . . . .   1/2 mille.
Etant contraint par gros temps du N.N.O. au N.N.E. de chercher un refuge sur la rade de Bréhat, quel serait le moment favorable pour donner dans le Chenal?. . .   le moment de demi-marée montante. — Attendre ce moment dans le N.N.E. du phare des Héaux.

Marque indiquant la direction à suivre pour faire le Chenal de Bréhat . . . . . .   la pyramide de la Cormorandière, au S. 1/4 S.O. (S.13° E.), par le massif construit sur la pointe de Plouha. On suit cet alignement jusqu'à ce que la tourelle de Men-Garo arrive par la pyramide Quistillic.

Dangers qu'on laisse dans l'Est. . . . .   le Pain-de-Bray (0^m7), les Echaudés et le Lello-Bras($\underline{0^m}$).

Etant parvenu dans l'alignement de la tourelle Men-Garo par la pyramide Quistillic, atteindre la rade de Bréhat en passant à 3/4 d'encablure dans le Sud-Est de la *basse Men-Garo* et à un peu plus d'une encablure de *Caïn-ar-Rat*. . . . .   venir d'un quart ou deux sur tribord, puis, lorsque la tourelle des Piliers arrive, à l'O.3°S. (S.62°O.), par le moulin de Lannevez, suivre cette dernière direction.

Hauteur de l'eau à demi-marée :
sur la basse Men-Garo . .   plus de 8 mètres.
sur Caïn-ar-Rat . . . . . .   plus de 7 mètres.

LE KERPONT.

Où se trouve le passage du Kerpont, qui donne aussi accès sur la rade de Bréhat? — dans la coupure qui sépare l'île Bréhat de l'île Béniguet.

Ce passage est-il praticable pour les grands navires du commerce? . . . . — oui, après 4 heures de montée.

Direction à suivre. . . . . — l'Amer élevé sur la pointe de l'Arcouest, au S.S.O. 3°S. (S.5°30′E.), vu au milieu de l'intervalle entre les hautes roches du Kerpont qui ne couvrent pas.

Dangers entre lesquels cette marque fait passer . . . . . — la pointe Nord-Ouest de Bréhat et la pierre Robin (*balisée*), puis la roche la Grenouille (*balisée*).

Passage faisant suite au Kerpont, et qui, comme lui, a pour marque de direction à suivre : l'Amer de l'Arcouest, au S.S.O. 3° S. (S. 5″ E.), vu au milieu de l'intervalle entre les hautes roches du Kerpont . . . . — celui du Men-du-Castrée.

Navires pouvant fréquenter ces deux passages quand la roche la Vieille (*dans le N. E. et près de l'île Saint-Modé, et sur laquelle est une balise*) est couverte. . . — ceux calant moins de 45 décimètres.

Hauteur de l'eau quand la roche la Vieille (de Saint-Modé) est couverte :

dans le Kerpont. . . . . . — au moins 5 mètres.

sur la basse Nord-Est de l'Ar-Gazec . . . . — au moins 9 mètres.

Issues du Kerpont du côté du Sud . . . . — il y en a 2 : l'une entre la pointe Sud-Ouest de Bréhat et les Noires, l'autre entre le groupe des Noires et les grandes roches qui sont dans l'Est de l'île Raguenez-Bras.

ANSE DE PAIMPOL.

Pointe de Goulben . . . . partage l'anse de Paimpol en 2 parties. — C'est dans la partie Nord que se trouvent le port et les échouages de Paimpol.

Mouillages de St-Riom. . . . dans le Sud-Ouest et le Sud-Est de l'île St-Riom.

Mouillage dans le Sud-Ouest de l'île St-Riom. . . . fond de vase ; 9 mètres d'eau ; excellente tenue dans les marques suivantes : le corps de garde de la pointe de l'Arcouest par l'extrémité Nord de la pointe de la Trinité, et la pyramide de la Cormorandière vue entre le rocher Dénou et le rocher Nord-Ouest du plateau du Roho (grand rocher plat ne couvrant jamais et nommé Table Royale).

Affourchage . . . . Nord et Sud. Jeter l'ancre du Nord quand la Cormorandière arrive par le rocher Dénou, et l'ancre du Sud quand la Cormorandière arrive par la Table Royale.

Mouillage dans le Sud-Est de l'île St-Riom. . . . . . . les vents de la partie de l'Est y rendent la mer grosse. On y est par 8 à 9 mètres d'eau, sur un fond de bonne tenue, en se plaçant dans la direction de la balise de la roche Ar-zel vue, à l'O.1/2S. (S.59°O.), par le sommet de l'île Blanche de Guilben.

Ce mouillage s'étend Nord-Est et Sud-Ouest depuis le point où le phare des Héaux est vu touchant la pointe de l'Arcouest jusqu'à celui où le corps de garde sur la pointe de Minar est vu un peu ouvert à gauche de la pointe de Plouzec.

Passages conduisant dans l'anse de Paimpol.

Passages conduisant aux mouillages de Saint-Riom. . il y en a 5: de la Jument, du Dénou, de Saint-Riom, de Lastel, et de la Trinité.

Deux de ces passages seulement, ceux de la Jument et du Dénou, sont praticables sans pilote.

PASSAGE DE LA JUMENT.

Moindre profondeur de l'eau dans le passage de la Jument :

à mer basse. . . . . 2 mètres environ.

à 1/2 montée. . . . . . . 7 mètres.

Entrée de ce passage. . . . cette entrée est signalée par 2 rochers remarquables : l'Ost-Pic, à l'extrémité Est du Mets-de-Goelo, et le rocher situé à la pointe Sud-Est du plateau du Roho.

Rochers partageant le passage en deux parties égales, lesquelles sont l'une et l'autre praticables par les navires ordinaires du commerce. la Jument (2m3) (signalée par une tourelle), le Gueule

Venant du Sud-Est :
Marque faisant passer entre l'*Ost-Pic* et les *Calemarguiers*, ainsi qu'entre la côte et toutes les basses situées, au large, entre la pointe de Minar et celle de Plouzec. . . .

(1ᵐ) et le Gouayan (5ᵐ) (surmonté d'une tourelle).

la tourelle de Men-Garo ouvrant à gauche de la pyramide de la Cormorandière.

Route à suivre après avoir atteint l'Ost-Pic.. . . . . . .

contourner l'Ost-Pic à 2 encablures et faire route, entre l'O.N.O. 1/2 N. et le N. 1/4 N.O., en laissant sur tribord les tourelles du Gouayan et de la Jument.

Venant du chenal de Bréhat :
Direction à suivre pour passer dans l'Est de *Caïnar-Monse*. . . . . . .

l'Ost-Pic par la balise de la Cormorandière.

Précaution à prendre pour passer à une encablure dans l'Est du banc de sable de la *Cormorandière*. . . . . .

se maintenir dans l'Est de l'alignement du moulin de Plouzec, au S.O. 8° S. (S. 12° O.), par la chute Est du Mets-de-Goelo.

Pour passer dans l'Est du plateau des Charpentiers. . .

tenir le moulin de Plouzec, au S.O. 1° N. (S. 24° 30′ O.), par l'Ost-Pic.

Direction à suivre pour se porter à l'ouvert de l'une ou de l'autre partie du passage. . . . .

le moulin de Plouzec, au S. O. 1° N. (S. 24° 30′ O.), par l'Ost-Pic.

Contre-courant pendant le flot. . . . . il s'établit, à 4 heures de montée, le long du rivage, à partir du Mets-de-Goelo, en allant vers la pointe de l'Arcouest.

PASSAGE DU DÉNOU.

Dangers entre lesquels est compris le passage du Dénou. entre le plateau du Garap et celui du Rohan-Hier.

Il fait passer dans l'Est de l'île Saint-Riom et du grand rocher Valve, et dans l'Ouest du rocher Guillaume ainsi que du rocher Dénou.

Navires auxquels ce passage est utile. . . . . aux navires destinés pour Paimpol et qui ont passé par le Chenal de Bréhat.

Condition nécessaire pour s'y engager. . . . . bien que la direction à suivre soit à peu près la même que celle suivie par le courant de flot, il est nécessaire d'avoir du largue, car le passage est étroit.

Il faut ne s'y engager, si l'on est sans pilote, qu'après demi-montée et après avoir bien reconnu les marques.

Venant du Chenal de Bréhat :

Marque indiquant la direction à suivre, et dans laquelle il faut par conséquent quitter celle suivie dans le Chenal de Bréhat. . . . . le moulin Rundavi vu par la

Ayant dépassé le rocher Dénou, alignement à suivre pour atteindre le mouillage dans la fosse Sud-Est de Saint-Riom. . . . .

tourelle du rocher Dénou.
Ranger de près le rocher Dénou en le laissant dans l'Ouest.

la balise qui est sur la pierre Ar-Zel, à l'O. 1/2 S. (S. 59° O.), par le sommet de l'île Blanche de Guilben.
On mouille dans cet alignement (1).

Entrée de la rivière de Pontrieux.

Direction à suivre. . . .

la Maison-Bodic (maison remarquable située sur la hauteur), à l'O.S.O. 3° O. (S.45° O.), par le phare de la roche la Croix, jusqu'à ce qu'on soit à 2 ou 3 encablures dans le Nord-Est de cette roche.

Dangers et balises que cet alignement fait laisser :
dans l'Est. . . . .

les plateaux de la Horaine et des Echaudés, la tourelle du petit Pen-Azen, la côte Nord de l'île Bréhat, la tourelle de la Corderie, et enfin la haute roche des Frères.

dans l'Ouest. . . . .

les plateaux de Roc'h-ar-Bel, de Men-du-Castrec et des Sirlots, puis la tourelle de la Vieille (de Saint-Modé)

---

(1) Voir, page 169, les marques pour le mouillage dans la fosse Sud-Est de Saint-Riom.

10.

Etant parvenu à 2 ou 3 encablures dans le Nord-Est de la roche la Croix, et par conséquent un peu avant d'arriver par le travers de la tourelle Moguedhier.. . . . .

la tourelle de Rodello, la plus haute roche des Kerranets, et la tourelle Moguedhier.

venir un peu sur tribord pour doubler la roche la *Croix* par l'Ouest et passer entre cette roche et la tourelle Moguedhier.

Reprendre ensuite la direction de la Maison Bodic au S.O. du monde, et laisser dans l'Est la tourelle du Trou-Blanc et celle de la Vieille de Loguivi.

ÉTANT SUR LA RADE DE BRÉHAT, GAGNER L'ENTRÉE DE LA RIVIÈRE DE PONTRIEUX PAR LE FERLAS.

Où se trouve le *Chenal du Ferlas?*. . . . .

dans le Sud de l'île Bréhat; il est compris entre la partie Sud de cette île et le continent.

Partant de la rade de Bréhat, comment gouverner pour donner dans le *Ferlas?*. . .

passer à mi-distance entre la tourelle des *Piliers* (9^m1) et celle du *Vif-Argent* ($\overline{5^m2}$), puis venir un peu sur tribord pour passer à 1/2 encablure dans le Sud de la tourelle de *Rout-ar-Linen* ($\overline{7^m1}$).

Etant parvenu dans le Sud de la tourelle de *Rout-ar-Linen.* . . . .

conserver par derrière la tourelle du *Vif-Argent* par

Alignement conduisant en-suite à l'Entrée *de la rivière de Pontrieux*. . . . .

celle de *Rout-ar-Linen*, jusqu'à ce que la tourelle de *Rompa* ($6^m 3$) arrive par *le phare de la roche la Croix*. Venir alors de trois quarts sur tribord.

En suivant les marques *du Ferlas*, moindre profon-deur d'eau par laquelle on passe . . . .

la tourelle de *Rompa* par celle des Piliers.

$3^m,6$ à mer basse.
    Cette moindre profondeur se trouve dans le S. O. de la tourelle de Rompa.

MOUILLAGES DANS L'ENTRÉE DE LA RIVIÈRE DE PONTRIEUX.

On ne peut mouiller dans le milieu du chenal. . . . .

le fond y est trop mauvais et les courants trop rapides.

Meilleur mouillage sur la rade de Pomelin. . . . . . .

dans les marques suivantes : l'Amer de l'Arcouest par la tourelle Moguedhier, et le Vieux Moulin de Bréhat très-peu ouvert à gauche des murs de clô-ture qui sont sur l'île Verte.
    On y affourche Nord et Sud.

Autre mouillage bien abri-té contre la grosse mer, et où les courants ne sont pas trop rapides. . . . .

ce mouillage est situé à l'ac-core des vases qui décou-vrent dans le Sud-Est de l'Ile-à-Bois, et s'étend, N.

E. 1/4 N. et S.O. 1/4 S., depuis la direction où la tourelle de la *Vieille de Loguivi* (3ᵐ9) est vue par le moulin de l'Arcouest, jusqu'à celle où le moulin Nord de Bréhat est vu par la tourelle du *Trou-Blanc*.

On y affourche O.N.O., E.S.E.

Mouillage à l'ouvert de la rade de Pomelin. . . . . . . près de l'accore extérieur des vases qui découvrent, et jusque dans la direction où le phare de la *roche la Croix* est vu par le moulin de Loguivi.

On y affourche O.N.O., E.S.E.

PASSAGES DU MEN-DU-CASTREC ET DE LA MOISIE.

Utilité de ces passages. . . Ils sont utiles surtout lorsque les vents ne permettent pas de faire sûrement le chenal de l'*Entrée de la rivière de Pontrieux*, car les courants empêchent souvent de se maintenir dans la partie de ce chenal située dans le Nord-Est de la *Vieille de Saint-Modé*.

Un navire qui, avec flot et vent d'Ouest, passerait dans le Nord de *Roc'h-ar-Bel*, ne serait pas toujours sûr de pouvoir doubler la Horaine par l'Ouest.

PASSAGE DU MEN-DU-CASTREC.

Où se trouve l'entrée du passage du *Men-du-Castrec?* entre le plateau du *Men-du-*

    Castrec et le petit plateau de l'*Ar-Mescleck.*

Où aboutit ce passage?.. dans le chenal de l'Entrée de la Rivière de Pontrieux, à l'Est et près de *la Vieille de St-Modé.*

Danger près duquel fait passer l'alignement indiquant la direction à suivre .... très-près de la basse qui est à l'extrémité Nord-Est du petit plateau de l'*Ar-Gazec.*

Entre quelles périodes de la marée un navire calant 45 décimètres peut-il fréquenter ce passage quand la mer est belle? ...... depuis 1/2 montée jusqu'à 1/2 baissée.

Direction à suivre jusqu'à ce qu'on soit dans les marques du chenal de l'Entrée de la rivière de Portrieux (*Grand chenal*)....... l'Amer de l'Arcouest, au S. S.O. 3°S. (S. 5° E.), vu dans le milieu de l'intervalle qui sépare les hautes roches qui ne couvrent pas et qui bordent le Kerpont de chaque côté.

Mais si le navire est destiné pour un des ports de la baie de Saint-Brieuc, quand doit-il quitter l'alignement indiquant la direction à suivre dans le passage du Men-du-Castrec pour aller chercher le *Chenal de Bréhat?* .... quand la tourelle sur la *Moisie* arrive par le phare des Héaux; ce dernier alignement conduit dans les mar-

     PASSAGE DE LA MOISIE.

ques du Chenal de Bré-
hat (1).

PASSAGE DE LA MOISIE.

Où se trouve le *Passage de la Moisie?* . . . . c'est le premier que l'on rencontre dans l'Est du phare des Héaux et des roches du Sark. Il est très-étroit, mais direct.

Où aboutit ce passage?. . dans l'Entrée de la rivière de Pontrieux et au Ker-pont.

Où se réunit-il avec le passage du *Men-du-Castrec?* entre le plateau de l'Ar-Gazec et la Vieille de St-Modé.

Entre quelles périodes de la marée des navires calant 45 décimètres peuvent-ils donner sans risques, si les vents sont portants, dans le passage de la Moisie? . . . depuis 1/2 montée jusqu'à 1/2 baissée.

Direction à suivre . . . . la pyramide du Rosédo par le clocher de l'église St-Michel (Ile Bréhat). — En suivant cet alignement, on doit apercevoir la tourelle de la Vieille de St-Modé ouvrant légèrement à droite de la pyramide du Rosédo.

    La Moisie est signalée par une tourelle, et l'accore Est de Nouquéjou-Bian par une balise.

---

(1) Voir, page 167, les marques du Chenal de Bréhat.

A l'Ouest des Héaux de Bréhat.

Fonds sur lesquels s'élèvent les dangers compris entre le phare des Héaux et les Sept-Iles . . . .

sur des fonds de moins de 33 mètres, de basse mer.

Passer au large de ces dangers. . . . .

en tenant le phare des Héaux plus vers le Sud que le S.S.E. 2° S. (S. 45° E.), tant que l'on n'est pas à plus de 6 milles dans l'Ouest de ce phare ; ou en se maintenant dans le Nord de la direction donnée par le phare des Sept-Iles, à l'O. 2° N. (O.S.O.), caché par l'île Rougic (*une des Sept-Iles*)

Relèvement dans l'Ouest duquel il ne faut pas amener le phare des Héaux afin de se maintenir dans l'Ouest des *Roches-Douvres*. . . . . . .

S.O. 1/4 O. environ (S. 33° O.).

Relèvements entre lesquels il faut amener le phare des Héaux, à 7 milles de distance, afin de se trouver en bonne position pour passer, en faisant route au S.E., à 4 milles dans le Nord du phare des Héaux et donner dans le milieu du passage compris entre Roc'h-ar-Bel et la basse Maurice. . . . .

entre le S. 14° E. et le S. 9° E.

LES SEPT-ILES.

Dans quelle direction et à quelle distance des Héaux se

trouvent les Sept-Iles? . . . dans l'O.N.O. 3° O., 14 milles.

A quelle distance peut-on apercevoir les Sept-Iles? . . 24 milles.

Relèvement du clocher de Notre-Dame-de-la-Clarté indiquant qu'on est par leur travers . . . . S.S.O.

Direction dans laquelle le feu des Sept-Iles est masqué par l'Ile Rougic . . . . O. 2° N. et E. 2° S. (O.S.O. et E.N.E.); mais dans un arc de 3°30' seulement.

LES TRIAGOZ.

Dans quelle direction et à quelle distance des Sept-Iles se trouve l'extrémité Est du plateau des Triagoz? . . . . dans l'O.N.O., 5 milles.

Partie Est de ce plateau . signalée par plusieurs grands rochers toujours découverts.

Sa partie Ouest. . . . . . il s'y trouve un amas de roches qui ne découvrent jamais.

La Fouillie ($\overline{4^m5}$). . . . , c'est celle de ces dernières roches qui est la plus élevée.

Cette roche se trouve à 3 milles dans le N.O. 3° N. des grands rochers toujours découverts qui sont à la partie Est du plateau; à 15 milles dans l'Est 1/4 N.E. (N. 55° 30'E.) du phare de l'Ile de Bas, et à 9 milles environ dans l'O.N.O. 1/2 N. (N. 87° 30'O.) du phare des Sept-Iles.

VENANT, DE L'OUEST, CHERCHER LES HÉAUX EN PASSANT AU LARGE DES TRIAGOZ ET DES SEPT-ILES.

Après avoir pris connaissance de l'île de Bas . . . . passer à bonne distance de cette île, et gouverner au Nord de l'Est jusqu'à ce qu'on soit bien certain d'avoir dépassé le travers des Triagoz : car, dans ces parages, les courants portent avec force vers le Sud-Est.

Dans quelle direction et à quelle distance du phare des Sept-Iles se trouve le phare des Héaux ? . . . . dans l'E.S.E. 4° E. (N. 83° E.), 16 milles.

DU TRAVERS DE PORT-BLANC A MORLAIX EN PASSANT A TERRE DES SEPT-ILES.

Marque faisant éviter le plateau du Four et en passer :
dans l'Est. . . . . le moulin de la Comtesse ouvert à gauche de la grande tour blanche que l'on aperçoit sur la côte au fond de l'anse de Port-Blanc.

dans le Nord-Ouest. . . . se maintenir dans le Nord-Ouest de la direction donnée par le clocher de Notre-Dame de la Clarté vu à droite du mondrain le plus Nord de l'île Tomé, ou même ouvert à droite de cette île.

Marque faisant passer sûrement à terre des Sept-Iles, entre ces îles et l'Ile Tomé . la Pierre-Pendue par le rocher Lambras ou par le milieu du Goulmedec.

11

Etant parvenu dans le Sud des Sept-Iles, marque à tenir jusqu'à ce qu'on soit dans l'alignement donnant la direction à suivre pour passer dans le Nord-Ouest des dangers qui environnent l'île Grande, ainsi que dans l'Est du *Pongaro* et de *la Méloine*.

la pointe Sud de l'île Tomé détachée des terres de Ploumanac'h.

Direction à suivre pour passer entre les dangers qui entourent l'*île Grande* et le plateau de la *Méloine*, et venir se mettre dans les marques de la Passe de Tréguier (*Morlaix*)...........

cette direction est indiquée par les Iles Rougic, Malban, Bono et aux Moines (*celle où est le phare*) tenues dans un même alignement.

Marque indiquant qu'on est au large de tous les dangers situés devant l'entrée de la rivière de Morlaix, y compris la basse du *Pot-de-Fer*...

l'île de Bas ouverte à droite du rocher Tisaoson.

Passer dans l'Est des dangers qui entourent l'île de Bas du côté de l'Est......

tenir les flèches de St-Pol-de-Léon bien à gauche de la chapelle Ste-Barbe, ou le clocher de Carantec par la chapelle de l'île Callot.

LES TRÉPIEDS.

Elévation de la plus haute roche des *Trépieds* (partie Sud-Ouest du plateau de la Méloine) au-dessus du niveau des plus basses mers....

3 mètres.

Alignements à l'intersec-

tion desquels se trouve cette
roche . . . .　le clocher de Plougasnou par
le rocher Carrec-an-Ti, et
les deux flèches de St-Pol-
de-Léon par les Bisayers.

Marque faisant passer dans
l'Ouest des Trépieds . . . .　le phare de la Lande par celui de l'île Noire.

De Morlaix a Lannion.

Passer dans le Nord-Ouest
des *Chaises de Primel* . . .　tenir le clocher du Creïsker
par le Vezoul.

Ayant amené les Chaises
de Primel à peu près au S.S.
O. (Sud), route à suivre pour
atteindre le *Taureau* . . . .　E.S.E. Passer à une encablure dans le Sud du Tau-
reau.

Marque conduisant sur la
rade de Lannion. . . . . . .　le clocher de Guiodel très-
peu ouvert à gauche du
corps de garde qui est sur
la pointe Servet.

De Morlaix a l'extrémité Nord-Ouest de la cote de France.

Dans quelle direction et à
quelle distance du feu des
Sept-Iles se trouve l'île de
Bas ? . . . .　dans l'O.N.O., 24 milles.
Distance à laquelle on
peut apercevoir cette île. . .　9 milles.
Direction dans laquelle l'île
de Bas se confond avec la
terre . . . .　quand on la relève dans le
S.S.O.

Distance au delà de laquelle
les éclipses du feu de l'île de
Bas sont complètes . . . . .　10 milles.
Distance à laquelle on

peut apercevoir la côte comprise entre l'anse de Goulven et l'extrémité Nord-Ouest de la côte de France. . | 15 à 18 milles.

Aspect de cette partie de côte. . . . . | la côte n'est pas très-élevée; on y remarque plusieurs clochers. Elle est bordée de rochers dont quelques-uns s'étendent à près de 3 milles au large. Plusieurs de ces rochers sont élevés; ils ont, vus de loin, l'apparence de maisons.

Distance au delà de laquelle les éclipses du feu de l'*île Vierge* paraissent totales . . | 6 milles.

Marque faisant passer dans l'Ouest du plateau du *Libenter* . . . . | le clocher de Ploudalmézeau bien ouvert à droite de celui de Lampaul.

Distance à laquelle découvrent les *Roches de Porsal*. | à 1 mille 3/4 de la côte.

Distance à laquelle le fond n'est pas sain autour de ces roches. . . . . | 2 milles 1/2.

A quelle distance vers le large s'étendent les dangers qui bordent la côte entre les Roches de Porsal et le Four? | à plus d'un mille.

Le Four. . . . . | grand rocher noir remarquable, toujours hors de l'eau, reconnaissable par son voisinage d'un autre grand rocher nommé le *Grand Château* et qui est entre lui et l'île d'Yock (1).

______

(1) On a le projet d'élever une petite tour à feu sur le rocher le Four.

Ce rocher est à environ 10 milles dans l'E. 8° S. du phare d'Ouessant et à 12 milles dans le N.N.E. du phare de St-Mathieu.

Il convient d'en passer à quelque distance à cause de la basse Boureau.

Marque de long, vers le Sud, de la *basse Boureau*. . l'ancien phare de St-Mathieu très-peu ouvert à droite de la pointe de Corsen.

Marque de travers de cette basse.. . . . . le clocher de Landunvez par la partie Sud de l'île d'Yock.

Cette marque est aussi celle de travers du rocher le Four ; elle limite par conséquent vers le Nord le chenal du Conquet.

CHENAL DU CONQUET (OU DU FOUR).

Direction à suivre . . . . le phare de St-Mathieu par celui de Kermorvan, au S. 1/2 O. (S. 21° E.).

Moindre profondeur d'eau par laquelle cet alignement fait passer. . . . . un peu plus de 12 mètres.

Basses situées près du chenal et qu'en allant vers St-Mathieu on laisse :

dans l'Ouest . . . . la *basse St-Louis* ($4^{m}8$), le *plateau des Platresses* (4^{m}) la *basse St-Pierre* ($5^{m}5$) et la *basse orientale du Courleau* (2^{m}).

dans l'Est. . . . . la *basse Meur* (8^{m}), la *Valbelle* ($3^{m}2$) ou *Basse-Nevez*, le *Tendoc* ($2^{m}6$) et la *basse St-Paul* ($4^{m}8$).

Marque de long :

de la basse Meur et du Tendoc. . . . . — l'ancien phare de St-Mathieu vu entre la presqu'île de Kermorvan et le sommet de la pointe de ce nom.

de la Valbelle et de la basse St-Paul. . . . . . — un peu à l'Ouest de la direction donnée par l'alignement ci-dessus.

de la basse St-Louis . . . — la Helle (*grande roche, dans le Nord-Est de l'île Molène et la seule dans ces parages qui ne couvre jamais*) vue ouverte de 0° 38' à gauche de Molène.

de la basse Nord-Est des Platresses. . . . . — le phare St-Mathieu ouvert d'une voile de la pointe de Kermorvan.

Marque de travers :

de la basse Meur . . . . . — le moulin de Landunvez par le petit Melgorn.

de la basse St-Louis. . . . — le clocher de Porspoder vu un peu à droite du grand Linniou (*la seule des roches du plateau des Linniou qui ne couvre jamais*).

de la Valbelle. . . . . . . — le clocher de Plouarzel vu entre les grandes roches des Fourches.

de la basse Nord-Est des Platresses · . . . . — le clocher de Lampaul par la grande Fourche.

du Tendoc . . . . — le moulin Trézien par le Goaltock.

de l'extrémité Nord-Est de la basse orientale du Courleau . . . . — le clocher de Ploumoguer à l'E. 1/2 S. (N. 70° E.).

Marque faisant éviter le plateau des Platresses et en passer :

dans le Nord . . . . le clocher de Plouarzel au Nord de la plus Sud des Fourches, ou l'île Balanec ouverte au Nord du rocher la Helle.

dans le Sud. . . . . . . le moulin Trézien par le Goaltock, ou l'île Balanec ouverte au Sud du rocher la Helle.

Précaution à prendre, en suivant la direction du grand chenal (*le phare St-Mathieu par celui de Kermorvan*), lorsqu'on approche du plateau des Platresses . . . . . tenir le phare de St-Mathieu un peu à gauche de celui de Kermorvan, attendu que l'alignement de ces deux phares l'un par l'autre ferait ranger les Platresses de trop près.

Marques de travers de la basse *St-Charles* . . . . . . le clocher de Ploumoguer par la partie Nord du Goaltock.

Chenal de la Helle : direction à suivre. . . . . le phare de Kermorvan par les pignons de Kéravel, ou très-peu à gauche.

dangers entre lesquels cet alignement fait passer . entre les plateaux des Platresses et de la Helle.

Alignement dans lequel, venant du Nord-Ouest par le chenal de la Helle, il faut incliner la route vers l'Est pour venir se mettre le plus tôt possible dans les marques du grand chenal . . . . quand le moulin Trézien arrive par le Goaltock, ou l'île Balanec au Sud du rocher la Helle, ou le moulin de Molène par une plage de sable blanc qu'on

	aperçoit sur le rivage de cette île.
Passage entre les Vinotières : étant parvenu par le travers de l'îlet de Kermorvan.	gouverner de manière à passer entre les deux Vinotières ; on doit, dans ce but, porter au Sud du monde lorsque la pointe de Corsen reste au N.N.E. 8° E. (N. 5° E.).
Moindre profondeur d'eau :	
entre les deux Vinotières.	un peu plus de 6 mètres.
dans l'Ouest de la grande Vinotière, mais à la ranger.	de 8 à 9 mètres.
Marque indiquant qu'on est dans le Sud des Vinotières	la chapelle du Conquet ouvrant de la pointe de Kermorvan.
Passer au large de la *basse des Renards* ($\overline{2^m6}$).	tenir l'anse de sable de Portzmoguer ouverte de la pointe de Kermorvan.
Marque de travers de la basse des Renards	le moulin de Lochrist ouvrant à droite de la pointe des Renards.
Etant parvenu dans le Sud de la basse des Renards, passer : entre les Vieux-Moines, qu'il est préférable de laisser dans l'Est, et la Basse du Chenal ($\overline{1^m65}$).	porter sur les Vieux-Moines et cacher l'anse de sable de Portzmoguer par la pointe de Kermorvan. —

L'anse de sable de Portzmoguer cachée par la pointe de Kermorvan, ou le Goaltock très-peu ouvert de la pointe de Corsen, fait passer sûrement entre les Vieux-Moines et la basse du chenal.

Passer dans l'Ouest de la Basse du Chenal. . . . . ouvrir l'anse de sable de Portzmoguer de la pointe de Kermorvan.

Marque de long de la Basse du Chenal. . . . . la pointe de Kermorvan par le milieu de l'anse de sable de Portzmoguer.

sa marque de travers. . . . les Bossemans l'un par l'autre.

Marque indiquant qu'on est: dans le Nord de la Basse du Chenal. . . . . le Bosseman de l'Ouest à droite du Bosseman de l'Est.

dans le Sud de cette basse. le Bosseman de l'Ouest à gauche du Bosseman de l'Est.

Mouillages dans le chenal du Conquet :
circonstances dans lesquelles on peut mouiller dans le chenal du Conquet . . . . avec vents d'amont, ou par un temps sûr, en vue d'étaler une marée.

meilleurs mouillages . . . par 13 mètres, à la partie Nord de l'anse des Blancs Sablons, sous Brenterc'h ; et par 14 mètres dans l'anse de Lochrist, entre le Conquet et St-Mathieu.

CHENAL DU FROMVEUR.

Entrée du Fromveur :
du côté du Nord-Est . . . entre la basse du Fromveur

11.

                                  ($\overline{15^m}$) et la basse Peng-loc'h ($\overline{5^m5}$).

du côté du Sud-Ouest . . .   entre la basse du Mel-Bian ($\overline{1^m}$) et la Jument ($\underline{6^m}$).

Marques :

de la basse du Fromveur :   le phare d'Ouessant un peu au Nord des rochers Lédé-nès (*situés à la pointe Est de la baie du Stiff et ne couvrant jamais*), et le ro-cher Men Darland par l'î-lot de roche Enès Nein.

de la basse Pengloc'h . . .   le Berlimou (*ne couvrant jamais*)(1) par Scolpès Port-zallène (*ne couvrant ja-mais*) (2), et le phare d'Ouessant vu entre les ro-chers Lédénès et la pointe Est de la baie du Stiff.

de la Jument . . . .   le moulin Bélanger un peu à droite du Corce, et Roc'h-Mélen par Enès Nein.

de la basse du Mel-Bian .   le plus Est des rochers Staone, par Scolpès-Portzal-lène, et le rocher Valane par le sémaphore de Mo-lène.

Distance à laquelle s'éten-dent les dangers situés sur le côté Nord du passage du Fromveur. . . . .   à 1/2 mille au large de la côte d'Ouessant.

Vitesse des courants dans ce passage. . . . .   4 nœuds et même plus.

Route à suivre pour le tra-verser. . . . .   Est ou Ouest (E.N.E. ou O. S.O.).

---

(1) Le Berlimou est un rocher situé à petite distance et à peu près par le travers de l'île Bannec.

(2) Le Scolpès Portzallène est un grand rocher qui se trouve à la pointe Sud de l'île Bannec.

Circonstance dans laquelle on doit surtout éviter de s'engager dans le passage du Fromveur . . . .

lorsqu'on y trouverait le courant contre soi.

Etant contraint de s'engager dans le Fromveur. . . .

gouverner de manière à se maintenir à mi-chenal.

Sortant du Fromveur du côté du Sud-Ouest, marque à tenir, après avoir dépassé les Dibrayers, pour éviter la *Jument* et les basses situées entre cette roche et les Dibrayers . . . .

i'îlot de roche Enès Nein ouvert au Sud du rocher le plus Sud des Dibrayers.

DOUBLER OUESSANT PAR L'OUEST ET PASSER PAR L'IROISE.

Marques de la *basse Callet* ($\overline{21^m}$), située à l'extrémité Ouest de la Chaussée de Keller. . . . .

le phare d'Ouessant par l'île Keller, et la partie Ouest du rocher Callet par le moulin Bélanger.

Se trouvant dans le Sud-Ouest d'Ouessant, précaution à prendre. . . . .

ne pas trop accoster l'île, si les vents sont de la partie du Sud, surtout pendant le flot et en vives eaux, car le courant, chargeant avec force dans le Fromveur ainsi que sur les îlots dans le Sud-Est d'Ouessant, on pourrait avoir de la peine à doubler la basse occidentale des Pierres-Noires.

Seuls dangers qui, au Sud et près d'Ouessant, soient dans l'Ouest du méridien du

phare..	les basses *Bridy* et la Jument.
Passer dans l'Ouest des *Basses-Bridy* et de la *Jument*	tenir le phare d'Ouessant un peu à gauche du Corce.
Marques de travers, vers le Nord-Est :	
des Basses-Bridy	le phare d'Ouessant vu entre la chapelle St-Nicolas et le Corce.
de la Jument	le moulin Bélanger très-peu à droite du Corce.
Avec vent sous vergues : partant de 2 ou 3 milles dans le Sud-Ouest d'Ouessant, route à suivre pour doubler la *basse occidentale des Pierres-Vertes* (9^m) et celle des *Pierres-Noires* (4^m2) . .	entre le Sud et le S.S.E. 1/2 E., selon qu'il y a flot ou jusant, jusqu'à ce que le phare de St-Mathieu reste à peu près à l'E. (E.N.E.).
Marque de travers de la basse occidentale des Pierres-Noires :	
dans l'Est	les Cheminées vues entre les grandes Pierres-Noires et le Diamant.
vers le Nord	la tête Est des Serroux 1° à gauche de la pointe Ouest de l'Île Triélen.
De quel côté du Diamant faut-il voir les Cheminées pour être dans le Sud de la basse occidentale des Pierres-Noires et du Boufouloc (0^m6) ?	à droite.
De quel côté des Cheminées faut-il voir le phare de St-Mathieu, ou les Rospects, pour être dans le Sud du Diamant ?	à droite.

Marque de travers de la basse de la Recherche ($\overline{2^m}$). . la Siége par le Cromic, ou l'Ile Litiry par le pic oriental de la Siége.

Etant parvenu dans le Sud des Pierres-Noires, c'est-à-dire le phare de St-Mathieu restant à peu près à l'E. (E.N.E.), route à suivre pour venir chercher les marques de l'Iroise (le phare du Portzic ouvert d'une voile à droite du phare du Minou), ou, au moins, jusqu'à ce qu'on relève le phare de St-Mathieu à l'E.N.E. (N.E.). .

Le phare de St-Mathieu restant à l'E.N.E. . . . . . incliner plus ou moins la route vers l'Est, entre le S.E. 1/4 S. et le S.E 1/4 E., suivant la direction du vent et celle du courant.

porter sur le phare de St-Mathieu jusqu'à ce que le phare du Portzic, vu à l'Est un peu Sud (E.N.E.), soit ouvert d'une voile à droite du phare du Minou.

Cet alignement, dans lequel on peut se mettre dès qu'on aperçoit les marques, conduit sûrement jusque dans le Goulet.

Donnant dans l'Iroise avec flot et faible brise, de quel côté se tenir de préférence afin d'éviter d'être porté sur les dangers par le courant?

se tenir dans la partie Sud de l'Iroise, jusqu'à ce que, la pointe de Kermorvan étant cachée par celle de St-Mathieu, on ait le courant de flot par l'arrière.

De quel côté du *Ranvel*

faut-il voir le *Diamant* pour être certain que l'on passe au large de la *basse Large* (0^m) et de la *basse Royale* $\overline{7^m4}$) ?
Marque de travers :

de la basse Large. . . . . à gauche.

de la basse Royale . . . . l'île Morgol par l'extrémité Sud-Ouest de Béniguet.

le Bosseman de l'Ouest par l'extrémité Nord-Est de Béniguet.

La Vandrée ($\overline{2^m}$) :

marque de long. . . . . le clocher de Crozon un peu à gauche de la Fourche (Tas de Pois).

marque de travers. . . . le Bosseman de l'Est par l'extrémité Nord-Est de Béniguet.

Alignement dans le Sud duquel sont situés tous les dangers qui limitent l'Iroise vers le Sud. . . . . l'extrémité Sud des lignes de Kélern par la pointe du Grand Gouin.

Il faut donc, pour éviter ces dangers, tenir l'extrémité Sud des lignes de Kélern ouverte à gauche de la pointe du Grand Gouin.

Si, *de nuit,* étant parti de 2 milles dans le Sud-Ouest de la Jument, on a jugé prudent de ne gouverner qu'au Sud (S.S.E.) . . . . porter sur le feu de l'île de Sein dès qu'on l'aperçoit et jusqu'à ce que le feu de St-Mathieu reste à l'E.N.E.

En louvoyant :
Relèvement dans l'Est duquel il faut maintenir le phare d'Ouessant, en courant la bordée de l'Est entre la *Jument* et la *basse occidentale* des *Pierres-*

Noires, avant d'apercevoir l'île Molène ouverte à droite du rocher *Ar-Men-Guen-Gondichoc* (*qui est le seul ne couvrant jamais dans l'O.N.O. de Molène*), ou le phare de St-Mathieu, au S.E. 1/4 E. environ (E. 1/4 S.E.), ouvert à droite de l'île Béniguet..........

N E. 1/4 N. ou N.N.E. 1/2 E.

L'île Molène étant vue à droite du rocher *Ar-Men-Guen-Gondichoc*, ou le phare de St-Mathieu étant vu, au S.E. 1/4 E. environ (E. 1/4 S.E.), à droite de l'île Béniguet, relèvement dans l'Est duquel il faut avoir soin de maintenir le phare d'Ouessant jusqu'à ce qu'on ait doublé la *basse occidentale des Pierres-Noires*, c'est-à-dire jusqu'à ce qu'on aperçoive les *Cheminées* à droite du *Diamant*, ou avant de relever le phare de St-Mathieu plus près de l'Est que l'E. 1/4 S.E. ....

N. 1/4 N.E. ou N. 1/2 E. tout au plus (N. 1/4 N.O. ou N.N.O. 1/2 N.).

Directions, par rapport au phare de St-Mathieu, entre lesquelles il n'existe qu'un seul danger sous plus de 7 mètres d'eau (la basse Royale)..........

dans toutes les directions comprises, entre l'O. 1/4 S. O. et le S.O. 1/4 O. (S.O. 1/4 O. et S.S.O.) du phare de St-Mathieu.

Dangers compris entre les directions données par le phare de St-Mathieu relevé au N.E. 1/2 N. et au N. 1/4 N.E. (N.N.E. 1/2 N. et N. 1/4 N.O.). . . . . la Vandrée ($\overline{2^m}$), la basse de l'Astrolabe ($\overline{8^m4}$), le Goémant ($\overline{9^m}$) et la basse de l'Iroise ($7^m\overline{4}$).

Étant parvenu dans le Sud de la Chaussée des Pierres-Noires, limite des bordées :

vers le Nord-Ouest . . . . le phare de St-Mathieu tenu plus vers le Nord que l'E. 1/4 N.E., surtout si Ouessant reste plus vers l'Ouest que le Nord.

vers le Sud-Est. . . . . . le phare de St-Mathieu tenu plus vers l'Est que le N.E.

Étant parvenu dans le Nord de la direction donnée par le phare (*à feu rouge*) de la pointe du Toulinguet relevé à l'E.S.E. (Est), limites des bordées :

vers le Sud. . . . . l'extrémité Sud des lignes de Kélern tenue ouverte de la pointe du Grand Gouin, ou le phare du Toulinguet tenu plus vers le Sud que l'E.S.E.

vers le Nord. . . . . le phare du Minou plus vers l'Est que l'E. 1/2 S. (E.N. E. 1/2 E.).

de nuit.. . . . . conserver le feu de Kélern (1) en vue.

(1) Le feu *fixe* de Kélern est établi sur la côte Ouest de la presqu'île de Kélern, près du fort des Capucins. Il a une portée de 10 milles et éclaire un arc de 18° libre de tout danger.

Ce feu sert, en le conservant toujours en vue, à faire éviter au Sud de l'Iroise la *Vandrée* ($\overline{2^m}$), la *Parquette* (6^m) et le *Trépied* (6^m); et au Nord, le *Coq* ($\overline{1^m4}$) et la *Basse Beuzec* ($\overline{1^m6}$).

Le feu de Kélern sert aussi à indiquer la direction dans laquelle se trouve la roche les Fillettes : une échappée de lumière est dirigée sur ce danger.

Ayant amené le phare de St-Mathieu plus vers l'Ouest que le N. 1/4 N O. (N.O. 1/4 N.), limites des bordées :

vers le Sud . . . . les lignes de Kélern un peu ouvertes à gauche de la pointe du Grand Gouin.

vers le Nord . . . . le phare du Portzic ouvert d'une voile à droite du phare du Minou.

de nuit . . . . conserver le feu de Kélern en vue.

Le phare de Saint-Mathieu restant dans l'Ouest du N.O. 1/2 N. (O.N.O. 1/2 N.), limite des bordées :

vers le Sud.. . . . . le phare du Portzic ouvert de la pointe Nord - Ouest de Kélern.

vers le Nord. . . . . le phare du Portzic par le phare du Minou.

Passages entre les roches qui limitent l'Iroise vers le Sud (1).

PASSAGE DU CORBEAU.

Profondeur de l'eau dans le passage du Corbeau. . . . 17 mètres au moins.

Condition nécessaire pour pouvoir donner dans ce passage. . . . . avoir vent sous vergues.

De quel côté du *Corbeau* faut-il passer ?. . . . : . . . . dans l'Est, le ranger de près.

Route à suivre. . . . . . . N.N.E. ou S.S.O. (Nord ou Sud).

Dangers qu'on laisse :

dans l'Ouest. . . . . le *Corbeau* (4^m5), la *basse Louzaouennou* (0^m3) et le *Trépied* (3^m).

______

(1) Ces passages ne sont pas habituellement fréquentés, mais ils peuvent être utiles à l'occasion.

dans l'Est. . . . .   la *basse Pontchou* (2ᵐ) et le *Corbin* (toujours hors de l'eau).

PASSAGE DU PETIT-LEAC'H.

profondeur de l'eau dans le passage du Petit-Leac'h.   un peu plus de **46** mètres.

condition nécessaire pour pouvoir donner dans ce passage. . . . .   avoir vent sous vergues.

direction à suivre. . . . .   E.N.O. ou O.S.O.

Le sommet de la route de Paris (*qu'on voit sur les hauteurs en arrière de Brest*) tenue exactement au milieu du Goulet, ou le phare du Toulinguet ouvert d'une voile à gauche du gros rocher Toulinguet.

Dangers entre lesquels cette direction fait passer. . . . .   dans l'Ouest : la basse *Louzaouennou* ($\overline{6^m3}$), le *Corbeau* ($\underline{4^m5}$) et le *Petit-Leac'h* $\underline{2^m5}$), et dans l'Est : la basse du Sud ($\overline{0^m6}$), le Pelen ($\underline{7^m}$), la basse Mendufa ($\overline{2^m3}$) et les rochers Toulinguet.

Basse à éviter en donnant dans le chenal du Petit-Leac'h, en venant de l'Ouest.   la basse de l'Iroise.

Basse de l'Iroise ($\overline{7^m4}$). .   ses marques sont : le moulin de Roscanvel (*le plus Sud de tous les moulins de la presqu'île*) par celui des rochers situés à la pointe du Toulinguet qui est le plus avancé vers le Nord, et la pointe de Lansmarc'h par le sommet du Ménéhom.

ANSE DE BERTHEAUME.

Mouillage hors de l'action des courants :

abrité contre les vents de Nord-Ouest. . . . . . . par un peu plus de 9 mètres, fond de sable, dans les marques suivantes : le château de Bertheaume par la pointe de Crearc'hmeur, et la pointe du Grand Minou par le milieu du fort de Cornouailles.

abrité contre les vents de Nord-Est. . . . . par 14 mètres, dans les marques suivantes : les roches les Cheminées par la pointe de Crearc'hmeur, et le fort de Cornouailles par la pointe du Grand Minou.

Relèvement du feu du Toulinguet conduisant, *de nuit*, dans l'anse de Bertheaume en passant à mi-distance entre le château de Bertheaume et la pointe du Grand Minou. . . . . S. (S. 24° E.).

Dangers à éviter en venant chercher l'anse de Bertheaume

le Coq (1^m4) et la basse Beuzec (1^m6).

Éviter le Coq et en passer :
au large. . . . . tenir la pointe Sud-Ouest de Béniguet ouverte en partie à gauche des Rospects.

dans le Sud-Est. . . . . . tenir le rocher sur lequel est élevé le fort Bertheaume entièrement dégagé de la pointe de Crearc'hmeur.

dans l'Est. . . . . la Balise (1) ouverte à gauche des pignons de Kéravel.

à terre. . . . . fermer Béniguet par St-Mathieu et faire route le long de terre en tenant les sa-

---

(1) Cette balise (pyramide en pierre qu'on aperçoit sur la côte), tenue entre les deux Pignons de Kéravel, conduit sur le Coq; elle indique donc le travers de ce danger.

	bles de la partie Est de l'anse de Bertheaume ouvrant et fermant avec la pointe de Crearc'hmeur.
dans le Nord-Ouest. . . .	tenir le château de Bertheaume caché par la pointe de Crearc'hmeur.
dans l'Ouest.	tenir la Balise à droite des pignons de Kéravel.
basse Beuzec : ses marques.	le sémaphore de Saint-Mathieu par le phare, et le château de Bertheaume au Nord du monde.
en passer dans le Nord. .	cacher le rocher Mengam par la pointe du Petit Minou.
en passer dans le Sud. . .	tenir la partie Sud-Ouest de Béniguet ouverte de deux voiles à gauche des Rospects, ou le phare du Portzic ouvert d'une voile à droite de celui du Minou.

DE L'ANSE DE BERTHEAUME A L'ANSE DE CAMARET.

Marque faisant passer dans l'Ouest des *Fillettes*.	le rocher Liéval ouvert à droite de la pointe des Capucins.
	Le feu de Kélern, au moyen d'une échappée de lumière, indique la direction dans laquelle se trouve la roche les *Fillettes* (1).

ANSE DE CAMARET.

Vents contre lesquels est abrité le mouillage dans l'anse de Camaret	ceux du N.E. au S.O. passant par le Sud.

_____

(1) Voyez au bas de la page 196.

Mouillage habituel des grands navires . . . .
par 9 à 11 mètres d'eau, dans les marques suivantes : le phare de Saint-Mathieu par la pointe du Grand Gouin et l'église de Camaret vue entre le fort et la chapelle de Roche-Madou.

Mouillage avec des vents d'amont. . . . .
tout le long de la côte Ouest de la presqu'île de Kélern.

Relèvement du phare de Saint-Mathieu faisant éviter la pointe du Grand Gouin. .
N.O.1/2O.(O.N.O.1/2O.), ou à l'Ouest de ce relèvement.

Relèvement du feu du Minou conduisant au milieu de l'anse de Camaret, et faisant passer à mi-distance entre la pointe du Grand Gouin et la côte Ouest de la presqu'île de Kélern. . . . .
N. (N.N.O.).

Passage du Toulinguet.

Venant du Nord :
Marque à tenir pour éviter la *Louve* (5ᵐ), roche de 1/2 marée, située à petite distance dans l'Ouest de la pointe du Toulinguet, et sur laquelle il n'y a jamais plus de 5 mètres d'eau.
le donjon du fort Mengam ouvert à gauche des roches qui terminent la pointe du Toulinguet, ou la pointe du Grand Gouin, ouverte de la pointe du Toulinguet.

Direction à suivre après avoir doublé la Louve. . . .
S.S.O., sur le Tas de Pois le plus Ouest.

Route à suivre après avoir dépassé le travers des Rochers

Toulinguet, pour passer à mi-distance entre la *basse du Sud* et le Tas de Pois le plus Ouest. . . . .   S.O. 1/4 S.

Venant du Sud :

Relèvement auquel il faut amener et tenir le Tas de Pois le plus Ouest pour suivre la direction du passage.. . . . .   S.S.O.

Marque à ouvrir promptement, après avoir dépassé le travers du Pohen (1), pour éviter la Louve. . . . .   le donjon du fort Mengam à gauche des roches qui terminent la pointe du Toulinguet.

Passage à l'Ouest des Rochers Toulinguet.

PASSAGE DU LEACH.

Direction à suivre.   . . .   le clocher de Beuzec, au S. (S. 25° E.), par le Tas de Pois le plus Ouest, ou le bas du cap la Chèvre, au S. 25° E. du monde, par la Fourche.

Dangers qu'on laisse dans l'Ouest . . . .   la basse du Sud, le Pelen, la basse Mendufa, le Petit Leac'h et le Corbin.

Quand peut-on venir sur Tribord :

venant du Sud ? . . . . .   lorsque le phare du Toulinguet ouvre à gauche des Rochers Toulinguet.

venant du Nord ? . . . . .   lorsqu'on a dépassé le rocher Pelen de 5 encablures.

---

(1) Le Pohen est le plus Nord des Rochers Toulinguet.

Du Toulinguet a la baie de Douarnenez et au raz de Sein.

Route à suivre pour atteindre le Raz de Sein après avoir dépassé le travers des Tas de Pois. . . . .   S.O.

Marque de direction à suivre. . . . .   le feu du Petit Minou un peu ouvert à gauche du feu de la pointe du Toulinguet.

Alignement à ne pas dépasser vers l'Ouest . . . . .   celui donné par le feu du Petit Minou vu par les *Rochers Toulinguet*.

Marque de long. vers le Nord, de la *basse Ménéhom* : Tête du Nord-Est ($\overline{6^m}$). . .   le fort Mengam au N. 28° E. du monde, entre le *Pelen* et les *Rochers Toulinguet*.

On est par le travers de la Tête du Nord-Est quand le sommet du *Ménéhom* est par le milieu de la pointe de Dinant.

Tête du Sud-Ouest ($\overline{4^m}$). .   le fort Mengam ouvrant à gauche du *Pelen*.

Passer au large :
du *Chevreau* ($\overline{7^m}$), du *Bouc* ($\overline{7^m}$), de la *basse du Bouc* ($\overline{11^m}$) et de la *basse Vieille* ($\underline{1^m6}$). . .   tenir la pointe du Toulinguet ouverte à gauche du Tas de Pois le plus Ouest.

du *Chevreau*, du *Bouc* et de la *basse Vieille*, mais à terre de la *basse du Bouc*, que l'on doit éviter de traverser quand la mer est grosse. . . . .   tenir le Pohen ouvrant du Tas de Pois le plus Ouest.

au large du *Chevreau*, mais à terre du *Bouc* et de la *basse Vieille*. . . — tenir le sommet du Rocher Toulinguet entre les deux Tas de Pois les plus Ouest.

Quand peut-on venir se mettre dans cette dernière marque ? . . . . — après avoir dépassé le travers du *Chevreau*.

Marque de travers du *Chevreau*. . . . . - le clocher de Crozon par la pointe de Dinant.

Passer au Nord du *Chevreau* et de la *Chèvre* (7^m). . . . . — tenir le clocher de Crozon à gauche de la pointe de Dinant.

Passer au Sud de ces deux dangers . . . . — tenir le clocher de Crozon à droite de la pointe de Dinant.

Marque de travers du *Bouc*. — le moulin Rostudel (*le plus voisin de l'extrémité du cap la Chèvre*) à l'Est du monde.

Sa marque de long . . . . . — le Tas de Pois le plus Ouest par le sommet des Rochers Toulinguet, ou le Pohen un peu à droite du Tas de Pois le plus Ouest.

Marque de travers de la basse Vieille . . . . — le moulin de Keridizient par Men Cos (*gros rocher ne couvrant jamais, situé à l'Est du cap la Chèvre*).

Sa marque de long . . . . — le Tas de Pois le plus Ouest cachant la partie Ouest des Rochers Toulinguet.

Marque faisant éviter la basse Vieille et en passer :

dans le Nord-Ouest. . . .	le moulin de Keridizient à gauche de Men Cos.
dans le Sud-Est.	le moulin de Keridizient à droite de Men Cos.
dans l'Ouest	les rochers Toulinguet à gauche du Tas de Pois le plus Ouest.
dans l'Est.	les rochers Toulinguet à droite du Tas de Pois le plus Est.
Côte comprise entre la pointe de Dinant et l'île Guénéron	cette côte est saine, on peut s'en approcher à la sonde. On peut y mouiller par 16 mètres, fond de sable gris.
Mouillage entre l'île Guénéron et le cap la Chèvre. .	à 2/3 de mille de la côte, dans le Sud de l'île Guénéron, et dans les marques suivantes : Le Rocher Toulinguet par le plus Est des Tas de Pois; Le sommet de l'île Guénéron par le moulin Blanc; La pointe de Lansmarc'h vue entre le moulin de Dinant et celui de Keréon.

BAIE DE DOUARNENEZ.

Passer dans l'Ouest du haut-fond nommé : *Chaussée du cap la Chèvre*, sur lequel la mer est dure quand il vente.	tenir les Rochers Toulinguet ouverts à l'Ouest du Tas de Pois le plus Ouest.
Marques de la *basse Laye* (0m3)	la pointe St-Ternot par la pointe de Morgat; le corps

de garde de la pointe de Morgat ouvert de 1/2 quart à droite de Men Cos; l'extrémité Nord de l'Ile Tristan vue un peu à gauche de la pointe Léidé; le clocher de Plouaré un peu à droite de cette même pointe; la pointe Tréboule (*sur laquelle est un moulin*) par la Pierre Profonde et les Verrès; la roche le Bouc un peu ouverte à l'Ouest des roches qui s'avancent au Sud-Ouest du cap la Chèvre.

On ne doit pas s'engager à terre de la basse Laye.

Direction **à** suivre après avoir doublé la basse Vieille et la basse Laye, pour atteindre le mouillage dans l'anse de Morgat . . . . . . le clocher de Crozon tenu au N.N.E.

Mouillage. . . . . dans le Sud environ du clocher de Crozon et dans le Nord-Ouest de la Pierre Profonde et des Verrès (*qui ne couvrent jamais entièrement*)

Le Taureau (1^{me}G). . . . . ses marques sont : les plus hautes roches des Verrès vues entre le sommet du Ménéhom et le corps de garde de la pointe du Bellec; un petit village situé dans le Nord-Est de l'île Laber vu entre l'extrémité Nord de cette île et la chapelle St-Laurent; un autre hameau vu entre la pointe Sud de l'île Laber et le rocher de Laber.

	Le Taureau gît Nord et Sud de la Pierre Profonde et Est et Ouest des Verrès.
Le Rip ($\overline{9^m}$)	se trouve dans les marques suivantes : la Pierre Profonde par le clocher de Poullan et le sommet du Ménéhom par la pointe de Penarvir.
Mouillage de Douarnenez.	sur la côte Sud, au fond de la baie, en face de la première plage de sable que l'on rencontre de ce côté.
Éviter les basses situées entre l'île Tristan et la pointe Léidé	tenir la pointe de la Jument ouverte de la pointe de Léidé tant que le clocher de Plouaré n'est pas vu à gauche de l'île Tristan.
Pointe du Van (*pointe Sud de la Baie de Douarnenez*) .	cette pointe forme, du côté de l'Est, la pointe Nord du *Passage du Raz de Sein*.
Rocher le Van.	gros rocher ne couvrant jamais, situé à la pointe du Van.
Rocher le Ch'lec.	gros rocher ne couvrant jamais, situé, à la pointe du Van, plus vers le large que le rocher le Van.
Éviter : la basse Jaune (($\overline{0^m0}$) . . .	tenir le *Bec du Raz* ouvert de la pointe du Van.
la basse Burel ($\underline{0^m}$)	tenir la pointe Brézellec ouverte du Van jusqu'à ce que la chapelle St-They (1) soit vue à droite de l'île St-They (2).

---

(1) La chapelle Saint-They est située, sur le bord de la falaise, à petite distance dans le Sud de la pointe du Van.

(2) C'est un petit îlot situé, presque à toucher terre, entre la chapelle Saint-They et la pointe du Van.

la basse Burel; la Basse du Nord-Ouest ($4^m\overline{5}$); le Cornoc-an-Tréas (0^m6).

tenir le sommet du Ménéhom à gauche du Ch'lec et du Van, ou le Van à gauche du Ch'lec, jusqu'à ce que le clocher de Plougof soit détaché à droite de la pointe Nord de l'anse des Trépassés et paraisse au-dessus du sable à la partie Nord de cette anse.

DE LA POINTE SAINT-MATHIEU AU RAZ DE SEIN.

La route; — la distance . S.S.O.; 46 milles.

Direction du courant à l'Ouest de la baie de Brest. le flot porte E.N.E. et le jusant O.S.O.

Passer dans l'Ouest de la Vandrée ($\overline{2^m}$) . . . . tenir les deux Bossemans à droite de l'extrémité Nord-Est de Béniguet.

Marque de travers de la Vandrée. . . . . le moulin de Lochrist par Notre-Dame-de-Grâce de St-Mathieu, ou encore, la tour de Crozon ouvrant à gauche de la Fourche (1).

Alignement dans l'Ouest duquel il faut se maintenir pour éviter la *basse de l'Iroise* ($\overline{7^m4}$) le phare de St-Mathieu par le moulin de Lochrist: cet alignement mène directement sur la basse de l'Iroise. Le Bosseman de l'Ouest ouvert à droite de l'extrémité Nord - Est de Béniguet, comme pour la Vandrée, fait passer au large de cette basse.

___

(1) La Fourche est une roche à deux cornes, située entre les deux Tas de Pois les plus au large, et qui est moins élevée que ces rochers.

Passer dans l'Ouest de la *Parquette* (6ᵐ), lorsque la Vandrée et les autres basses situées dans l'Ouest de la Parquette ne sont pas à craindre.	tenir le phare de Kermorvan à gauche de celui de St-Mathieu.
Marque de travers de la Parquette	les murs de la forteresse de Kélern par la pointe du Grand Gouin, ou Pohen vu entre la pointe du Toulinguet et les Rochers Toulinguet.
Basse du Lis (1ᵐ52) . . .	ses marques sont : le moulin St-Sébastien (*le second à partir du Nord sur la presqu'île de Kélern*) par le sommet des Rochers Toulinguet ; la route de Paris par la pointe du Portzic ; le Tas de Pois le plus Ouest au N. 68° E. du monde.

Passage du Raz de Sein.

La Vieille.	grosse roche, ne couvrant jamais, située à 1 mille 1/2 environ dans l'Ouest du Bec du Raz.
La Plate (3ᵐ)	située à environ 1/2 encablure dans l'Ouest de la Vieille. elle couvre à 2 heures de montée et découvre à 4 heures de baissée. quoique couverte, elle est reconnaissable par un fort remous.
Rocher Gorlégréiz.	seul rocher ne couvrant jamais qui soit entre la Vieille et la pointe du Raz.

Venant du Nord avec vent sous vergues et jusant :

distance à laquelle il faut se trouver du Tévennec quand on le relève à l'Ouest pour ne pas courir le risque d'être porté par le jusant sur les *Barillets* (1^m). . . . . . . 2 milles au moins.

Que faire :

dès qu'on relève les Barillets à peu près à l'O. 1/4 N.O. (O. 1/4 S.O.)? venir sur tribord, le cap au S.O., afin d'éviter d'être porté sur la *Plate.*

dès qu'on est Est et Ouest de la *Plate*, c'est-à-dire dès que la pointe du Raz commence à ouvrir à droite de la *Vieille?* . venir sur bâbord et se mettre de suite dans le Sud vrai de cette roche, afin d'éviter d'être porté sur Cornoc Bras ($\overline{3^m3}$),

se déhaler dans l'Est de la pointe du Raz dès qu'on a doublé cette pointe.

Précaution à prendre si la brise est molle . . . .

Mais si la vitesse du navire permet de gouverner à une route donnée, passer :

entre Cornoc Bras ($\overline{3^m3}$) et la Tête du Chat (1^m). . tenir le rocher le Van par la Vieille.

entre Cornoc Bras et Masclougréiz ($\overline{9^m}$). . . . . . tenir le Van par le rocher Gorlégréiz.

entre Masclougréiz et la basse Ar c'harn ($\overline{9^m3}$), passage le plus ordinairement fréquenté. . . . tenir le Tévennec très-peu à gauche de la Vieille.

entre la basse Ar c'harn et les Ninkinou ($\overline{4^m}$). . . .

tenir le Tévennec par la partie Ouest du Gorlégréiz.

entre les Ninkinou et la basse Piriou ($\overline{9^m}$). . . .

tenir le rocher Coumoudoc (qui a la forme d'une meule de foin) par la pointe du Raz.

dans l'Est de la basse Piriou . . . .

tenir le rocher Coumoudoc ouvert à gauche du Gorlégréiz.

Où faut-il éviter de passer lorsque la mer est grosse? .

il faut, dans ce cas, éviter de passer, soit sur les plateaux, soit entre les basses qui sont dans l'Est de la basse Ar c'harn.

Venant du Nord avec vent debout et jusant :

Bordée qu'il faut prendre dès qu'on est parvenu à environ 2 milles dans le Nord de la Plate, afin d'éviter d'être porté sur cette roche par le courant . . . .

la bordée de l'Ouest.

Direction dans laquelle on doit éviter de prolonger ses bordées, tant qu'on se trouve dans le Nord de la Plate . .

dans l'Est.

Si, de beau temps, le flot venait à s'établir avant qu'on fût assez loin dans le Sud de la *Plate* et de *Cornoc Bras* pour ne pas craindre d'être renvoyé dans le Raz par le courant, que faudrait-il faire?

se déhaler, vers l'Est, dans la baie d'Audierne.

Se trouvant contraint de mouiller dans le Raz pour étaler une marée, où faudrait-il s'efforcer de le faire?

près de terre ; se tenir en appareillage.

Venant du Sud avec vent sous vergues et flot :

Direction dans laquelle il faut se placer de bonne heure en venant chercher le Raz . — la pointe du Raz au N.N.E.S (Nord).

Marque à prendre, du plus loin possible, dès qu'on a bien reconnu la terre et les dangers, si l'on est décidé à passer entre *Masclougréiz* et la *basse Ar c'harn* (passage ordinaire) . . . . — tenir le Tévennec un peu à gauche de la *Vieille.*

Distance à laquelle il convient de passer de la Plate si l'on craint le calme. . . . — une encablure.

Direction dans laquelle il faut se placer afin d'éviter d'être jeté sur la *Plate* par le courant portant au Nord. — dans le S.O. de la Plate.

La Vieille restant à l'Est ou à l'E. 1/4 S.E.. . . . . . — venir sur tribord, au N.E. 1/4 E.

Distance à laquelle il faut passer de la *Vieille.* . . . . — à 1/3 de la largeur du canal qui sépare cette roche des *Barillets.*

Relèvement auquel il faut amener le *Tévennec* pour ne plus avoir à craindre d'être jeté dessus par le courant. . — Ouest.

Venant du Sud avec vent debout et flot :

Direction des vents dans le passage, quand ils sont E. et E.S.E. dans le Sud du Raz. — droit debout, ils fraîchissent au N.E.

Précaution à prendre pour la voiture . . . . — se tenir prêt à manœuvrer, et, s'il vente un peu, prendre des ris de précaution.

Où se placer? . . . . à petite distance dans le Sud ou le S.E. du Bec du Raz.

Sous quelles amures s'engager dans le Raz? . . . . . tribord amures.

Distance à laquelle il convient de passer sous le vent de la *Plate* . . . . à ranger cette roche, si la brise est fraîche; prendre un peu plus de tour, si la brise est molle.

Limite de la bordée vers l'Ouest pour se maintenir dans le courant portant vers le N.N.E. et le N.E. . . . . . . 2/3 du canal à partir du continent.

Relèvement dans l'Est duquel il faut maintenir la Vieille en courant tribord amures. . . . . E. 1/4 S.E. (E. 1/4 N.E.), car on risquerait d'être jeté sur les Barillets si l'on continuait à courir les amures à tribord.

Limite des bordées dans la *Baie des Trépassés.* . . . cette baie est saine; on peut y virer à quelques encablures du rivage, tant qu'on aperçoit le clocher de Plougof par la grève de sable qui est dans l'anse des Trépassés.

Relèvement auquel il faut avoir amené le Tévennec, pour qu'il n'y ait plus lieu de craindre d'être porté dessus par le courant, et pour pouvoir par conséquent prolonger la bordée de l'Ouest. Ouest.

PASSAGE ENTRE L'ILE DE SEIN ET LE PLATEAU DE TÉVENNEC.

Circonstances dans lesquelles ce Passage est utile . . .	quand la mer est très-grosse dans le Raz.
Marque faisant passer entre l'Ile de Sein et le plateau de Tévennec	la Vieille par le rocher Coumoudoc.
Marque faisant passer : dans le Sud-Est des *Barillets*.	les roches noires qui s'avancent au large de la pointe Brezellec vues par le C'hlec et le Van.
dans le Sud de la *basse Plate*	le rocher Coumoudoc (*qui a la forme d'une meule de foin*) un peu ouvert à droite du rocher Gorlegreiz.
dans l'Ouest du plateau de Tévennec	le signal de l'Ile de Sein ouvrant à droite d'Ezaudi (*gros rocher remarquable ne couvrant jamais*).
dans le Nord du plateau de Tévennec	la chapelle de St-They (sur la hauteur) par l'extrémité Nord des sables de la baie des Trépassés.
Marques : de la basse Moudénou (7^m3)	le signal de l'Ile de Sein, au S. 47° O. du monde, vu à toucher dans l'Ouest les rochers Ezaudi et Baselmet réunis ; le sommet du grand Tévennec, au S. 82° E. du monde, vu entre la chapelle St-They et le sémaphore de Kerharo.
de la basse Triton ($\overline{10^m}$) . .	le Van, au S. 76° E. du

monde, détaché de la pointe du Van.

CHAUSSÉE DE SEIN.

Alignement donnant la direction de la Chaussée . . .

le feu du Bec du Raz par celui de l'île de Sein.

Marque faisant éviter tous les dangers de la Chaussée et en passer :

dans le Nord . . . .

le phare du Bec du Raz à gauche de la *Vieille*.

dans le Sud . . . .

le phare du Bec du Raz à droite de l'île de Sein.

Se trouvant, *de nuit ou avec de la brume*, dans le Sud de la Chaussée de Sein, doubler la Chaussée par l'Ouest au moyen de la sonde.

ne pas courir Nord, c'est-à-dire ne pas s'approcher de la Chaussée, par une profondeur d'eau moindre que 100 mètres.

Dès que la sonde indique cette profondeur d'eau, porter vers l'Ouest jusqu'à ce qu'on soit par un plus grand fond. Revenir ensuite vers le Nord jusqu'à retrouver le fond de 100 mètres, et ainsi de suite.

En continuant de la sorte à courir alternativement Nord et Ouest, on sera certain d'avoir doublé la Chaussée lorsque, courant Nord, les fonds iront en augmentant.

Du raz de Sein a la pointe de Penmarc'h.

La route; — la distance. — S.S.E. un peu Sud; 24 milles.

Marque faisant passer dans le Sud de la Gamelle (1^m6). — la pointe du Raz ouverte à gauche de la pointe de l'Ervilly.

Seul point de la partie de côte comprise entre la pointe du Raz et celle de Penmarc'h, où un navire de moyenne grandeur, affalé sans pouvoir gagner le port d'Audierne ni doubler les Roches de Penmarc'h, pourrait faire côte avec chance de sauver son équipage . . . . — l'anse de la Torche, laquelle forme l'extrémité Sud-Est de la baie d'Audierné.

Distance à laquelle s'étendent vers le Sud-Est les dangers qui entourent la pointe de Penmarc'h de tous côtés. — 4 milles.

Dangers les plus Sud de cette Chaussée . . . . — la basse des Chiens de Mer et les Putains.

Passer dans le Sud-Ouest de la basse des Chiens de Mer.. . . . . — tenir le phare de Penmarc'h détaché à gauche des Etocs.

Marque de travers de cette basse.. . . . . — le rocher Réissant par le sommet des roches les Fourches.

Passer dans le Sud-Est des Putains. . . . . — tenir les deux gros rochers Réissant et Enizan l'un par l'autre.

Marque de travers de ces roches. . . . . — le phare de Penmarc'h ouvrant à droite des Fourches.

Distance à laquelle, venant du Nord, il est prudent de passer dans le Sud de l'Ile Nona . . . .   2 milles.

Route à suivre, partant de deux milles dans le Sud de l'Ile Nona, pour parer tous les dangers.. . . . .   S.E. (E.S.E.).

ILES DES GLÉNANS.

Basses du Groupe des Glénans dont il est prudent de se tenir éloigné . . . .   la basse Perenès, la Jument et les basses Laouenou. Elles sont dans le Sud des Glénans, et pour les éviter il faut passer à 4 milles des roches.

Basse Perenès ($\overline{9^m,5}$). . . . .   dangereuse de mauvais temps seulement. — Ses marques sont : le sémaphore de la pointe de Beg-Meil par l'Ile aux Moutons et le fort Cygogne par l'Ile Quignenec.

La Jument ($\underline{0}$). . . . . . .   a plusieurs têtes, dont une découvre. Ses marques sont : la montagne de Locrenan vue un peu à l'Est de Men-Cren, la grève de sable de l'Ile Guériden ouvrant à droite de l'Ile du Loch, Deuzerat (2 rochers) par la pointe Est de Castel Bras.

Basse Laouenou ($\overline{10^m}$). . .   dangereuse de mauvais temps seulement. Ses marques sont : Men Skey par la partie Est de Penfret et le Ruolh vu entre le fort Cygogne et l'Ile du Loch.

Mouillage :

sous l'Ile St-Nicolas. . . . | au Nord de l'île, par 19 mètres, bonne tenue.

sous l'Ile Penfret . . . . . | à l'Est et au Nord-Est de l'île, à moins d'un mille, par 19 mètres, fond de sable vaseux.

PASSER DANS LE NORD DES GLÉNANS, VENANT DE L'OUEST.

Direction à suivre. . . . | relever l'Ile aux Moutons à l'Est (E.N.E.), et gouverner dessus.

Précaution à prendre avant d'arriver par le travers de la basse Rouge (2^m). . . . . . | amener le rocher Trévarec par la partie Nord de l'Ile aux Moutons et gouverner de manière à ranger Trévarec dans le Nord.

Route à suivre dès que l'on est arrivé dans le Nord de Trévarec. . . . . | E.N.E.

Marque de travers de la basse Rouge . . . . | les deux feux de l'Odet l'un par l'autre.

PASSER ENTRE L ILE AUX MOUTONS ET LES POURCEAUX, VENANT DE L'OUEST.

Marque indiquant qu'on est dans l'Ouest de la basse Rouge. . . . . | Castel-Bras engagé sur la partie Ouest de l'Ile du Loch.

Marque indiquant qu'on est dans l'Ouest de tous les dangers attenants aux Glénans. . | la pointe de Beg-Meil (reconnaissable par son sémaphore et un menhir) ouverte à gauche de l'Ile aux Moutons.

Direction à suivre pour passer entre l'île aux Moutons et les Pourceaux.	le feu de la Croix ouvert d'une voile à gauche de celui de Beuzec.

PASSER ENTRE LES POURCEAUX ET LA CHAUSSÉE DE PEN-AR-RINCK, VENANT DE L'OUEST.

Alignement indiquant la direction à suivre dans ce passage	le phare de Penfret se détachant à gauche des rochers et îlots situés dans l'Ouest.

PÉNÉTRER DANS LA BAIE DE LA FORÊT, VENANT DU SUD.

Marque de la basse Jaune (0^m3)	le fort Cygogne par Castel-Raet (Penfret) et l'Ile Verte ouvrant à droite de l'Ile Raguenès.

Passer :

dans le Nord de la basse Jaune	tenir l'Ile St-Nicolas détachée à droite de l'Ile Penfret.
entre la basse Jaune et les Glénans.	tenir l'Ile aux Moutons ouverte à droite de l'Ile Penfret.
Marque faisant passer dans l'Est de tous les dangers situés à la partie Sud-Est du groupe des Glénans	le phare de Penfret détaché à droite de Men-Skey, c'est-à-dire de toutes les roches situées dans le Sud de ce phare.
Marque faisant passer dans l'Est des Pourceaux.	les tours à feu de l'Odet à

droite de l'Ile aux Moutons, ou le fort Cygogne par l'Ile Bananec.

Cette dernière marque conduit dans l'alignement à suivre pour entrer à Concarneau (les tours à feu de Beuzec et de la Croix l'une par l'autre).

Marque indiquant qu'on est dans l'Ouest des Soldats et du Corven de Trévignon. . .

le sommet Ouest de la montagne de Locrenan à gauche de la pointe de Beg-Meil, ou encore, la tour à feu de Beuzec à gauche d'une grande maison neuve située un peu au Nord de l'anse de Kerazos.

PÉNÉTRER DANS L'ANSE DE BENODET.

Venant de l'Ouest :
alignements aux points d'intersection desquels il faut venir se placer. . .

le phare de Pénmarc'h par le rocher Réissant et la batterie du Coq (sur la rive gauche de l'Odet) ouvrant à droite de la pointe de Combrit.

direction à suivre, partant de ce point d'intersection . . . .

N.E. (N.N.E.) environ, en tenant la batterie du Coq ouvrant à droite de la pointe de Combrit.

Cette marque conduit dans la direction des feux de l'Odet l'un par l'autre.

Marque de travers :
de la basse Roc'h-Hélou. .

le sémaphore de St-Oual oude la basse du Chenal. . .

le clocher de Plounéour sur la partie Sud de l'Ile Tudy.

vrant à droite du rocher Men-Du.

Venant du Sud-Est :
ayant doublé la basse Jaune (1) et se trouvant dans l'Est des Pourceaux.

contourner l'Ile aux Moutons par l'Est en tenant le fort Cygogne par l'île Bananec et amener le phare de Pen-fret par Pen-ar-Guern (*extrémité Est des roches qui terminent l'Ile aux Moutons*).

Marque indiquant la direc-tion à suivre pour venir se mettre dans l'alignement des deux feux de l'Odet.. . . . . .

le phare de Penfret par Pen-ar-Guern.

Se maintenir dans le Sud de la Chaussée de Mouster-lin. . . . .

conserver en vue, à droite de la pointe de Beg-Meil, deux petites grèves de sable blanc qui sont au Nord de Concarneau. (*Ces deux grè-ves, très-visibles, sont sé-parées par une langue de terre sur laquelle il y a un moulin.*)

Eviter la Chaussée de Beg-Meil. . . . .

tenir le clocher de Concarneau à droite de la tour à feu de la Croix, ou encore, le moulin du Bois, ou la mai-son du feu de Lanriec, par la tourelle du Cochon.

---

(1) Voir page 219, la direction à suivre pour doubler la basse Jaune.

DU NORD DES GLÉNANS A LA POINTE DU TALUT ET A GROIX.

Route à faire :
pour la pointe du Talut. . S.E. 1/4 E.
pour Groix . . . . S.E.

Marques de la roche *Men an Tréas*, le plus Sud des dangers situés dans les environs de l'île Verte. . . . . le clocher de Trémorvan par le milieu de l'Ile Raguenez, et la montagne de Locrenan vue à droite de la pointe et du fort de Trévignon.

En approchant de la pointe du Talut, éviter le Grand-Cochon et les Sœurs. . . . . tenir la pointe de Gavre ouverte à droite de celle du Talut.

ILE DE GROIX.

Mouillage dans le Nord de Groix . . . . en dehors de la basse des Bretons. Il y a beaucoup d'eau, mais le fond est de roche.

Meilleur mouillage . . . . dans la direction du clocher de St-Tudy par la pointe Ouest du fort Tudy, à environ 1/2 mille de terre.

Basse des Chats ($\overline{3^m}$) . . . située à près de 2 milles dans le S.E. de la pointe des Chats.

Marque faisant éviter la basse des Chats et en passer :
dans le Sud-Ouest . . . . . la pointe St-Nicolas ouverte à gauche de celle d'Enfer (*île de Groix*).

dans l'Est . . . . la tour de Lorient ouverte à droite de la citadelle du Port-Louis.

De Groix a Belle-Ile.

Passer au large des Pierres Noires (3ᵐ3). . . . . tenir le fort Penthièvre ouvert à droite de Men-Toul et de l'Ile Téviec.

Marque de travers des Pierres Noires. . . . . le clocher d'Ardevenne par le milieu de l'Ile Rôhellan.

Marque faisant éviter les Birvideaux (2ᵐ60) et en passer :

à terre . . . . la batterie de la pointe du Vieux-Château (*Belle-Ile*) ouverte à droite du sémaphore de Borderun, ou la pointe du Talut ouverte à droite de Groix, ou le phare de Belle-Ile ouvert à gauche de la pointe des Poulains.

au large . . . . la batterie de la pointe du Vieux-Château ouverte à gauche du sémaphore de Borderun, ou le phare de Belle-Ile bien ouvert à droite de la pointe des Poulains.

dans le Nord . . . . le moulin de Portivi à gauche de la pointe de l'anse de Portz-Guen.

dans le Sud. . . . . le moulin de Portivi à droite de l'anse de Portz-Guen.

BELLE-ILE.

Aspect sous lequel cette île se présente quand on l'aperçoit du large. . . . . . elle semble former trois îles qui se réunissent à mesure qu'on se rapproche. Le clocher de Bangor situé au milieu de l'île, ainsi que le phare, se voient de loin.

A quelle distance faut-il se tenir de la pointe des Poulains ?. . . . . à 1 mille au moins.

Passer à terre des *Bancs de Taillefer* . . . . tenir le clocher d'Hœdik à droite de l'Ile aux Chevaux.

Rade du Palais . . . . . . s'étend de la pointe Taillefer à celle de Kerdonis.

On y est abrité contre les vents du S.E. à l'Ouest passant par le Sud.

Alignement à terre duquel il ne reste guère plus de 3 m. d'eau sur un fond de sable. le moulin Kérézo à gauche du village de Samzun.

Mouillage sur la Rade du Palais. . . . . devant la ville. Le meilleur mouillage est par 9 à 13 mètres d'eau : la pointe des Poulains cachée par la pointe Taillefer, et la ville vue entre les deux môles.

Marque de la basse du Palais (8^m6). . . . . la partie la plus Ouest de la citadelle vue entre les 2 côtés du môle et le moulin de Kérézo vu par la partie Est d'une petite baie de sable située entre Samzun et le fort de la Biche.

Mouillage de Loc-Maria. . — à la partie Est de l'île. On y est abrité contre les vents du S.O. au N. passant par l'Ouest.

On peut mouiller très-près de terre, par 9, 13 et 14 mètres d'eau, en tenant la chapelle de Loc-Maria par le moulin de Loc-Maria.

Marques de la basse de la Rade (8ᵐ). . . . . — le moulin de Loc-Maria un peu ouvert à droite de la chapelle de Loc-Maria, et le rocher situé à la pointe de l'Echelle vu au S. 58° O. du monde.

Passage de la Teignouse.

Condition indispensable pour franchir le passage de la Teignouse. . . . . — il faut, venant de l'Ouest, que la direction du vent permette de porter à l'E.N. E. 1/2 N. puis à l'E. 1/2 S.

Venant du Nord, précaution à prendre jusqu'à ce qu'on soit dans les marques indiquant la direction à suivre . . . . — tenir le clocher d'Hœdik bien ouvert à droite des derniers rochers de la pointe Sud-Est de Houat.

Direction à suivre. . . . . — la pointe de Kerpenhir (*pointe Nord de l'entrée du Morbihan*) par la Teignouse ou le phare de Port-Navalo par celui de la Teignouse.

Dangers entre lesquels on passe en suivant cette direction . . . . dans le Nord-Ouest : Goué-Vas ($\overline{1^m3}$), la basse du chenal ($\overline{2^m6}$), Er-Pondeu ($\overline{3^m3}$), la basse Neuve ($\overline{2^m}$) et la Teignouse.

dans l'Est : les Esclassiers ($\overline{2^m6}$) et la Chaussée de Béniguet.

Marque de travers de *Goué-Vas* . . . . Loc-Maria par la pointe Beger-Vil.

Quand faut-il changer de route pour éviter la basse Neuve ? . . . . lorsque le fort Penthièvre ouvre à droite du fort Ribéron, ou la Balise à droite de la Pierre de Conguel.

Comment éviter alors la basse Neuve ? . . . . en gouvernant sur la pointe du Grand-Mont.

Venant du Sud-Est, alignement dans l'Est duquel il faut se maintenir jusqu'à ce que, la pointe du Grand-Mont restant à l'E. 1/2 S., on soit dans les marques du passage (1) . . . . le clocher de Loc-Maria par le phare de la Teignouse.

PASSAGE DE BÉNIGUET.

Conditions nécessaires pour pouvoir s'engager dans ce passage. . . . . une brise bien établie et per-

---

(1) Lorsque, gouvernant à l'O. 1/2 N., en tenant la pointe du Grand-Mont à l'E. 1/2 S., le fort Penthièvre arrive par le fort Ribéron ou la Balise par la Pierre de Conguel, il faut tenir par l'arrière la pointe de Kerpenhir par la Teignouse, ou le phare de Port-Navalo par la Teignouse. — L'une ou l'autre de ces deux dernières marques conduit en dehors de tous les dangers.

Passer dans le Nord-Ouest de la basse occidentale de la Chaussée de l'île aux Chevaux (5ᵐ) . . . .

Route à suivre pour donner à mi-chenal entre le *Grand-Coin* et *Men-er-Broc.*
Éviter la *Petite Basse de Houat* (6ᵐ6). . . . .

mettant de porter avec du largue au N.E. 1/4 E., si l'on vient de l'Ouest.

tenir le *Grand-Rouleau* par l'Ile Guric.

N.E. 1/4 E.

tenir Men-er-Broc par l'Ile Guric jusqu'à ce que la Vieille arrive par la pointe la plus Est de Houat (*pointe En-Tal*).

ILE DE HOUAT.

Mouillage dans le Sud de Houat. . . . .

le Grand-Coin ouvert à gauche de l'Ile Cenis, et le rocher Pel (*à la pointe Sud-Est de Houat*) ouvert de la pointe Nord-Est d'Hœdik.
Les courants ont peu de vitesse sur ce point; le flot porte N.O. et le jusant S.E.

PASSAGE DES SOEURS.

Pour donner dans ce passage :
condition nécessaire. . . .

il faut, venant du Sud, que la direction du vent permette de porter au N.E., puis à l'E. 1/4 N.E.

moment favorable. . . . .

de basse mer, afin d'apércevoir les dangers dont ce passage est parsemé.

direction à suivre. . . . .

le N.E. jusqu'à ce que l'église d'Hœdik arrive par la

pointe du Vieux-Château
(pointe N.O. d'Hœdik). —
Gouverner ensuite à l'E.
1/4 N.E.

ILE d'HŒDIK.

Mouillage.	dans le Nord de l'île; abrité contre les vents du S.E. au S.O. par le Sud.
Profondeur d'eau par laquelle on peut s'approcher de terre en venant, de jour, chercher ce mouillage	10 mètres 1/2.
Marques de ce mouillage :	
de jour	Er-Vas-ar-Vore par la pointe du Vieux-Château, et les Petits-Cardinaux par la pointe Beg–Lagatte.
de nuit	le feu d'Hœdik au S.S.O. et celui de Belle–Ile à l'O.N.O. 1/2 O. On y est par un peu plus de 15 mètres.

Baie de Quiberon.

Profondeur de l'eau sur les Bancs de Quiberon :	
moindre profondeur. . . .	2 mètres, à la partie Sud.
plus grande profondeur. .	un peu plus de 6 mètres.
Eviter :	
l'extrémité Sud des Bancs de Quiberon	tenir le phare de Belle–Ile à gauche de celui de la Teignouse.
leur extrémité Nord. . . .	tenir le clocher de Loc-Maria à droite de celui de Porta-liguen.
Alignement dans lequel se trouve celui de ces bancs qui est le plus avancé vers	

l'Est . . . . — le clocher de Plouharnel par celui de St-Colombant.

En louvoyant dans la baie de Quiberon, limite des bordées pour un grand navire :

entre l'île de Houat et la Teignouse. . . . . — le rocher la Vieille à droite des rochers situés à la pointe Est de l'île de Houat.

entre Portaliguen et le port d'Orange . . . . — la Teignouse ouverte à droite de l'île Glazic, ou encore la pointe Sud de la presqu'île de Quiberon ouverte de la pointe Est de Belle-Ile.

dans la partie Nord de la Baie . . . . — la pointe Beg-Rohu (de la presqu'île de Quiberon) ouverte du Sémaphore.

à la partie Nord-Est de la Baie . . . . — le clocher d'Ardevenne par celui de Carnac.

dans l'Est de la Baie de manière à éviter les basses situées devant le Morbihan, ainsi que celles qui sont dans l'Ouest des plateaux de Grand-Mont et de la Recherche. . . . — la chapelle Saint-Michel (près de Carnac) au N.N.O. ; ou le clocher d'Ardevenne par celui de Carnac.

Passer dans le Sud du plateau de la Recherche . . . — tenir le bois de Beaulieu ouvert à droite de l'île Dumet.

Alignement donnant une direction que l'on peut suivre d'une extrémité à l'autre de la baie de Quiberon. . . . . — les clochers d'Ardevenne et de Carnac l'un par l'autre.

Distance à laquelle il faut

se tenir des Cardinaux en les doublant par l'Est. . . . . . . à 1/2 mille au moins dans l'Est, et à 1 mille dans le Sud-Est pour éviter la basse des Cardinaux (5^m6).

Du Morbihan a l'Entrée de la Vilaine.

Marque faisant franchir la barre du Morbihan et passer dans l'Ouest de la *basse du Morbihan* ($\overline{4^m}$) et de la basse *Thumiac* ($\overline{7^m}$) . . . . le clocher de Badène très-peu ouvert à gauche de la pointe de Port-Navalo.

Eviter la *basse Saint-Gildas* ($\overline{0^m6}$) et la basse du *Grand-Mont* ($\underline{0^m}$) . . . . tenir l'église de Locmariaker un peu à gauche de la pointe de Port-Navalo.

Direction à suivre pour passer entre le plateau de la Recherche et l'île Dumet . . le Mur-Balise par la pointe de Kervoyal.

Alignement dans l'Ouest duquel on n'a rien à craindre sur la rade de Penerf. . . . le château de Succinio par une petite chapelle située sur la pointe de Penvins.

Marques de la *basse de Penerf* ($\overline{7^m}$). . . . . le clocher du Croisic un peu à droite de la pointe de Piriac ; le colombier du château de Succinio par le clocher de Sarzeau, et la pointe de Kervoyal par la chapelle dé Cromenar.

Limite Sud du *Plateau des Mâts* . . . . la chapelle de Penvins touchant le moulin Nord du Trest.

Sa limite Sud-Est . . . . .   le Mur-Balise par la pointe de Kervoyal.

Passer à terre de l'île Dumet . . . .   venant du Sud-Ouest, tenir le clocher de Pennetin entre l'île Belair et la pointe de Loscolo jusqu'à ce que la pointe du Croisic soit cachée par celle du Castelli ; gouverner alors sur le Mur-Balise, si l'on va dans la Vilaine, jusqu'à ce qu'on soit dans les marques indiquant la direction à suivre pour pénétrer dans cette rivière (1).

ATTEINDRE LA RADE DU CROISIC.

Passer dans l'Ouest de toutes les basses qui entourent la pointe du Castelli . .   tenir le bourg de Batz par la chaussée du passage qui est dans le Nord-Ouest du Croisic ou les deux feux de port du Croisic l'un par l'autre.

Passer dans le Nord du plateau du Four. . . . . . .   tenir le clocher de Guérande à gauche du village de Lenclie.

Eviter les basses qui entourent la pointe du Croisic.   tenir la pointe de Kervoyal ouverte de la pointe du

---

(1) Le Dôme de Prières par une petite anse de sable qui est dans l'Est de la pointe Penlan pour passer au large de la Varlingue et à terre de la Grande-Accroche, ou le Dôme de Prières par la tour à feu de la pointe de Penlan, si l'on ne craint pas la Grande-Accroche (2m).

Mouillage des grands navires sur la rade du Croisic.

Castelli (*pointe de Piriac*) ou le clocher de Guérande à gauche de Lenclie.

par 10 à 13 mètres d'eau, à 1 mille 1/2 de la ville, sur fond de sable et coquillage, en relevant Pen-Brou par le clocher de Batz et le clocher de Guérande à l'E. S.E.

On y est abrité contre les vents du N.E. au S.E. par l'Est.

PASSAGE ENTRE LE PLATEAU DU FOUR ET LA POINTE DU CROISIC ET ENTRE CE MÊME PLATEAU ET LA BANCHE.

Alignement faisant passer entre la *basse Castouillet* (0ᵐ6) et la *basse Hikéric* (8ᵐ6).

la pointe du Castelli (*pointe de Piriac*) par la terre noire de la pointe de Kervoyal.

Marque indiquant qu'on peut quitter cet alignement, lorsqu'on vient du Nord. . .

le clocher de Batz ouvert d'une voile à droite du corps de garde de la Romaine.

On peut alors porter sur la Banche.

Passer entre le *Plateau du Four* et la *Banche*, en laissant le banc de Guérande dans l'Ouest. . . . .

tenir le clocher de Guérande par celui de Batz, ou par une anse de sable qui se trouve entre le bourg de Batz et la pointe du Croisic.

Limites du louvoyage entre le plateau du Four et la

Banche . . . .   le clocher de Guérande tenu entre le clocher du Croisic et celui de Batz , ou promené d'une extrémité à l'autre d'une anse de sable située entre le bourg de Batz et la pointe du Croisic.

Alignement dans lequel se trouve Goué-Vas (2ᵐᵇ) . . .   le Sémaphore de la Romaine vu très-peu à droite du clocher de Guérande.

CHENAL DU NORD DE LA LOIRE.

Eviter la *basse Lovre* . .   tenir la pointe de Chemoulin ouverte d'une voile à gauche de Pierre-Percée , ou vue entre Pierre-Percée et le rocher Baguenaud.

Marque de travers de la basse Lovre (1ᵐ) . . . . . .   les clochers de Guérande et de Batz l'un par l'autre.

Direction à suivre pour venir se mettre dans les marques du grand chenal de la Loire (1), en passant :
entre Pierre – Percée et le Grand-Charpentier . . . .   la pointe de l'Eve un peu ouverte de la pointe de Chemoulin.

dans le Sud du Grand-Charpentier . . . . . .   le clocher de Batz ouvert de la pointe de la Vicherie.

Marque faisant passer entre la *Banche* et la *Lambarde* .   le clocher de Guérande par celui de Pain-Château.

____

(1) Les phares du Commerce et de l'Aiguillon l'un par l'autre.

GRAND CHENAL DE LA LOIRE.

Alignement donnant la direction générale du Grand chenal de la Loire (ou chenal du Sud) . . . .

le phare du Commerce par celui de l'Aiguillon (1).

Limites du louvoyage dans la partie Nord du Grand chenal de la Loire . . . .

l'arbre de la Ramée promené d'une extrémité à l'autre d'une petite anse de sable qui est dans l'Est de la la pointe de Chemoulin.

La direction donnée par le phare du Commerce tenu par celui de l'Aiguillon faisant passer sur l'extrémité Nord-Ouest du plateau des roches de Noirmoutier, quand faut-il, sortant de la Loire, quitter cette direction ? . . . . . .

quand le Pilier, vu au Sud ou au S. 1/4 S.E. environ, arrive par la pointe du Devin (île de Noirmoutier).
Porter alors à l'O.S.O. un peu Sud (S.O.).

CHAUSSÉE DES BŒUFS.

Relèvement auquel il faut amener le phare de l'Ile-d'Yeu pour passer dans l'Ouest de la chaussée des Bœufs . . .

S. (S.S.E.).

Relèvement dans le Nord duquel il faut éviter de relever

---

(1) Cet alignement fait passer sur l'extrémité Nord-Ouest du plateau des roches de Noirmoutier.

le phare du Pilier avant d'a-
voir amené le phare de l'Ile-
d'Yeu au Sud, afin de passer
dans le Nord de la chaussée
des Bœufs. . . . . Est.

COUREAU DE L'ILE-D'YEU.

Partant du point d'inter-
section des deux directions
données par le phare du Pilier relevé à l'Est et le phare
de l'Ile-d'Yeu relevé au Sud,
route à suivre pour donner
dans le coureau de l'Ile-d'Yeu
et traverser le *Pont-d'Yeu*
par la plus grande profon-
deur d'eau. . . . : . . . . . S.1/4 S.E. en traversant le plateau des rochers de Noir-
moutier, ou, autrement,
faire 6 milles entre le S.
1/4 S.O. et le Sud ; puis
faire le S.S.E.

Le S. 1/4 S.O. ferait
passer au large de l'Ile-d'Yeu
à au moins 1 mille des Chiens-
Perrins (1).

Direction du Pont-d'Yeu
par rapport au clocher de
Notre-Dame-des-Monts et à
celui de Saint-Sauveur (Ile-
d'Yeu) . . . . E.N.E. et O.S.O.

Distance à laquelle il faut
se tenir de l'Ile d'Yeu pour
traverser le Pont-d'Yeu par
la plus grande profondeur
d'eau , . . : . . . . on peut ranger l'Ile-d'Yeu à

---

(1) Les Chiens-Perrins sont des roches situées à la pointe Nord-
Ouest de l'Ile-d'Yeu à 1/2 mille de la côte. — Le sommet de ces
roches couvre à peine dans les grandes marées.

2 milles; mais il faut toujours donner environ 5 milles de tour à la pointe de Notre-Dame-des-Monts.

Plus grande profondeur d'eau sur le Pont-d'Yeu. . . . 5 à 6 mètres.

DU COUREAU DE L'ILE-D'YEU AUX SABLES D'OLONNE.

La route ; — la distance. S.S.E. — 24 à 27 milles.

Distance à laquelle il faut se tenir de la pointe de l'Aiguille pour passer au large des *Barges d'Olonne* . . . . 3 milles.

Marques indiquant :

qu'on est dans le Nord des Barges d'Olonne . . . . l'église des Sables un peu à droite du moulin de la Chaume.

qu'on en est dans le Sud. le moulin de St-Jean un peu ouvert à droite de la ferme de la Grange.

Direction à suivre pour atteindre le mouillage sur la rade des Sables, en passant dans l'Est des basses qui sont au Sud de la pointe de la Chaume . . . . le feu de la Chaume par celui de la jetée du port des Sables.

PERTUIS BRETON.

Direction du chenal. . . . N.O. et S.E.

Venant du Nord, éviter le *Rocha*. . . . . n'incliner la route sur tribord que lorsque l'église de Saint-Martin reste au S.O. (S.S.O.).

Mouiller devant St-Martin. amener la tour à feu de l'entrée de Saint-Martin un peu à gauche du clocher de la cathédrale, et gouverner dans cette marque jusqu'à ce que le phare de la Baleine vienne mordre sur le deuxième monticule à partir de l'extrémité de la pointe de Loix.

On mouille par 5 à 7 mètres fond de vase.

Echouage ordinaire des caboteurs . . . . la fosse de Loix.

Anse de l'Aiguillon . . . . très-bon mouillage. Il reste 4 mètres d'eau à l'E.S.E. (Est) de la pointe de l'Aiguillon.

Utilité de l'échouage dans l'anse de l'Aiguillon. . . . . le navire le plus fin, qui serait démuni de ses ancres, y resterait droit, car la vase y est très-molle.

PERTUIS D'ANTIOCHE.

Marque faisant éviter la pointe de Chanchardon . . . la tourelle du Lavardin à droite de la tour à feu de la pointe de Chauveau.

Marque faisant passer au Nord du rocher d'Antioche. le clocher de Fouras à gauche de la partie Nord du village sur l'Ile d'Aix.

Direction à suivre, venant de l'Ouest, pour atteindre le mouillage sur la rade de la Rochelle. . . . . le clocher de la Rochelle ouvert de deux voiles à droite de la pointe Chef-de-Baie ; on laisse sur bâbord la tour à feu de la pointe de Chauveau et la tourelle du Lavardin.

Venant de l'Ile d'Aix, faire route soit pour la Rochelle, soit pour passer dans le Pertuis breton . . . . tenir la pointe du Plomb cachée par celle de Saint-Marc.

Dès que le clocher de la Rochelle arrive par la pointe de Chef-de-Baie, gouverner de manière à passer à mi-distance entre la pointe de Saint-Marc et celle des Sablonceaux.

Précaution à prendre en mouillant sur la rade de la Rochelle . . . . ouvrir la pointe de St-Marc à gauche de celle de Chef-de-Baie.

Direction à suivre, venant de l'Ouest, pour atteindre le mouillage de l'île d'Aix. . . le clocher de Fouras à gauche du village de l'île d'Aix, jusqu'à ce que l'île Madame ne soit plus que peu ouverte à droite de l'Ile d'Aix.

Marque faisant passer entre le *Boyard* et les petits fonds qui sont à l'Ouest de l'île d'Aix . . . . l'île Madame un peu à droite de l'Ile d'Aix.

DU PERTUIS D'ANTIOCHE A L'EMBOUCHURE DE LA GIRONDE.

Passer au large du plateau de *Chardonnière* . . . . . . tenir le phare de Cordouan, au S.S.E. (S.E.), à droite du phare de la Coubre.

Relèvement auquel il faut amener et tenir le phare de Cordouan pour venir chercher la bouée *mâtée* de la Barre et se mettre dans les marques de la Passe du Nord . . . . entre le S. 1/4 S.E. et le S.S.E.

Relèvement dans le Nord duquel il faut éviter d'amener le phare de Cordouan en venant chercher la Passe du Sud (ou *Passe de Grave*). . N.E.

Du travers de Cordouan a Bayonne.

La route; — la distance. . S.O. 1/4 S. (S. 1/4 S.O.); — 30 milles.

Etablissement des marées sur la Barre de Bayonne. . . 3 heures 30 minutes.

A quelle distance se tenir de la Barre en attendant le moment favorable pour entrer. à un mille au moins afin d'être toujours, autant que possible, en position de gagner le large.

De quel côté de la Barre se tenir :
avec des vents du N.N.O, à l'Est passant par le Nord. dans le Nord, les courants portant alors vers le Sud-Ouest.

avec des vents du Sud à l'O.N.O. . . . . dans le Sud, les courants portant alors vers le Nord-Est.

avec des vents du N.N.O. au N.O. . . . . attaquer directement l'entrée de la rivière.

Précautions à prendre :
en se présentant à l'entrée de la Barre. . . . . . les navires doivent conserver entre eux une distance suffisante pour qu'aucun ne soit engagé dans les brisants avant que celui qui le précède soit hors des dangers.

	Veiller sans cesse les signaux de pilotage.
en donnant sur la Barre. .	attaquer l'ouvert de la rivière et se tenir de la côte à une distance suffisante pour éviter les coups de mer.
en franchissant la Barre. .	forcer de toile.
en franchissant la Barre, avec des vents frais de l'arrière.	forcer de toile et conserver les focs hissés et bordés. Les chasse-marée doivent avoir un hunier paré à hisser. Ils doivent de plus être prêts à se débarrasser du tape-cul et du taille-vent et avoir un faux-bras frappé sur la misaine.

SIGNAUX FAITS A L'EMBOUCHURE DE L'ADOUR.

Où se font les signaux pour entrer de jour dans l'Adour?	sur la tour des signaux située sur la rive gauche du fleuve près de la jetée du Sud.

1° Signaux d'approche.

Où se font les signaux d'approche?	sur un mât placé au sommet de la tour des signaux.
Quelle est leur signification?	ils indiquent le tirant d'eau maximum des navires pouvant être admis sur la barre, à cette marée et au moment de la pleine mer.
Comment se font ces signaux?	ils se font au moyen de ballons noirs, d'après la con-

A quel moment de la marée hisse-t-on ces signaux ? .

vention adoptée pour tous les ports de France.

dès le commencement du flot.

Lorsqu'on les hisse, les navires dont le tirant d'eau est égal ou inférieur à celui qui est signalé peuvent rallier la Barre.

2° *Signaux d'entrée.*

Où se font les signaux d'entrée ? . . . .

à gauche de la tour des signaux, vue du large.

Comment se font ces signaux ? . . . .

au moyen de ballons et d'après la convention adoptée pour tous les ports de France.

Quelle est leur signification ?

ils indiquent, au moment où ils sont hissés, le tirant d'eau maximum des navires pouvant être admis sur la Barre.

3° *Signaux de pilotage.*

Où se font les signaux de pilotage ? . . . .

sur la partie supérieure de la tour des signaux.

Comment se font ces signaux ? . . . .

au moyen d'un mât Fenoux.

Quelle est leur signification ?

1° *Ailette en l'air :* Aperçu, le pilote voit le navire et va le diriger;

2° *Ailette inclinée à droite :* Venir sur Tribord;

3° *Ailette inclinée à gauche :* Venir sur Bâbord.

4° *Ailette inférieure et au repos :* Le navire n'est plus en danger.

14

Si plusieurs navires se présentent en même temps devant l'entrée, les signaux faits à l'un de ces navires pourraient devenir une cause de danger pour les autres. .

le pilote-major amène, dans ce cas, tous les signaux et indique ainsi à ces navires qu'ils doivent serrer le vent.

Les signaux ne recommencent que lorsque la confusion n'est plus possible.

Si le pilote-major juge prudent d'éloigner momentanément un navire de la côte? .

il le lui indique en mettant l'ailette horizontale à droite; une boule noire est hissée à l'extrémité opposée de l'ailette.

Si le pilote-major juge que la seule chance de salut qui reste à un navire est de faire côte? . . . .

il le lui indique en hissant un pavillon rouge à l'extrémité opposée de l'ailette, puis il met l'ailette inférieure et au repos.

Il manœuvre ensuite l'ailette de façon à diriger le navire sur l'échouage le plus convenable.

4° *Signaux divers.*

Signal indiquant que l'entrée est interdite :
aux navires de 50 tonneaux et au-dessous . .

une croix noire placée contre la partie de la tour qui regarde le large : les signaux d'approche et d'entrée restant hissés.

à tous les navires à voiles.

deux croix noires contre la partie de la tour qui regarde le large : les signaux d'approche et d'entrée restant hissés.

Le signal pour repousser les navires à voiles étant hissé et les signaux d'approche et d'entrée étant conservés, quels sont les navires qui peuvent encore donner sur la Barre? . . . .

Si l'entrée doit être interdite d'une manière absolue?.

les navires à vapeur et les navires à voiles remorqués.

un pavillon rouge est hissé au sommet de la tour et l'ailette du mât Fenoux est mise horizontale à droite; une boule noire est montrée à l'extrémité opposée.

Navire désirant un remorqueur . . . .

ce navire doit hisser deux pavillons au grand mât.

Si le remorqueur peut sortir, l'aperçu (*pavillon blanc à trèfles bleus*) est hissé au mât de la tour des signaux.

Si le remorqueur ne peut sortir, l'aperçu n'est hissé qu'à mi-mât.

ENTRER DE NUIT A BAYONNE.

Navires pouvant exceptionnellement entrer de nuit à Bayonne. . . . .

les navires à vapeur conduits par un pratique et les navires à voiles remorqués par un remorqueur du port.

Feu de port. . . . .

situé à la partie antérieure de la tour des signaux.

Couleur de ce feu :
quand l'entrée est interdite.   rouge.
quand la Passe est prati-
cable . . . .   blanc.
Alignement à suivre . . .   deux petits feux verts tenus
l'un par l'autre.

NAVIRES AYANT MANQUÉ LE MOMENT FAVORABLE POUR ENTRER A BAYONNE.

Ayant manqué le moment favorable pour franchir la Barre, que faire ?
si le temps est maniable..   se tenir sous voile ou mouiller.
si le temps a mauvaise apparence. . . . .   s'efforcer de gagner un port de relâche 1).

Louvoyer devant l'entrée . .   avec les vents de l'O.S.O. à l'O.N.O., il faut se tenir le long de la côte d'Espagne en forçant de toile, et courir deux heures la bordée du Nord et trois heures celle du Sud.

Mouillages :
dans le Nord de la Barre.   praticable de beau temps seulement.

devant la Barre. . . . . .   par 19 à 24 mètres d'eau, fond de sable vaseux, et à 1 mille 1/2 dans le Nord-Ouest de l'ouvert de la rivière.
On y est à portée de profiter du premier moment favorable pour entrer, ou, en cas de saute de vent, pour s'élever de la côte avec le jusant.
Dans les gros temps, on court souvent moins de dan-

____

(1) Voir pages 245 et suivantes.

	gers en restant à ce mouillage qu'en cherchant à s'élever de la côte.
dans le Sud de la Barre . .	la rade et le port du Socoa (1).
Fosse du cap Breton. . . .	le mouillage est assez mauvais dans la Fosse du cap Breton; mais, en cas de perdition, la plage qui borde cette fosse offre les meilleurs points d'échouage pour le salut des équipages.
Où faut-il venir prendre position pour atteindre la Fosse du cap Breton ? . . .	se placer à environ 6 milles au large, dans la direction des deux balises qui signalent la position de la Fosse et servent à chenaler dans son intérieur.

PORTS ET ABRIS AUX ENVIRONS DE BAYONNE.

Port du Passage.

Ressources de ce petit port.	on y est à l'abri de tous les vents et l'on y trouve des pilotes pour Bayonne.

Baie de Saint-Jean-de-Luz.

Baie de St-Jean de Luz. .	signalée au loin par la tour du fanal, placée sur la pointe Ouest de la baie La tour est peinte en blanc avec une bande verticale noire.
Etendue de cette baie. . .	6 encablures de profondeur et autant d'ouverture entre la pointe Ste-Barbe et le fort du Socoa.

---

(1) Voir page 246, la rade et le port du Socoa.

Roches d'Arta ($\overline{6^m50}$). . . situées au milieu de l'ouverture de la baie, dans les marques suivantes : le clocher de St-Jean-de-Luz par la montagne Eshaure, et la tour du port du Socoa par la première maison qui se trouve près d'elle.

Profondeur de l'eau à l'entrée de la baie. . . . . . . 14 mètres.

Période de la marée la plus favorable pour entrer. . . . . celle de demi-flot.

Route à suivre. . . . . . . passer, entre les roches d'Arta et le port du Socoa, au 1/3 de l'ouverture de la baie à partir du Socoa.

Mouillage près du port du Socoa.. . . . . abrité contre les vents du N.O. On y est par 6^m50 sur un fond de sable et de roche.

Port du Socoa.

Ressources qu'offre le port du Socoa . . . . on y est parfaitement abrité par la pointe Ouest de la baie de St-Jean-de-Luz.

Navires auxquels le port du Socoa est accessible :

en mortes eaux. . . . . . ceux qui calent 2^m80, en circonstances ordinaires, et, 3^m20, s'il vente bon frais de l'Ouest au Nord-Ouest.

en vives eaux. . . . . . . ceux qui calent 3^m80, en circonstances ordinaires, et, 4^m20, s'il vente bon frais de l'Ouest au Nord-Ouest.

Signaux faits à l'entrée du port du Socoa.. . . . . ils se font au moyen d'un mât-pilote placé sur la batterie Nord du Socoa.

Ils ont la même signification qu'à l'entrée de l'Adour et servent à guider les navires du large au mouillage de la baie, et de la baie dans le port.

Pour demander, envoyer, ou refuser une chaloupe d'aide, on emploie les mêmes signaux qu'à l'entrée de l'Adour pour demander, envoyer, ou refuser un remorqueur (1).

Signaux faits en temps de brume. . . . . une cloche, placée à l'extrémité de la jetée intérieure, signale l'entrée en temps de brume.

Baie de Fontarabie.

Dans quelles circonstances les navires affalés peuvent-ils aller chercher un abri un peu assuré, dans la baie de Fontarabie? . . . . dans les gros temps, car quelquefois le refuge du Socoa, et, même la baie de St-Jean-de-Luz, sont inabordables.

Mouillage des petits navires. . . . . dans le Sud et près du château du Figuier.

Vents contre lesquels ils sont abrités . . . . contre les vents du large.

Mouillage des grands navires . . . . dans le S.E. et à 2 ou 3 encablures du château du Figuier. Il y reste 13 à 16 mètres d'eau sur un fond de sable vaseux.

Vents contre lesquels ils sont abrités . . . . ceux du S.S.O. à l'O.N.O.

____

(1) Voir pages 241 et suivantes.

COURANTS ET MARÉES.

Dans la Manche (1).

Quels sont les principaux courants de marée dans la Manche ? . . . . ce sont les courants longitudinaux et les courants transversaux.

Courants longitudinaux.

Que faut-il entendre par courants longitudinaux ?. . . les courants longitudinaux sont ceux qui portent dans la direction du chenal . .

Quelle est la direction générale des courants longitudinaux ?. . . . . Nord-Est et Sud-Ouest.

Toutefois, les courants longitudinaux suivent diverses inflexions comme la ligne des plus grands fonds.

Ainsi, depuis le cap la Hague jusque dans le Nord de la baie de la Somme, la direction générale du flot est l'E.N.E. et celle du jusant l'O.S.O.

Les courants longitudinaux suivent-ils alternativement une seule direction pendant toute la durée d'un flot ou d'un jusant ? . . . . non; il n'en est ainsi que dans une seule partie de la Manche.

Partout ailleurs, les cou-

(1) Les notions relatives aux courants généraux dans la Manche sont, pour la plupart, extraites des *Instructions pratiques de navigation dans la Manche*, par M. l'ingénieur hydrographe Keller.

rants portent successivement vers tous les points de l'horizon, et ces directions successives font, en 12 heures, le tour du compas, en tournant, sur quelques points, dans le sens du mouvement des aiguilles d'une montre, et dans un sens inverse sur les autres points.

Sous quel nom désigne-t-on les courants longitudinaux qui suivent alternativement une seule direction pendant toute la durée d'un flot ou d'un jusant ?. . . . . courants directs-alternatifs.

Dans quelle partie de la Manche les courants sont-ils directs-alternatifs ? . . . . . depuis la ligne reliant Star-Point au cap la Hague, ou plutôt Exmouth à Cherbourg, jusqu'à celle reliant Lowestoft (côte d'Angleterre) à Brielle (côte de Hollande).

Sous quel nom désigne-t-on la partie de la Manche où règnent les courants directs-alternatifs ? . . . . régions à parcours directs-alternatifs.

Mouvement orbitaire des courants.

Qu'appelle-t-on mouvement orbitaire des courants ? . . . on désigne sous ce nom le mouvement résultant des différentes directions, vers tous les points de l'horizon, que les courants, dans une période de 12 heures (la durée d'un flot et celle d'un jusant), suivent successivement lors du changement des courants longitudinaux en courants transversaux, et réciproquement.

Dans quel cas dit-on que les orbites ainsi décrites sont:

directes? . . . . quand le mouvement orbitaire a lieu dans le sens du mouvement des aiguilles d'une montre.

inverses? . . . . quand le mouvement orbitaire a lieu dans un sens opposé à celui du mouvement des aiguilles d'une montre.

Sous quel nom désigne-t-on les parties de la Manche où se produit le mouvement orbitaire des courants? . . . . régions à parcours orbitaires.

Parages où le mouvement orbitaire des courants a lieu dans le sens du mouvement des aiguilles d'une montre (*orbites directes*):

au large. . . . . à l'ouvert de la Manche, dans l'Ouest de la ligne joignant Start-Point aux Sept-Iles.

à terre. . . . . de Start-Point à Orfordness, mais seulement dans le voisinage de la côte.

Parages où le mouvement orbitaire des courants a lieu dans un sens opposé à celui du mouvement des aiguilles d'une montre (*orbites inverses*):

au large. . . . . dans le golfe de Saint-Malo, où ce mouvement orbitaire occupe toute la largeur de la Manche : à l'Est de la ligne joignant Start - Point aux Sept-Iles, et à l'Ouest de la ligne reliant Exmouth à Cherbourg.

à terre.. . . . . depuis Ouessant jusqu'à Dunkerque.

Mais ce mouvement orbitaire n'affecte qu'une zone littorale restreinte, excepté toutefois dans la baie de la Seine, dans la baie de la Somme, et entre Calais et Dunkerque.

Courants transversaux.

Que faut-il entendre par courants transversaux ?. . . . les courants transversaux sont ceux qui portent en travers du chenal.

Ils se font surtout sentir dans les régions à parcours orbitaires.

Quelle est la direction générale des courants transversaux ?. . . . . la 'direction de ces courants fait un angle de 8 quarts avec celle des courants longitudinaux auxquels ils succèdent.

Quand règnent les courants transversaux ?. . . . . . . pendant les étales des courants longitudinaux (1).

Leurs étales coïncident avec la pleine mer ou la basse mer.

Sous quel nom désigne-t-on

---

(1) A l'étale de flot, le courant transversal porte à terre autour des pointes et des terres avancées, et il porte au large dans les grandes baies ou golfes.

A l'étale de jusant, le courant transversal porte au large autour des pointes et des terres avancées, et il porte à terre dans les grandes baies ou golfes.

le courant transversal existant :

pendant la marée montante ? . . . .   le Montant.

pendant la marée descendante ? . . . .   le Perdant.

Les courants transversaux règnent-ils dans la partie de la Manche où les courants longitudinaux sont directs-alternatifs. ? . . . .   ils n'existent généralement dans cette région que dans le voisinage de la côte.

Quels sont les parages où les courants transversaux se font sentir dans une zone littorale assez étendue ? . . . .   la baie de la Seine, la baie de la Somme et entre Calais et Dunkerque.

Doit-on tenir compte des courants transversaux ?. . . .   oui, dans le voisinage des terres, ainsi qu'en traversant les grands golfes, tels que : le golfe de Saint-Malo, la baie de la Seine, la baie de la Somme, et, aussi, entre Calais et Dunkerque ; mais on peut se dispenser d'en tenir compte dans la navigation au large.

Dans quelle direction portent le Montant et le Perdant :

à l'ouvert de la Manche, dans l'Ouest de la ligne joignant Start-Point aux Sept-Iles. . . . .   le Montant porte N.O., et le Perdant S.E.

dans l'Est de la ligne joignant Start-Point aux Sept-Iles, mais dans l'Ouest de la ligne re-

liant Start-Point au cap la Hague.. . . . .
    le Montant porte S.E., et le Perdant N.O.

dans la baie de la Seine, dans la baie de la Somme, et entre Calais et Dunkerque. . . . . .
    le Montant porte à terre, et le Perdant au large.

Le Montant et le Perdant sont-ils les seuls courants portant S.E. et N.O. devant le golfe de Saint-Malo?
    non ; les courants, par le travers du golfe de Saint-Malo, portent S.E. pendant toute la durée du flot, et N.O pendant toute la durée du jusant.

Où faut-il se trouver, devant le golfe de Saint-Malo, pour être en dehors de l'action des courants portant S.E. ou N.O. pendant toute la marée?.. . . . .
    dans l'Ouest de la ligne joignant les Héaux de Bréhat aux Casquets.

A quelle distance de la côte se font sentir les courants transversaux dans la baie de la Seine ? . . . . . .
    jusqu'à la ligne joignant la pointe de Barfleur au cap d'Antifer.
    Il faut être au Nord de cette ligne pour se trouver dans les marées droiturières.

Effets résultant, entre Ouessant et les Casquets, de l'action combinée des courants longitudinaux et des courants transversaux.

Dans quelle direction se trouverait définitivement porté un navire qui, faisant route directe vers les Casquets, avec une vitesse moyenne de 8 *nœuds*, partirait des environs d'Ouessant ?

15

Au moment du plein à Ouessant. vers le S.E. ⎫
Au moment de la basse mer, *ib.* . . vers le N.O. ⎬ (1
3 heures après le plein, *ib.* . . vers le N.E. ⎮
3 heures après la basse mer, *ib.* . . vers le S.O. ⎭

Vitesse des courants dans les diverses parties de la Manche,
autres que le golfe de Saint-Malo.

Où se produit :
la plus grande vitesse des
   courants, au large ? . . . entre la ligne reliant Exmouth à Cherbourg et celle
reliant Beachy-Head à
Saint-Valery-en-Caux, no-
tamment entre Barfleur et
Poole.

leur moindre vitesse ?. . . 1° à l'ouvert de la Manche;
2° entre la ligne reliant
Start-Point aux Sept-Iles et
celle reliant Exmouth à
Cherbourg ;
3° enfin, à l'Est de la ligne
reliant Beachy - Head à
Saint-Valery-en-Caux.

Quelle est la plus grande
vitesse des courants de flot et
de jusant, au large, dans les
marées de syzygies dont le
coefficient est 1 ?
  à l'ouvert de la Manche,
  dans l'Ouest de la ligne
  reliant Start-Point aux
  Sept-Iles . . . . 1 nœud 1/2.
entre la ligne reliant Start-
  Point aux Sept-Iles et
  celle reliant Exmouth à
  Cherbourg . . . . 2 nœuds
entre la ligne reliant Ex-

---

(1) En grande marée, l'écart vers le S.E. ou vers le N.O., pour
un navire allant d'Ouessant aux Casquets avec une vitesse moyenne
de 8 *nœuds*, ne serait pas, dans les deux premiers cas, de moins de
21 milles ; ce navire, dans les deux derniers cas, se trouverait d'au
moins 10 milles en avant ou en arrière de sa position estimée.

mouth à Cherbourg, et celle reliant Beachy Head à Saint-Valery-en-Caux.

de 3 nœuds à 3 nœuds 1/2.

à l'Est de la ligne reliant Beachy-Head à St-Valery-en Caux. . . . .

de 2 nœuds 1/2 à 3 nœuds.

Quelle est la vitesse moyenne des courants du littoral?

elle est de moitié en plus de celle indiquée pour les courants du large.

Quelles modifications subissent les vitesses indiquées ci-dessus? . . . .

elles subissent des modifications proportionnelles à celles des coefficients de la marée.

Quelle est la vitesse du courant d'une morte-eau ordinaire relativement à celle du courant d'une grande marée?

la première est d'environ les 2/3 de la seconde (1).

Quelle est la vitesse moyenne du courant d'une même marée? . . . .

elle est à peu près les 2/3 de la plus grande vitesse.

On peut sans inconvénient, dans la navigation générale, substituer cette vitesse moyenne aux vitesses variables.

Instant de la plus grande vitesse du flot, ou du jusant, sur un même point. . . . . .

la plus grande vitesse du courant de flot ou de jusant se produit à peu près au milieu de sa durée, qui est de 6 heures.

A quelle période de la marée au rivage correspond l'ins-

---

(1) La durée du flot de la plus petite marée de morte-eau est de 30 à 40 minutes plus grande que celle du flot de la plus grande marée d'une syzygie.

tant de cette plus grande vi-
tesse?. . . . . l'instant de la plus grande
vitesse des courants coïn-
cide avec l'heure de la pleine
mer ou de la basse mer,
au rivage, lorsque le retard
de l'étale est de **3** heures.

Partout ailleurs, la plus
grande vitesse du courant a
lieu plus tôt, si le retard de
l'étale est moindre que 3 heu
res; elle a lieu plus tard, si
l'étale retarde de plus de 3
heures.

Reversements des courants.

Marche suivie par les re-
versements des courants (les
étales), en allant de terre vers
le large . . . . les reversements retardent
d'autant plus sur l'heure de
la pleine mer, ou de la basse
mer, au rivage, qu'on s'éloigne davantage de la côte.

A quelle distance de terre
le retard des étales atteint-il
son maximum, et devient-il
constant?. . . . . à une distance de 5 ou 6
milles.

Maximum de retard des étales de flot, au large, sur l'heure
de la pleine mer au rivage, par le travers des principaux
points des côtes de la Manche :

CÔTE DE FRANCE.	heures.	minutes.	CÔTE D'ANGLETERRE.	heures.	minutes.
Ouessant	2	30	Sorlingues	3	»
Casquets	3	»	Cap Lézard.	3	30
Cap de la Hague . .	4	»	Eddystone.	4	»
Cherbourg.	3	»	Start-Point	4	30
Barfleur.	2	30	Portland.	5	»
Dive.	2	»	Needles-Point. . . .	2	30
Le Havre	1	40	Portsmouth.	0	»
Fécamp.	1	30	Brighton	0	30
St-Valery et Dieppe	1	20	Beachy-Head	1	»

COTE DE FRANCE.			COTE D'ANGLETERRE.		
Cayeux	2	30	Douvres	3	30
Canche	3	»	North-Foreland	4	20
Boulogne	3	30	Le Varne	4	40
Calais	4	20	Le Goodwin	5	15
Dunkerque	5	»	Galloper	6	30

(heures — minutes)

Marche suivie par les reversements des courants (les étales), au large, en avançant dans la Manche, de l'Ouest vers l'Est . . . . les reversements retardent d'autant plus les uns sur les autres, qu'on s'avance davantage vers l'Est.

Instants de reversements des courants, au large, les jours de nouvelle ou de pleine lune, sur différents points de la Manche, où ces reversements (*les étales*) sont à une heure d'intervalle les uns des autres.

dans le N.O d'Ouessant	le flot reverse à 6 h.	et le jusant à 12 h.
entre l'île de Bas et les Sorlingues	— à 7 h.	— à 1 h.
entre les Sept-Iles et le cap Lézard.. . .	— à 8 h.	— à 2 h.
entre le cap Fréhel et Fowey	— à 9 h.	— à 3 h.
entre Guernesey et Start-Point	— à 10 h.	— à 4 h.
entre le cap la Hague et Torbay	— à 11 h.	— à 5 h.
entre Saint-Valery-en-Caux et Beachy-Head	— à 12 h.	— à 6 h.
entre Tréport et Hastings	— à 1 h.	— à 7 h.
entre Cayeux et Rye.	— à 2 h.	— à 8 h.
entre Boulogne et Dungeness	— à 3 h.	— à 9 h.
entre Calais et Douvres..	— à 4 h.	— à 10 h.
entre Dunkerque et North-Foreland . . .	— à 5 h.	— à 11 h.

Connaissant l'heure du reversement des courants du large, en un certain point de la Manche, le jour de la pleine ou de la nouvelle lune (autrement dit : *l'établissement des étales*), trouver cette heure pour tout autre jour :

ÉTABLISSEMENT des ÉTALES DES COURANTS du large.	☀ 0 / 15	1 / 16	2 / 17	3 / 18	4 / 19	5 / 20	6 / 21	7 / 22	8 / 23	9 / 24	10 / 25	11 / 26	12 / 27	13 / 28	14 / 29	☹ 15 / 30
I.	1	·	2	·	3	4	5	6	7	8	9	10	11	12	·	1
II.	2	·	3	·	4	5	6	7	8	9	10	11	12	1	·	2
III.	3	·	4	·	5	6	7	8	9	10	11	12	1	2	·	3
IV.	4	·	5	·	6	7	8	9	10	11	12	1	2	3	·	4
V.	5	·	6	·	7	8	9	10	11	12	1	2	3	4	·	5
VI.	6	·	7	·	8	9	10	11	12	1	2	3	4	5	·	6
VII.	7	·	8	·	9	10	11	12	1	2	3	4	5	6	·	7
VIII.	8	·	9	·	10	11	12	1	2	3	4	5	6	7	·	8
IX.	9	·	10	·	11	12	1	2	3	4	5	6	7	8	·	9
X.	10	·	11	·	12	1	2	3	4	5	6	7	8	9	·	10
XI.	11	·	12	·	1	2	3	4	5	6	7	8	9	10	·	11
XII.	12	·	1	·	2	3	4	5	6	7	8	9	10	11	·	12

suivre la verticale du jour de la lune, marqué dans le haut du tableau ci-dessus, jusqu'à la rencontre de l'horizontale correspondant à l'établissement donné, lu dans la première colonne à gauche (*en chiffres romains*). On trouve l'heure cherchée à l'intersection de cette horizontale et de la verticale du jour de la lune.

Influence du vent sur les étales . . . - . . . .   lorsque le vent souffle dans la direction d'un courant, l'étale de ce courant est retardée.

De morte-eau, ce retard peut être de près d'une heure.

Louvoyer dans la Manche pour s'élever à l'Est.

A quel instant de la marée faut-il gagner le large ? . . .   au moment de la pleine mer au rivage.

A quelle distance au large faut-il se tenir ? . . . .   à 6 ou 8 milles, ou à une distance égale à celle que le navire pourra franchir entre l'instant de l'étale de flot au large, et l'heure de la basse mer au rivage.

Louvoyer à petits bords, de manière à prolonger la durée du flot d'une quantité égale au retard du flot au large sur l'heure de la pleine mer au rivage (Voir le tableau, page 258).

Quand faut-il revenir à terre ? . . . .   pendant le temps compris entre l'étale du flot au large et l'heure de la basse mer au rivage, afin de diminuer la durée du jusant d'une quantité égale à celle dont la basse mer au rivage précède l'instant de l'étale du jusant au large, et, aussi, afin de mettre à profit le flot littoral dès son commencement.

Louvoyer dans la Manche pour s'élever à l'Ouest.

A quel instant de la marée faut-il gagner le large?... au moment de la basse mer au rivage.

A quelle distance de terre faut-il se tenir?........ à 6 ou 8 milles, ou à une distance égale à celle que le navire pourra franchir entre l'instant de l'étale du jusant au large et l'heure de la pleine mer au rivage.

Louvoyer à petits bords, de manière à prolonger la durée du jusant d'une quantité égale au retard du jusant au large sur l'heure de la basse mer au rivage (Voir le tableau, page 258).

Quand faut-il revenir à terre? pendant le temps compris entre l'étale du jusant au large et l'heure de la pleine mer au rivage, afin de diminuer la durée du flot d'une quantité égale à celle dont l'heure de la pleine mer au rivage précède l'instant de l'étale de flot au large, et, aussi, afin de profiter du commencement du jusant à terre.

Mouvement en hauteur.

Sur quels points de la Manche la mer marne-t-elle:
le plus?......... sur les points où les courants sont le moins rapides (1), c'est-à-dire dans les régions à parcours orbitaires.

____

(1) Excepté, bien entendu, dans le golfe de Saint-Malo, où les courants sont très-rapides et où la mer marne beaucoup.

le moins ? . . . . sur les points où les courants sont le plus rapides, c'est-à-dire dans les régions à parcours directs-alternatifs.

Entre quelles périodes de la marée, de mer montante comme de mer baissante, le mouvement en hauteur est-il accéléré ? . . . . entre les périodes de mer basse et de demi-marée montante, ainsi qu'entre celles du plein et de demi-marée baissante.

Entre quelles périodes de la marée, de mer montante comme de mer baissante, le mouvement en hauteur est-il retardé ? . . . . entre les périodes de demi-marée montante et du plein, ainsi qu'entre celles de demi-marée baissante et de mer basse.

Indication, heure par heure, du mouvement en hauteur de la marée comparé au total de la montée de l'eau :

Le mouvement en hauteur suit à peu près la marche indiquée ci-après :

de mer basse à 1 h. de montée, ou du plein à 1 h. de baissée. . . . . 1/11 ou 1/12

de 1 h. à 2 h. de montée ou de baissée. . . . . 1/5 ou 1/5

de 2 h. à 3 h. de montée ou de baissée. . . . . 2/7 ou 2/9

de 3 h. à 4 h. de montée ou de baissée. . . . . 2/9 ou 2/7

de 4 h. à 5 h. de montée ou de baissée. . . . . 1/6 ou 1/5

de 5 h. à 6 h. de montée ou de baissée . . . . 1/12 ou 1/11

} du total de la montée.

Influence du vent sur le mouvement en hauteur. . . . la mer monte plus haut dans

15.

la Manche lorsque les vents sont d'aval que lorsqu'ils sont d'amont, et elle découvre moins.

Courants.

CÔTE D'ANGLETERRE.

Indication donnée par la roche *Runnel-Stone* quand elle découvre. . . . . le courant cesse de porter vers l'Est.

Directions vers lesquelles inclinent les courants à moins de 6 milles au Sud du cap Lézard. . . . . le flot porte au Sud de l'Est et le jusant au Sud de l'Ouest.

Principales directions des courants longitudinaux entre le cap Lézard et Start-Point. E. 1/4 S.E. et O. 1/4 N.O.

Périodes de la marée entre lesquelles il y a lieu de craindre, en approchant du méridien de Start-Point, d'être porté vers les Iles Anglaises. . . . . entre les périodes de mer basse au rivage et de 5 heures de montée.

Courants :
dans Start-Bay. . . . . . . ils portent 9 heures sur 12, hors de Start-Bay, au S. 1/4 S. O.

dans West-Bay. . . . . . . ils portent avec force vers le Sud, le long des falaises de Portland, pendant 9 sur 12 (*toute la marée de flot et les trois dernières heures de jusant*).

Mais l'effet de ces courants ne se fait pas sentir assez au large pour pouvoir être utile à un navire s'efforçant de se relever de la côte.

Dangers sur lesquels porte le courant par le travers de Portland. . . . . sur les Shambles.

Courant de flot :

dans l'Est des Shambles. . il porte vers la côte située à l'Ouest du cap Saint-Alban.

dans l'Est du cap Saint-Alban. . . . . il porte dans les baies de Poole et de Christ-Church.

Courants :

sur la ligne joignant le cap Saint-Alban à l'île de Wight. . . . . le flot cesse à 3 heures de baissée au rivage; sa vitesse est de 4 nœuds 1/2 par le travers du cap.

Le flot porte E.S.E. et le jusant O.N.O. Ils ont une durée égale.

Un contre-courant portant vers l'Est s'établit pendant le jusant à l'Ouest du cap Saint-Alban.

à 1 ou 2 milles au large de Saint-Alban. . . . . le jusant porte vers les Shambles; mais à moins de 2 milles de terre, ce courant longe la côte jusqu'à la pointe White-Nore, où il perd de sa force.

depuis 3/4 de mille jusqu'à 2 milles 1/2 dans l'Est de la pointe Durlestone. le flot porte N.E. 1/4 E. et E.N.E.; il faut se défier de cette déviation du courant de flot par temps de brume.

à quelques milles au large de la pointe Needles. . . le flot porte E.S.E. 1/2 E. et le jusant O.N.O. 1/2 O.

Le flot commence à mollir 55 minutes avant l'heure du plein à Portsmouth.

à 4 milles au S.O. 1/4 O. . O. de la pointe Sainte-Catherine. . . . . le flot porte S.E. 1/4 E., et le jusant N.O. 1/4 O.

Le flot reverse 1/2 heure avant le moment du plein à Portsmouth.

à 2 milles dans le Sud-Est de la pointe Dunnose.. . . . le flot porte E. 1/4 N.E., et le jusant O. 1/4 N.O.

Le flot reverse à peu près à l'heure de la pleine mer, et le jusant à l'heure de la basse mer, à Portsmouth.

Vitesse des courants par le travers de la pointe Sainte-Catherine. . . . . 5 nœuds.

Courants :

dans le voisinage des Owers.. . . . . ils portent avec force, de jusant comme de flot, 4 heures vers le N.E. et 8 heures vers le N.O.

Il importe de se tenir en garde contre l'effet de ces courants. On les évite en passant à 4 ou 5 milles au Sud du feu flottant des Owers.

à petite distance de la côte, entre les Owers et Beachy-Head. . . . . le courant de flot ne reverse au large que 1 heure 1/4 après le moment du plein au rivage ; mais, près de terre, le reversement de ce courant a lieu 2 heures avant le moment du plein.

Les navires qui ont à s'élever à l'Ouest profitent de ce reversement 2 heures avant l'heure du plein pour ne courir que de petits bords, près de terre, en attendant le moment du reversement au large.

Courants :

à 9 milles dans le S.E. 1/4 E. de Beachy-Head.

le flot porte E.S.E., et le jusant O.N.O.

à 21 milles dans le S.E. 1/4 E. de Beachy-Head.

le flot porte E. 1/4 S.E. et le jusant O. 1/4 N.O.

entre Beachy-Head et Fairlight.. . . . .

le flot reverse 1 heure 45 minutes après le moment du plein à Beachy-Head.

dans l'Ouest de Dungeness, près du banc Stephenson.

le flot reverse 2 heures 40 minutes après le moment du plein à Dungeness.

à 5 milles 1/2 dans le S.S.O. de Dungeness. .

le flot porte E.N.E. 1/2 E., et le jusant O.S.O. 1/2 O.; les reversements ont lieu à 3/4 de montée, et à 3/4 de baissée, au rivage.

à mi-distance entre la pointe Dungeness et South-Foreland. . . . .

le courant qui porte E.N.E. cesse 4 heures après le moment du plein à Dungeness.

à environ 1 mille dans le S.S.E. de South-Foreland.. . . . .

le courant qui porte E.N.E. s'établit 1 heure 1/2 avant le moment du plein au rivage; il cesse 4 heures après ce moment.
Le courant porte ensuite O.S.O. pendant environ 7 heures.

sur la rade des Dunes. . .

le courant s'établit vers le N.E. 2 heures environ avant le moment du plein à Ramsgate, et porte dans cette direction pendant 5 heures 1/2; il reverse ensuite vers le S.O., et cesse de porter dans cette direction 2 heures avant le moment de la pleine mer suivante.

Dans le Gull-Stream.

A quelle période de la marée le courant portant Nord s'établit-il dans le Gull-Stream?.......... — 1 heure 1/2 avant le moment du plein à Ramsgate.

A quelle période de la marée ce courant reverse-t-il vers le Sud?........ — 4 heures 1/2 après le moment du plein à Ramsgate

Quelle est la direction du courant portant vers le Nord? — elle est d'abord N.E. 1/4 N.; puis E.N.E. Le courant porte même au Sud de l'Est pendant la dernière heure de sa durée.

Quelle est la direction du courant portant vers le Sud? — elle est d'abord S.O. 1/4 S.; puis O.S.O. Le courant porte même au Nord de l'Ouest pendant la dernière heure de sa durée.

Pas-de-Calais.

Différence entre les heures de reversement :
dans le canal du côté de l'Angleterre et dans celui du côté de la France. . — le reversement a lieu de 15 à 20 minutes plus tôt dans le canal du côté de l'Angleterre que dans celui du côté de la France.

à terre du Vergoyer, du côté de la France, et au large . . • . . . . entre le Vergoyer et la côte de France, le reversement a lieu 1 heure plus tard qu'au large, de flot comme de jusant.

Près de la pointe Nord-Est du Varne.

A quelle période de la marée :

s'établit le courant de flot ? . . . . 2 heures avant le moment du plein à Boulogne.

cesse le courant de flot ? . 4 heures après le moment du plein à Boulogne.

Dans quelles directions porte le courant de flot ? . . il porte d'abord N.N.O.; mais il incline sa direction de plus en plus vers le Nord à mesure que sa vitesse augmente, et il porte E.N. E. à l'instant de sa plus grande force. Il tourne ensuite de plus en plus vers l'Est à mesure qu'il mollit, et, quand il finit, il se dirige vers le Sud.

Quelle est la marche suivie par le jusant ? . . . . une marche entièrement opposée à celle du flot.

A la partie Nord du Vergoyer.

A quelles périodes de la marée cessent les courants de flot et de jusant ? . . . . . le flot cesse 3 heures 20 minutes environ après le moment du plein à Boulogne, et le jusant, 2 heures 50 minutes avant ce même moment.

| Directions et vitesses des courants de flot et de jusant. | le flot porte N.E. 1/4 N. avec une vitesse de 3 nœuds 1/2 à 4 nœuds dans les plus grandes marées. Le jusant est un peu moins rapide et porte S.O. |

Côte de France.

(A l'Est du cap la Hague.)

DES CASQUETS A LA POINTE DE BARFLEUR.

Dans quelle direction une partie du courant de flot qui va N.E., en sortant du Raz-Blanchard, éprouve-t-elle une déviation vers le S.E. et le S.S.E.?..........	dans la direction du Calenfrier vu par le Nez-de-Jobourg
Entre quelles périodes de la marée les courants portent-ils vers le S.O. et entraînent-ils vers les Iles Anglaises?...........	entre les périodes de demi-marée baissante et de demi-marée montante au rivage.
Comment se soustraire à cette influence des courants?	en se tenant à 7 ou 8 milles de la côte, ou à 1 mille ou 2 au Nord de la direction des deux moulins d'Aurigny vus l'un par l'autre.
Indication donnée par la roche de 1/2 marée qui est à 1 encablure dans le N.N.E. 1/2 E. de la Coque......	tant que cette roche est couverte, le courant de flot est établi jusqu'à 2 milles 1/2 ou 3 milles au large du ri-

vage, depuis Omonville jusqu'à Cherbourg.

A 5 milles dans le N.N.E. du cap la Hague.

A quelle période de la marée cesse le courant de flot?

4 heures après le moment du plein au rivage.

Quelle est la plus grande vitesse de ce courant? . . .

de 6 à 7 nœuds.

Quand a lieu cette plus grande vitesse? . . . .

vers le moment du plein au rivage.

A quelle période de la marée finit le courant de ju-sant? . . . .

3 heures 1/2 après le moment du bas de l'eau au rivage.

Quelle est la plus grande vitesse du jusant? . . . . .

elle est au moins égale à celle du flot.

Quand a lieu la plus grande vitesse du jusant? . . . . .

quand la mer est basse au rivage.

Contre-courant à l'Est du cap la Hague.

A quelle période de la ma-
rée, des contre-courants s'é-tablissent-ils à l'Est du cap la Hague?. . . . .

le long de terre à 2 heures 1/2 avant le plein, par con-séquent 1/2 heure après l'é-tablissement du courant de flot dans le Raz.

Dans quelle direction por-tent ces contre-courants et quelle est leur vitesse ?. . .

ils portent vers le N.N.O. avec une vitesse de 2 nœuds 1/2.

Où se font sentir ces con-tre-courants ?.. . . . .

le long de terre, entre le fond du coude qui est au Sud d'Omonville et la pointe Jardcheu, ainsi qu'entre le

Parti à tirer de ces contre-courants. . . . . Martianroc et la Becchue; mais ces deux contre-courants se confondent 15 ou 20 minutes avant le moment du plein à Omonville, précisément à l'instant où cesse le clapotis de la pointe Jardeheu.

les petits navires en profitent parfois pour se rapprocher du cap la Hague avant le reversement du courant de flot dans le Raz.

A une encablure dans le Nord du plateau du Mermistin.

Direction et force du courant de flot :

3 heures 3/4 avant le moment du plein à Cherbourg. . . . . le flot s'établit vers le Sud avec une vitesse d'un nœud.

de 2 à 3 heures avant le moment du plein. . . . il porte S.E. avec une vitesse de 3 à 4 nœuds.

1 heure 1/2 après le plein. il porte S.S.O., mais avec une vitesse d'un nœud seulement.

à mesure que sa vitesse diminue. . . . . il incline de plus en plus sa direction vers l'Ouest.

2 heures après le plein à Cherbourg . . . . . . il finit vers l'Ouest.

Direction du jusant. . . . elle varie entre l'Ouest et le N.O.

Fin du jusant. . . . . . . le jusant revient à l'Ouest et finit 3 heures 3/4 avant le moment du plein à Cherbourg

ENTRE LE CAP LÉVY ET LA POINTE DE BARFLEUR.

Principale direction des courants. . . . .
elle est à peu près parallèle à la direction de la côte.

Direction et force des courants au large du Renier et des basses du Sen :

jusque dans l'alignement du clocher de Gouberville par la roche Neville. .
E.S.E. et O.N.O. avec une vitesse de 3 à 4 nœuds dans les vives-eaux.

à l'Est de cet alignement.
la direction du flot s'incline de plus en plus vers le S. E., et le jusant vers le N. O., à mesure qu'on se rapproche du méridien de la ointe de Barfleur ; la vitesse des courants augmente en même temps. Elle est de 5 à 6 nœuds dans les vives-eaux.

DE LA POINTE DE BARFLEUR AU HAVRE.

Au Nord de la ligne joignant la pointe de Barfleur au cap d'Antifer.

Direction du flot. . . . . . .
le flot porte E. 1/4 N.E. et E.N.E.; il incline sa direction plus vers l'Est sur le méridien de l'embouchure de l'Orne.

Vitesse du flot. . . . .
de 3 à 4 nœuds dans les grandes marées.

Direction et vitesse du jusant.
le jusant porte O. 1/4 N.O. avec une vitesse égale à celle du flot.

Au Sud de la ligne joignant la pointe de Barfleur au cap d'Antifer.

Direction du flot . . . . . .
le flot porte S.E. 1/4 S. vers

Vitesse du flot. . . . . . .

la partie de côte comprise entre le Havre et le cap d'Antifer, où il incline sa direction vers le S.S.E. et le S.S.O.

de 3 à 4 nœuds dans les vives-eaux ; mais le courant de flot perd beaucoup de sa force à 2|3 de montée et porte alors E.N.E. et N.E.

Direction et vitesse du jusant. . . . .

sa direction est opposée à celle du flot et sa vitesse égale.

Entre les caps la Hève et Antifer.

Direction et force du courant de flot :
depuis **2** heures avant le moment du plein au Havre jusqu'à **2** heures après

le flot porte N.E. jusqu'à 4 ou 5 milles au large avec une vitesse de **2** ou **3** nœuds dans les grandes marées.

quand il mollit. . . . . .
il tourne vers le N.N.E.
2 heures 4/2 après le plein au Havre . . . .
il finit au N. 4/4 N.E.

Sur la Grande Rade du Havre.

Direction et force du courant de flot :
4 heures avant le moment du plein au Havre . . .
le flot s'établit.
3 heures avant le plein au Havre. . . . .
il porte S. 4/4 S.O. avec 3 nœuds de vitesse.
2 heures 4/2 avant le plein.
il tourne alors vers l'Est en perdant de sa vitesse, et porte E.N.E. où il reprend de la force.

après le moment du plein au Havre. . . . . . .
sa vitesse diminue.

2 heures après le plein . .   le flot finit en se dirigeant vers le N.E. 1/4 N.

Direction et force du jusant :
  3 heures après le plein au Havre. . . . .   le jusant porte N.O.

  5 heures après le plein. .   il porte O.S.O. : C'est dans cette dernière direction qu'il atteint sa plus grande vitesse, qui est de 2 nœuds 1/2.

Fin du jusant. . . . . . .   le jusant mollit ensuite à mesure que sa direction se rapproche du S.S.O., où il finit.

Sur la Petite Rade du Havre.

Direction et force du flot :
  4 heures environ avant le moment du plein au Havre . . . .   le flot commence à se faire sentir ; il porte d'abord S. . 1/4 S. E. pendant 2 heures, avec une vitesse de 2 à 3 nœuds.

2 heures avant le plein. .   le flot tourne par l'Est et s'amortit totalement.

au moment du plein . . .   le flot reprend de la force et porte vers le N.N.O.

1 heure 1/2 après le plein.   fin du flot.

Direction et force du jusant :
  peu d'instants après la fin du flot . . . .   le jusant succède immédiatement au flot et porte N.N.O.

4 heures 1/2 après le plein au Havre. . . . .   le jusant porte O.S.O.

peu d'instants avant le commencement du flot.   le jusant porte S.O., où il finit.

Dans la passe du Nord-Ouest, conduisant sur la Petite Rade.

A quelle période de la marée finit le flot ? . . . . .   2 heures seulement après le plein au Havre.

Dans quelle direction porte le jusant, quand il est dans sa plus grande force ?. . . . — au S.S.O. avec une vitesse de 1 à 2 nœuds.

A quelle période de la marée finit le jusant ?. . . . . — 4 heures avant le plein au Havre.

Au mouillage de la Carosse.

Dans quelle direction porte le flot ?. . . . . — il porte en Seine jusqu'à 4 heures de montée.

A quelle période de la marée a lieu la plus grande vitesse de ce courant ?. . . . — 3 heures avant le plein au Havre.

Quelle est la plus grande vitesse de ce courant ?. . . . — elle n'est jamais de plus de 4 nœuds.

DE LA POINTE DE BARFLEUR A LA HOUGUE ET AU GRAND-VAY.

Sur la rade de Barfleur.

Direction et vitesse du courant de flot . . . . — le flot suit la direction du rivage ; sa vitesse n'est jamais de plus de 3 nœuds.

Contre-courant à 1/2 marée montante . . . . — la vitesse du flot diminue tout à coup à 1/2 marée montante, et un contre-courant s'établit alors dans une direction opposée à celle du flot, mais avec une vitesse moindre.

Ce contre-courant mollit un peu au moment du plein, et il reprend de la force dès que le jusant commence.

Entre la pointe de Barfleur et la pointe de Saire.

Direction du courant de flot. — Sud.

Déviation de ce courant à la pointe de Saire . . . . . . vers l'O.S.O.

Distance à laquelle cette déviation se fait sentir.. . . . à 3 milles au large de la partie de côte comprise entre Barfleur et la Hougue.

Comment se maintenir dans la partie du courant de flot portant O.S.O. ? . . . . . en tenant les îles Saint-Marcouf au Sud du S.S.O.

Sur la Rade de la Hougue.

Direction et force du courant de flot :

4 heures 3/4 avant le moment du plein à la Hougue. . . . . le flot s'établit; il porte O.S. O. et O. 1/4 S.O.

2 heures 3/4 avant le plein. le courant de flot est dans toute sa force; il porte à l'Ouest avec une vitesse de 2 nœuds 1/2.

25 minutes après le plein. le flot finit en portant Nord avec une vitesse de 1/2 nœud.

Direction du jusant. . . . le jusant porte N.E. et E.N.E.

Plus grande vitesse du jusant . . . . 2 nœuds.

A quelle période de la marée a lieu la plus grande vitesse du jusant . . . . . . 4 heures 20 après le moment du plein à la Hougue.

Sur la Rade de la Capelle.

Direction du courant de flot . . . . S.S.O. et S. 1/4 S.O.

DE LA POINTE DE LA PERCÉE AU CAP MANVIEUX.

Vitesse et direction des courants. . . . . ils suivent à peu près la direction du rivage; leur vitesse n'excède jamais 3 nœuds 1/2.

Du cap Manvieux a l'embouchure de d'Orne.

Sur la plage devant Courseulles.

A quelle période de la marée reverse le courant de flot?. . . . .   1/2 heure avant le moment du plein à Courseulles.

Sur la Rade de Caen.

Direction des courants. . .   le flot porte S.E., et le jusant N.O.

Quelle est la plus grande vitesse des courants de flot et de jusant ? . . . .   elle n'est jamais de plus de 2 nœuds.

A quelle période de la marée se fait sentir cette plus grande vitesse? . . . .   au moment de demi-marée montante ou à celui de demi-marée baissante.

A quelle période de la marée les courants reversent-ils à l'entrée de l'Orne? . . . .   vers le moment du plein ou celui du bas de l'eau; mais le reversement des courants retarde de plus en plus à mesure qu'on s'éloigne de la côte.

Du cap d'Antifer au cap Gris-Nez.

Direction suivie par les courants :
à partir du rivage et jusqu'à 7 milles au large. .   le flot porte à terre quand il s'établit, mais il se rapproche de plus en plus de

sa direction principale à mesure qu'il prend de la force. — Il porte vers le large quand sa force commence à diminuer.

au delà de 7 milles.. . . . les courants suivent les sinuosités de la côte

Influence des bancs du Pas-de-Calais sur la vitesse et la direction des courants.. . . . les canaux qui séparent ces bancs accélèrent la vitesse des courants, et modifient leur direction, depuis le moment de demi-baissée jusqu'à celui de demi-montée ; mais ils sont sans influence après 2/3 de montée.

Effet que subit le courant de flot sur le méridien de la pointe d'Ailly. . . . . le flot porte vers l'E. 1/4 N.E.

Modification qu'éprouve cet effet lorsqu'il vente grand frais de la partie de l'Ouest. . . . au lieu de changer de direction sur le méridien de la pointe d'Ailly, le flot se porte beaucoup plus loin vers l'Est et tourne brusquement, à peu de distance du rivage, en rendant la mer très-grosse.

Influence produite sur le courant entre Tréport et la Somme :
    par les vents d'aval. . . . ils augmentent la force et la durée du flot.

    par la rivière. . . . . la direction du flot est modifiée.

Courant transversal dans la baie de Somme. . . . . quand le courant du jusant finit au large, c'est-à-dire au moment de demi-montée à terre, un courant transversal s'établit et porte vers les bancs de Somme et la côte de Berck.

Un courant semblable porte vers le large au moment de demi-baissée au rivage, c'est-à-dire au moment où le courant de flot cesse de se faire sentir au large.

Courant de jusant entre Treport et la Somme. . . . .

il se fait à peine sentir jusqu'à 3 ou 4 milles du rivage.

Vitesse du courant de flot entre la Somme et l'Authie. .

3 nœuds dans les grandes marées.

Influence des vents d'aval sur la vitesse des courants de flot et de jusant entre la Somme et l'Authie. . . . . .

ces vents augmentent la force du flot et diminuent celle du jusant.

Le jusant pourrait-il aider un navire affalé dans la baie de Somme à se relever de la côte?. . . . .

non; ce courant est trop faible près de terre, entre la Somme et l'Authie, surtout quand les vents sont d'aval.

DANS LE CANAL A TERRE DE LA BASSURE DE BAAS, ENTRE L'AUTHIE ET LE CAP D'ALPRECH.

Direction et vitesse des courants. . . . .

les courants suivent la direction du canal; leur vitesse augmente à mesure qu'en s'avançant vers le Nord le canal se rétrécit.

Quelle est la plus grande vitesse du courant de flot?. .

4 nœuds dans les plus grandes marées.

Entre quelles périodes de la marée le courant de flot est-il dans sa plus grande force ?. . . . .

depuis 1 heure avant jusqu'à 1 heure après le moment du plein à Boulogne.

Quelle est la vitesse du courant de jusant ?.. . . . .

le jusant est un peu moins rapide que le flot.

Entre quelles périodes de la marée le courant de jusant est-il dans sa plus grande force ?. . . . .

depuis 1 heure avant jusqu'à 1 heure après le moment de la basse mer à Boulogne.

A 3 MILLES DANS L'OUEST DE BOULOGNE, EN DEHORS DE LA BASSURE DE BAAS.

A quelle période de la marée le flot commence-t-il à être dans sa plus grande force ?. . . . .

au moment du plein à Boulogne.

Pendant combien d'heures le flot est-il dans sa plus grande force ?.. . . . . . .

pendant 2 heures.

A quelle période de la marée finit le flot ?.. . . . . . .

3 heures 45 après le moment du plein à Boulogne,

PAR LE TRAVERS D'AMBLETEUSE.

Quelle est la plus grande vitesse du flot dans les vives-eaux ?. . . . .

3 nœuds 1/2 à 4 nœuds.

Quelle est la durée de cette plus grande vitesse ?. . . . .

2 heures 1/2.

Quelle est la direction du flot ?. . . . .

il suit la direction du canal.

A quelle période de la marée finit le flot?. . . . . . . 3 heures 45 après le moment du plein à Boulogne.

Quelle est la vitesse du jusant?.. . . . . le jusant est moins rapide que le flot, mais il dure plus longtemps.

A quelle période de la marée finit le jusant?.. . . . . 2 heures 1/2 avant le moment du plein à Boulogne.

DANS UN RAYON DE 2 MILLES AUTOUR DU CAP GRIS-NEZ.

Vitesse des courants. . . . les courants sont plus rapides à 2 milles autour du cap Gris - Nez qu'à une plus grande distance au large.

A quelle période de la marée le flot :
s'établit-il ?.. . . . . 2 heures avant le moment du plein à Boulogne.

finit-il?. . . . . 3 heures 45 après le plein.
Quelle est la plus grande vitesse du flot?. . . . . . . 4 nœuds dans les grandes marées moyennes.

Contre-courant de flot à l'Est du cap Gris-Nez. . . . . . vers l'O.S.O, le long de la côte, à l'Ouest de Wissant.

DU CAP GRIS-NEZ A LA FRONTIÈRE DE BELGIQUE.

Mouvement en hauteur de la marée :
jusqu'à 15 ou 16 milles de la côte. . . . . le mouvement en hauteur est à peu près le même et a lieu aux mêmes heures qu'au rivage.

au delà de 16 milles. . . . l'amplitude de la marée diminue de proche en proche, à mesure qu'on s'éloigne de terre.

au milieu de la mer du Nord, entre la Hollande

et l'Angleterre.. . . . . .

l'amplitude de la marée se réduit à 65 centimètres.

La direction du courant indique-t-elle que la mer monte ou descend?. . . . .

non; pas plus dans la mer du Nord que dans la Manche, et il faut bien se garder de conclure de la direction du courant que la mer continue à monter et qu'on peut traverser un banc duquel on s'approche.

A quelle période de la marée le courant vers l'Est cesse-t-il de se faire sentir sur ceux des bancs de la côte septentrionale de France qui sont les plus éloignés de terre?. . .

au moment du bas de l'eau.

PASSES ET RADE DE DUNKERQUE.

Près de la bouée indiquant l'entrée de la passe de l'Ouest.

Direction et vitesse du courant :
au moment du plein à Dunkerque.. . . . .

le courant porte E.N.E. et Est avec une vitesse de 3 nœuds; il dure ainsi pendant 2 heures.

3 heures après le plein.. .

le courant cesse de porter vers l'Est.

6 heures après le plein.. .

le courant porte N.O. avec une vitesse de 2 nœuds 1/2; il dure ainsi pendant 2 heures 1/2.

3 heures et demie avant le plein à Dunkerque.. . .

le courant cesse de porter vers le N.O.

16.

DANS LA RADE DE DUNKERQUE, A 3 MILLES 1/2 DANS LE NORD-OUEST DU PHARE.

Direction et vitesse du courant :

au moment du plein à
Dunkerque.. . . . . . .   le courant porte Est avec une vitesse de 3 nœuds 1/2 ; il dure ainsi pendant 2 heures.

3 heures après le plein.. .   le courant cesse de porter vers l'Est.

6 heures après le plein.. .   le courant porte N.O. avec une vitesse de 3 nœuds ; il dure ainsi pendant 2 heures 1/2.

3 heures avant le plein à
Dunkerque. . . . .   le courant cesse de porter vers le N.O.

DANS LA PASSE DE ZUYDCOOTE.

Direction et vitesse du courant :

1/4 d'heure après le mo-
ment du plein à Dun-
kerque. . . . .   le courant porte Est et E.N.E. avec une vitesse de 3 nœuds 1/2 ; il dure ainsi pendant 2 heures.

3 heures 1/4 après le plein.   le courant cesse de porter vers l'Est.

6 heures après le plein. .   le courant porte Ouest avec une vitesse de 3 nœuds ; il dure ainsi pendant 2 heures 1/2.

2 heures 3/4 avant le plein
à Dunkerque. . . . . . .   le courant cesse de porter vers l'Ouest.

Côte de France.

(A l'Ouest du cap la Hague.)

RAZ BLANCHARD.

A quelles périodes de la marée reversent les courants dans le Raz ?. . . . .

au moment de demi-marée montante et à celui de demi-marée baissante au rivage voisin (*à Goury*).

Quand s'établit le flot et quelle est la direction de ce courant ?. . . . .

le flot s'établit au moment de demi-marée montante au rivage ; il porte d'abord E.S.E. et Est, mais il ne tarde pas à porter E.N.E. (N.E.) dans le milieu du passage.

Dans quelle direction porte le flot au moment de la pleine mer au rivage ?. . . . . . .

vers le N.E. et le N.N.E.

Quelle est la plus grande vitesse du flot ?.. . . . . . .

de 7 à 8 nœuds · dans les grandes marées.

Entre quelles périodes de la marée a lieu cette plus grande vitesse ?. . . . . . .

depuis 1 heure avant jusqu'à 1 heure après le moment du plein au rivage.

Quand s'établit le jusant et quelle est la direction de ce courant ?. . . . .

le jusant s'établit au moment de demi-marée baissante au rivage ; il porte O.S.O. (S.O.) quand il est dans toute sa force et s'incline de plus en plus vers le Sud à mesure que sa vitesse diminue.

Quelle est la plus grande vitesse du jusant?. . . . . . de 6 nœuds 1/2 à 7 nœuds dans les grandes marées.

Entre quelles périodes de la marée a lieu la plus grande vitesse du jusant?. . . . . . depuis 5 heures après le moment du plein au rivage jusqu'à 4 heures 3/4 avant le moment de la pleine mer suivante.

Entre quelles périodes de la marée a lieu la molle eau? depuis 1/2 heure avant jusqu'à 1/2 heure après le reversement du courant.

Les petits navires doivent profiter de ce moment pour traverser le Raz, surtout pendant les vives-eaux.

Roches indiquant, suivant qu'elles sont couvertes ou découvertes, la direction des courants dans le Raz.. . . . . la Foraine et la grande roche des Huquets-de-Jobourg.

Il y a flot dans le Raz tant que ces roches sont couvertes; il y a jusant tant qu'elles sont découvertes.

Influence de la direction et de la force du vent sur la durée des courants dans le Raz. de grands vents de la partie du Sud-Ouest prolongent de près de 3/4 d'heure la durée des courants vers le Nord-Est; mais les vents de la partie du Nord-Est n'ont pas une influence semblable sur le courant vers le Sud-Ouest.

GRAND RUET.

Seuls instants de la marée pendant lesquels, lorsque les

vents sont portants, l'espace compris entre Guernesey et les Casquets offre un passage propre à faire gagner du temps :

aux navires se trouvant dans l'Est du banc de la Schôle..........

entre les périodes de demi-marée baissante et de basse mer, ainsi qu'entre celles de demi-marée montante et du plein.

aux navires se trouvant dans l'Ouest du banc de la Schôle ....

entre les périodes de 3/4 de montée et de 1/4 de baissée.

Dans quelles directions les courants portent-ils le plus longtemps entre Jersey, Guernesey et les Roches-Douvres. ....

vers le Nord-Ouest et vers le Sud-Est.

Le courant de flot dans ces parages se divisant en deux branches, dont l'une se dirige vers le Nord-Est et l'autre vers le Sud-Est, comment se maintenir dans celle de ces branches qui porte entre Guernesey et Jersey, et éviter ainsi d'être entraîné dans le Sud de Jersey ?......

en tenant la pointe Sorel ouverte de la pointe Pleinmont, ou en se maintenant au Nord de la direction dans laquelle les pointes Belle-Hogue et Rond-Nez sont vues l'une par l'autre.

Mais si l'on voulait au contraire se maintenir dans celle des deux branches du courant de flot qui porte dans le Sud de Jersey. ....

il faudrait tenir les terres

Se trouvant, de nuit, dans l'Ouest et près des Iles Anglaises, par une profondeur d'eau de moins de 62 mètres, entre quelles périodes de la marée faut-il éviter de capéyer :

avec le cap vers le Nord-Est, si les vents tiennent du N., du N.O., ou de l'Ouest ?.....

de la pointe de la Frette ouvertes à droite de la Corbière, ou la pointe Noirmont ouverte de la pointe de la Moye.

depuis le moment de la basse mer jusqu'à celui de demi-marée montante.

avec le cap vers le Sud-Est, si les vents tiennent du S., du S.O., ou de l'Ouest ?.....

depuis le moment de demi-marée montante jusqu'à celui du plein.

A ENVIRON 10 MILLES DANS L'O. 1/4 N.O. DE LA DERÉE ANGLAISE (*Saint-Ouen étant vu très-peu à droite de la Corbière*) ET DANS L'EST D'UNE LIGNE JOIGNANT LE CAP FRÉHEL AUX ROCHES DOUVRES.

Dans quelle direction porte le courant entre les périodes :

de mer basse et de 1/2 marée montante ?..... vers le Sud.

de 1/2 marée montante et du plein ?....... vers le S.S.E.

du plein et de 1/2 marée montante ?....... vers le Nord.

de 1/2 marée baissante et de mer basse ?..... vers le N.N.O.

CAP FLAMANVILLE.

Différence entre les instants

du commencement de jusant devant le cap Flamanville et dans le passage compris entre le roc de Granville et les îles Chausey. . . . .

le jusant s'établit devant le cap Flamanville 2 heures 1/2 plus tard qu'entre le Roc et les Chausey.

Entre le rocher Senéquet et Granville.

Indication de la direction des courants donnée par le rocher Ronquet. . . . .

le courant commence à porter N.N.E. quand Ronquet couvre, et il commence à porter O.S.O. et S.O. quand ce rocher découvre.

Dans le milieu du passage compris entre le Roc de Granville et les iles Chausey.

Direction et vitesse du flot :
  4 heures avant le moment du plein à Granville. . .   le flot s'établit vers le S.S.O.
  3 heures avant le plein. .   il porte S.E. 1/4 S. avec 2 nœuds de vitesse.

  2 heures avant le plein.. .   le flot est dans toute sa force, qui est de 3 nœuds 1/2 à 4 nœuds, et il porte Est.

au moment du plein à Granville. . . . .   le flot porte N.E.; mais sa vitesse n'est plus que de 1 nœud à 1 nœud 1/2.

Direction et vitesse du jusant :
  1 heure 1/2 après le moment du plein à Granville.. . . . .   le jusant commence et porte Nord.

  4 heures 1/2 après le plein.   il porte O.S.O.; il est alors dans toute sa force, qui est de 4 nœuds 1/2.

5 heures 1/2 après le plein.	le jusant porte S.O., mais sa vitesse n'est plus que de 2 nœuds.

Entre Granville et Cancale.

A quelle période de la marée le courant de flot commence-t-il à se faire sentir dans le passage compris entre le rocher Herpin et la Pierre ?	5 heures 3/4 avant le moment du plein à Saint-Malo ou à Granville.
Direction dans laquelle porte le flot quand il est dans sa plus grande force.	S.E. et E.S.E. 1/2 S.
Direction et vitesse du courant de flot entre les pointes de la Varde et du Grouin. .	le flot porte parallèlement à la côte, avec une vitesse de 4 nœuds à 4 nœuds 1/2 dans les grandes marées.
Direction du courant de flot à la pointe du Grouin. .	cette déviation vers le Sud est très-brusque et s'opère dans les roches qui forment, avec l'Ile des Landes, une chaussée s'étendant à 2 milles dans le Nord-Est de la pointe du Grouin.
Influence de cette déviation sur la vitesse des courants. .	il en résulte que, vers le moment de demi-marée, la vitesse du flot est de 6 nœuds en vives-eaux dans le chenal de la Vieille-Rivière ainsi que dans le passage compris entre l'extrémité Nord-Est de l'Ile des Landes et le rocher Herpin.
Décroissement que subit cette vitesse.	la vitesse du flot n'est plus que de 5 nœuds 1/2 entre

le rocher Herpin et la Pierre, de 5 nœuds entre la Pierre et la Fille, et de 3 nœuds 1/2 à 4 nœuds à 1 mille dans le N.E. de la Fille.

Dans quelle direction se porte :

la partie du courant de flot qui s'introduit dans la baie du mont Saint-Michel, par le chenal de la Vieille-Rivière, ainsi que par le passage compris entre l'île des Landes et le Rocher Herpin ? . . .

cette partie du courant de flot se dirige, à peu près parallèlement à la côte, dans la fosse de Chatry et dans la Grande-Rade de Cancale ; puis elle se porte vers l'échouage de la Houle, après avoir doublé la pointe de la Chaîne, le Châtelier et l'île des Rimains.

la partie du courant de flot qui s'introduit dans la baie du mont Saint-Michel, en passant entre le rocher Herpin et la Pierre ?. . . . .

cette seconde partie du courant de flot se dirige d'abord au Sud et au S.S.E., puis, par le travers de l'île des Rimains, au S.S.O. et au Sud, et enfin au S.O. et au S.S.O. à mesure qu'elle s'avance dans la baie.

Contre-courant à l'Ouest du Mont-Dol et du Vivier . . . .

la partie du courant de flot qui atteint les grèves situées à l'Ouest du Mont-Dol et du Vivier se replie vers l'Ouest

D'où vient le flot sur l'échouage de la Houle par suite de ce contre-courant ? . . . .

et remonte, vers le Nord, parallèlement à la côte

le flot vient du S.S.O. et de l'O.S.O. et facilite l'accès de l'échouage de la Houle, lorsqu'il faut louvoyer pour atteindre cet échouage, ou lorsqu'il fait calme.

A quelle période de la marée ce contre-courant est-il dans sa plus grande force ? .

2 heures avant le moment du plein à Cancale.

Vitesse du jusant. . . . .

la vitesse du jusant est à peu près égale à celle du flot dans les divers passages situés au Nord-Est de la pointe du Grouin.

Direction suivie par le jusant. . . . .

le jusant court parallèlement à la côte depuis le travers du Châtellier jusqu'à la chaussée qui s'étend dans le Nord-Est de la pointe du Grouin ; au delà, il porte N.N.O. et N.O.

ENTRE CANCALE ET LE CAP FRÉHEL.

Entre Cancale et Cézembre.

Dans quelle direction porte le flot ? . . . .

E.S.E. 1/2 E.

Quelle est la vitesse de ce courant :

2 heures avant le moment du plein à St-Malo ? . .

4 nœuds ; c'est sa plus grande vitesse.

au moment du plein ? . . .

la vitesse du flot n'est plus que de 2 nœuds.

A quelle période de la marée a lieu la plus grande vitesse du jusant ? . . . .

depuis 2 heures jusqu'à 4 heu-

	res après le moment du plein à Saint-Malo.
Dans quelle direction porte alors le jusant?.	O.N.O. et O.N.O. 1/2 O.

Entre Cézembre et le cap Fréhel.

Quelle est la direction du flot?.	E.S.E. 1/2 S.
A quelle période de la marée le courant de flot est-il dans sa plus grande force?.	2 heures avant le moment du plein à Saint-Malo.
Dans quelle direction porte le jusant?.	N.O. 1/4 O., O.N.O. et O. 1/4 N.O.

ENTRE LE CAP FRÉHEL ET LES HÉAUX DE BRÉHAT.

Force des courants dans les environs des Léjons	les courants sont très-forts dans les environs des Léjons et y rendent la mer mauvaise pour peu qu'il vente.

A 1 mille et à 1 mille 1/2 dans le Nord de Roc'h-ar-Bel et de la Horaine.

Courant de flot :

4 heures 3/4 ou 5 heures avant le moment du plein à Bréhat	le flot commence; il porte d'abord E.S.E., puis, peu après, S.E. pendant 5 heures.
au moment du plein. . . .	le flot a beaucoup perdu de sa force; il porte successivement dans toutes les directions comprises entre le S.E. et l'E.N.E. (E.S.E et N.E.)

4 heure après le moment du plein à Bréhat. . . . — fin du courant de flot.

Quelle est la plus grande vitesse du courant de flot ? . — 5 nœuds.

A quelle période de la marée a lieu cette plus grande vitesse ?. . . . . — 2 heures avant le moment du plein à Bréhat.

Courant de jusant :

4 heure après le moment du plein à Bréhat. . . . — le jusant s'établit vers l'E.N.E. (N.E.).

2 heures après le plein. . — il porte N.O. 4/4 N. (N.O. 4/4 O.) pendant 4 heures.

5 heures avant le moment du plein à Bréhat. . . . — le jusant finit vers l'E.N.E.

Quelle est la plus grande vitesse du jusant ? . . . . . . — 5 nœuds.

Entre quelles périodes de la marée a lieu cette plus grande vitesse ? . . . . . . — depuis 3 heures jusqu'à 4 heures après le moment du plein à Bréhat.

SAINT-VALERY-SUR-SOMME.

Quelle direction suivent les courants de flot et de jusant dans le chenal de Bréhat. ? . — les courants suivent à peu près la direction du chenal.

Quelle est la vitesse de ces courants ? . . . . — leur vitesse varie de 3 à 4 nœuds pendant presque tout le temps de leur durée.

Direction et vitesse des courants de flot et de jusant : au Nord du Chenal de Bréhat, depuis l'entrée de ce chenal jusque par le travers de Roc'h-ar-Bel. — la direction du flot se rapproche de plus en plus de l'Est, et, celle du jusant de l'Ouest.

par le travers de Roc'h-ar-Bel. . . . . le flot porte S.E. avec une vitesse de 3 à 5 nœuds, pendant 4 heures, et le jusant, N.O 1/4 N., avec la même vitesse et pendant le même temps.

Par suite de la direction et de la force des courants par le travers de Roc'h-ar-Bel, quel risque courrait un navire qui, venant chercher le chenal de Bréhat avec des vents de tribord et flot, doublerait Roc'h-ar-Bel par l'Est, ou qui, sortant du chenal de Bréhat, pendant le jusant et avec des vents de la partie de l'Est, ne pourrait pas doubler Roc'h-ar-Bel par l'Est ?. . . . . ce navire courrait le risque d'être entraîné sur la Horaine, s'il venait du Nord, et sur les plateaux de Men-du-Castrec, de la Moisie et de Carrec-Mingui, s'il venait du Sud.

Comment éviter ce danger ? en passant, à terre de Roc'h-ar-Bel, par les passages de la Moisie ou du Men-du-Castrec (1).

PASSAGE DU MEN-DU-CASTREC.

Direction et vitesse des courants dans ce passage . . . . les courants suivent la direction du passage; leur vitesse, en grande marée, est de 4 nœuds 1/2 à 5 nœuds.

---

(1) Voir pages 177 et 178, les marques donnant les directions à suivre dans les passages de la Moisie et du Men-du-Castrec, et page 177, la marque conduisant du chenal de Bréhat dans l'un ou l'autre de ces passages.

PASSAGE DE LA MOISIE.

Direction du courant de flot :
jusqu'au Noguejou-Bian. . . . le flot suit exactement la direction du passage.

au delà du Noguejou-Bian. le flot incline sa direction vers le S O.

Vitesse :
du flot. . . . . 4 nœuds 1/2 à 5 nœuds.
du jusant . . . . le jusant est un peu moins rapide que le flot.

Direction du jusant. . . . la direction du jusant se rapproche de plus en plus de celle du passage à mesure que la mer perd.

ENTRÉE DE LA RIVIÈRE DE PONTRIEUX.

Direction des courants :
entre la Vieille (de Saint-Modé) et la Roche la Croix (sur laquelle est un phare). . . . . les courants suivent la direction du chenal.

dans la partie du chenal située dans le Nord-Est de la Vieille (de Saint-Modé) les courants traversent avec force la direction du chenal; on ne peut se maintenir dans les marques indiquant la direction à suivre qu'avec des vents assez frais et d'une direction convenable pour permettre de maîtriser les courants.

Quel risque courrait, par suite de cette direction du courant dans la partie du chenal située au Nord-Est de la Vieille (de Saint-Modé), un navire qui, venant avec flot et des vents de la partie de l'Ouest se mettre dans les marques du chenal de l'Entrée de la rivière de Pontrieux, ou sortant de cette Rivière, avec jusant et des vents de la partie de l'Est, passerait dans le Nord de Roc'h-ar-Bel?....

ce navire courrait le risque, dans le premier cas, de ne pouvoir doubler la Horaine par l'Ouest et, dans le second cas, de ne pouvoir doubler Roc'h-ar-Bel par l'Est.

Comment éviter ce risque?

en passant par le passage de Men-du-Castrec, ou par celui de la Moisie.

RADE DE BRÉHAT.

Direction du courant de flot:

5 heures avant le moment du plein à Bréhat....

le flot s'établit et va vers le S.O. 1/4 O.

2 heures 1/2 avant le plein.

il porte vers l'E.S.E.; c'est le moment de sa plus grande vitesse.

Quelle est la plus grande vitesse du courant de flot?..

2 nœuds.

Direction du jusant :

quelques minutes après le moment du plein à Bréhat.

le jusant s'établit et porte N.O.

au moment de la plus grande vitesse de ce courant. . . . .

sa direction varie de l'O.N.O à l'O. 1/4 N.O.

Quelle est la plus grande vitesse du jusant?. . . . . .

1 nœud 1/2.

Entre quelles périodes de la marée a lieu cette plus grande vitesse? . . . .

depuis 3 heures jusqu'à 4 heures après le moment du plein à Bréhat.

Anse de Paimpol.

D'où vient le courant de flot qui pénètre dans l'anse de Paimpol?. . . . . le courant de flot vient du passage, situé au Sud de l'île Bréhat (*le Ferlas*), du Kerpont, et de la partie Est de l'île Bréhat.

Dans quelle direction porte ce courant ?. . . . . il porte S.S.O. et S.S.E.; mais vers 4 heures de montée il porte S.S.O. et S.O.

Contre-courant de flot. . . un contre-courant s'établit, à 4 heures de montée, le long du rivage, à partir du Mets-de-Goélo et en remontant vers la pointe de l'Arcouest.

Quelle est l'étendue de ce contre-courant ?. . . . . . elle augmente rapidement ; une heure avant le plein, ce contre-courant se fait sentir jusqu'au mouillage Sud de l'Ile Saint-Riom.

Dans quelle obligation ce contre-courant met-il les navires qui se rendent de la rade de Bréhat à Paimpol avec faible brise ?. . . . . . ce contre-courant les oblige à doubler par l'Est l'île Saint-Riom et même la Cormorandière, attendu qu'on ne peut passer par le chenal de la Trinité qu'avec des vents portants et assez forts pour refouler le contre-courant.

Direction suivie par le jusant. . . . . le jusant suit la même direction que le contre-courant de flot.

Contre-courant de jusant.. un contre-courant s'établit,

Tendance du courant de jusant à mesure que les plages découvrent........ le jusant tend alors de plus en plus à se porter en masse sur l'île Bréhat.

Partage du courant de jusant en deux branches devant l'île Bréhat.......... l'une de ces branches passe dans l'Est de l'île Bréhat; l'autre traverse la partie Ouest de la rade de Bréhat pour se porter dans le Kerpont, ainsi qu'entre les îlots et les rochers de la partie Ouest du plateau de l'île.

pendant le jusant, comme pendant le flot, en arrière de chaque pointe saillante.

Vitesse des courants :
dans les canaux étroits... la vitesse des courants augmente.

vers le banc de la Cormorandière ainsi que dans l'Est du Mets-de-Goélo et de la pointe de Minar.. la vitesse des courants est de 4 nœuds en grande marée, et de 1 nœud 1/2 à 2 nœuds en morte-eau.

A L'OUEST DES HÉAUX DE BRÉHAT.

A quelle période de la marée reverse le courant de flot au large des Sept-Iles et des Triagos ?.......... le flot reverse 3 heures environ après le moment du plein à Perros.

A quelle période de la marée reverse le courant de flot au large de l'île de Bas ?............ le flot reverse 2 heures 1/2 environ après le moment du plein à l'île de Bas.

17.

A quelle période de la marée reverse le courant de flot entre l'île de Bas et Ouessant?

le flot reverse **2 heures 1/2** environ après le moment du plein à Porsal.

ILE D'OUESSANT.

Quelle est la direction des courants sur la côte Ouest d'Ouessant et jusqu'à la pointe Nord-Ouest de cette île ?

le flot porte N.E., et le jusant S.O.

Quelle est sur la côte Nord-Ouest d'Ouessant et jusqu'à 2 ou 3 milles au large, la durée du courant portant avec force :

vers le N.E.?........

9 heures : depuis le moment de la basse mer à Ouessant jusqu'à **3 heures** de baissée.

vers le S.O.?........

3 heures seulement ; depuis 3 heures de baissée jusqu'au moment de la basse mer.

Direction des courants :
à 6 milles dans le S.O. d'Ouessant........

le flot porte Nord, et le jusant S.S.O.

entre la Jument et le Diamant (*des Pierres-Noires*)..........

le flot porte N.O.

Raz de marée sur la côte Nord-Ouest d'Ouessant....

un raz de marée très-violent se fait parfois sentir jusqu'à un mille et demi et même trois milles au large.

CHENAL DU CONQUET.

Direction des courants depuis le Four jusqu'à la pointe de Kermorvan :

à 1 mille 1/2 au large de la côte. . . . .   le flot porte N.N.E., et le jusant S.S.O.

plus près de terre qu'un mille 1/2. . . . .   les courants suivent la direction de la côte.

entre l'île Béniguet et la pointe Saint-Mathieu. .   le flot porte N. 1/4 N.E., et le jusant S. 1/4 S.O.

IROISE.

Direction du courant de flot : entre le Diamant (*des Pierres-Noires*) et la pointe Saint-Mathieu.. .   le flot porte vers le Nord.

quand la pointe de Kermorvan est cachée par la pointe Saint-Mathieu.   le flot porte dans le Goulet. Toutefois, à la pointe Saint-Mathieu, à partir du moment où il s'établit, le flot porte pendant 1 heure 1/2 dans le chenal du Conquet.

PASSAGE DU TOULINGUET.

Direction des courants dans le passage du Toulinguet. . .   les courants suivent à peu près la direction du passage. — Le flot va vers le Nord et le jusant vers le Sud.

RAZ DE SEIN.

Direction du courant de flot dans le raz de Sein :
avant 1/2 montée.. . . . . .   Nord.
après 1/2 montée.. . . . .   N.E.
quand on relève le Tévennec à l'Ouest. . . . .   N.N.E. pendant toute la durée du flot.

un peu au Nord du parallèle de Tévennec. . . .	N.E.
quand la Baie de Brest est ouverte.	E.N.E.
Direction du jusant dès qu'il s'établit	S.O.

DE LA POINTE DE PENMARC'H A BAYONNE.

Direction des courants :

à la pointe de Penmarc'h.	le flot suit deux directions : l'une, au S.E., vers les Glénans ; l'autre, au N.O., vers le Raz-de-Sein. Le jusant porte dans des directions opposées.
dans les environs des Glénans.	la direction générale du flot est le S E., et celle du jusant le N.O.
dans les environs de Groix, en temps ordinaire . . .	le flot porte vers l'Ouest, et le jusant vers l'Est.
dans les environs de Groix, après une longue série de vents d'une même partie.	les courants suivent la direction du vent qui a régné.

DANS LE COUREAU DE BELLE-ILE.

Direction des courants :

à la pointe des Poulains, près de terre..	le flot porte vers la Teignouse, et le jusant vers le S.O.
à 6 milles au large de la pointe des Poulains. . .	le flot porte dans la baie d'Etel, et le jusant vers l'O. N.O.
par le travers de la pointe de Locmaria, à l'ouvert	

du coureau et à 3 milles de terre. . . . . le flot porte vers Béniguet ; le jusant porte N.O. en longeant la côte Est de Belle-Ile.

par le travers de la pointe de Locmaria, à l'ouvert du coureau et à 6 milles de terre. . . . . le flot porte entre Houat et Hœdik, et le jusant porte O.S.O.

à l'ouvert du coureau, dans l'Est de la pointe de Locmaria. . . . . le flot porte vers les Cardinaux.

La direction des courants dans le coureau de Belle-Ile est-elle sujette à varier? . . oui, la direction des courants dans ce coureau dépend de celle des vents qui ont régné; elle est également influencée par les crues de la Loire.

DEVANT LE CROISIC.

Direction des courants. . . le flot porte E.N.E., et le jusant O.S.O.

DEVANT LES SABLES D'OLONNE.

Direction des courants. . . le flot porte E.S.E., et le jusant O.N.O.

DANS LES PERTUIS.

Direction des courants :
dans le Pertuis Breton.. . le flot porte S.E., et le jusant N.O.

dans le Pertuis d'Antioche. . . . . le flot porte E.S.E. jusqu'à l'île d'Aix, où il se partage: une partie se porte vers la

Charente et l'autre vers le passage de Maumusson.
Le jusant porte N.O.

DEVANT BAYONNE.

Après des vents du N.N.O. à l'Est passant par le Nord..   le courant porte au **S.O.**
Après des vents du Sud à l'Ouest et à l'O.N.O. . . . .   le courant porte au **N.E.**

PORTS ET ABRIS

PORTS ET ABRIS

—

DUNKERQUE.

Chenal	ouvert au **N.N.O. 1/2 N.**, et compris entre des estacades.
Elévation du fond du chenal au-dessus du niveau des plus basses mers	0
Montée de l'eau dans le port :	
en morte-eau.	de 5 mètres à 5 mètres 50.
en vive-eau.	de 6 mètres à 6 mètres 50.
Feu à l'extrémité de la jetée :	
de l'Ouest.	feu fixe rouge pendant toute la nuit (1).
de l'Est.	feux fixe vert pendant toute la nuit.
Courant de flot au bout des estacades	Le courant portant vers l'Est se fait sentir au bout des estacades jusqu'à 3 heures après le plein : il est dans sa plus grade force depuis 1/2 heure avant le plein jusqu'à 1/2 heure après.
Direction à suivre pour passer par le creux du chenal, en donnant entre les estacades	la tour de l'Heuguenar par l'extrémité de la jetée de l'Est.
Bassin à flot :	
longueur du sas.	53 mètres.
largeur de l'écluse	12 mètres.

---

(1) Un banc de sable, attenant à l'extrémité de l'estacade de l'Ouest, se prolonge à 2 encablures environ au large. Le sommet de ce banc est élevé de deux mètres environ au-dessus du fond du chenal.

Il faut donc retrancher 2 mètres de la montée de l'eau indiquée par les signaux de marée pour avoir la hauteur de l'eau sur le banc.

Élévation du seuil au-dessus du niveau des plus bas-
ses mers. . . . .   0^m,90.

GRAVELINES.

Chenal , ...   ouvert au N.N.O. 1/2 N.; sa
partie extérieure est com-
prise entre des jetées submersibles qui sont signa-
lées par des balises.

Balises les plus avancées
vers le large. . . . .   celle de la jetée de l'Ouest
est surmontée d'une sphè-
re (1), et celle de la jetée
de l'Est est surmontée d'une
croix et d'une girouette.

Élévation du fond du che-
nal au-dessus du niveau des
plus basses mers.   0

Direction à suivre pour en-
trer. . . . .   le clocher de Gravelines vu
au milieu de l'intervalle
compris entre les balises.

Courant au bout des esta-
cades . . . .   il est dans sa plus grande
force au moment du plein
et porte alors vers l'Est.

CALAIS.

Chenal . . . .   ouvert au N.N.O. 1/2 N. et
compris entre des estacades.

Élévation du fond du che-
nal au-dessus du niveau des
plus basses mers. . . . . . .   0, en temps ordinaire ; mais
lorsqu'on vient de chasser,

---

(1) Un banc de sable, attenant à l'extrémité de la jetée de
l'Ouest, se prolonge à 2 encablures au large. L'accore Nord de ce
banc est signalé par une bouée rouge ; son sommet est élevé d'un
peu plus d'un mètre au-dessus du fond du chenal.

le fond du chenal, au bout des estacades, est de 1^m,60 et même 2^m au-dessous du niveau des plus basses mers.

Montée de l'eau dans le port :
en morte-eau . . . .   de 5^m,50 à 6^m.
en vive-eau . . . .   de 7^m à 7^m,50.

Point de départ de la montée de l'eau indiquée par les signaux de marée . . . . . .   le niveau du radier du Bassin à flot.

Feux :
à l'extrémité de la jetée de l'Ouest . . . .   feu fixe rouge, pendant toute la nuit.

à l'extrémité de la jetée de l'Est . . . .   feu fixe blanc, tant qu'il y a 3 mètres d'eau dans le chenal.
Un feu rouge inférieur à ce feu blanc indique 1 mètre de montée de plus, et il indique 2 mètres de plus s'il est supérieur.

Courant au bout des estacades :
avec vents d'Ouest . . . .   il porte Est jusqu'à 4 heures après le plein.
avec vents d'Est . . . . . .   l'étale a lieu 1 heure 1/2 ou 2 heures après le plein.

Vitesse de ce courant dans les grandes marées . . . . . .   3 à 4 nœuds.

Profondeur d'eau restant au quai de marée :
en morte-eau . . . .   4^m,50 environ.
en vive-eau . . . .   près de 3 mètres.

Posées :
par le travers du poste des paquebots . . . .   fond vaseux, droit, élevé d'un mètre au-dessus du niveau du radier du bassin à flot.

devant la gare . . . .   excellent fond de vase, droit,

	élevé de 0ᵐ,60 à 0ᵐ,70 au-dessus du niveau du radier du bassin à flot.
Bassin à flot :	
largeur de l'écluse :	46 mètres.
élévation du radier au-dessus du niveau des plus basses mers	4 mètre.

BOULOGNE.

Chenal	ouvert au N.O. 1/4 N. et compris entre des estacades.
Montée de l'eau :	
en morte-eau	5 mètres environ.
en vive-eau	7 mètres
Point de départ de la montée de l'eau indiquée par les signaux de marée.	le niveau du banc de sable qui, à l'entrée, croise la direction du chenal en s'avançant vers le Nord, et dont le sommet est élevé de 2 mètres environ au-dessus du niveau des plus basses mers.
Feux :	
à l'extrémité de la jetée de l'Est.	un feu rouge pendant toute la nuit.
à l'extrémité de la jetée de l'Ouest	un feu blanc est tenu allumé tant qu'il y a 4 mètres d'eau sur le banc. Un deuxième feu blanc est allumé au moment du plein. Ces feux sont éteints dès qu'il y a moins de 4 mètres d'eau sur le banc qui est à l'entrée.

Courant au bout des estacades.............	il porte N.N.E. jusqu'à deux heures après le plein.
Contre-courant	une heure environ après le plein , un contre-courant porte N.O., en rangeant la jetée de l'Est. Ce contre-courant se divise en deux branches à l'extrémité de la jetée de l'Est : l'une de ces branches porte en chenal, et l'autre sur la jetée du N.O.
Posées	elles sont bonnes le long du quai de l'Est ; fond de vase, droit. Ces posées sont élevées de 0^m,50 au-dessus du point de départ des signaux de marée.
Bassin à flot :	
longueur du sas......	100 mètres.
largeur de l'écluse.....	20 mètres.
élévation du seuil au-dessus du niveau des plus basses mers	0

SAINT-VALERY-SUR-SOMME.

Chenal.	le chenal à partir de la grosse bouée rouge qui se trouve à son entrée, est parfaitement indiqué : d'abord par des bouées, puis par des balises. Les balises qu'on laisse sur tribord *en entrant* portent à leur extrémité un pannier en osier ; celles qu'on doit laisser sur bâbord sont surmontées d'une croix.
Montée de l'eau dans le port :	
en morte-eau.......	2^m,30 environ.
en vive-eau.........	7 mètres environ.

Signaux de marée.....	les signaux de marée, faits près du phare de Cayeux et sur la pointe du Hourdel, indiquent la montée de l'eau dans la partie du chenal où sont les bouées.
Posées............	dans le port de Saint-Valery; le fond y est dur, mais droit.

TRÉPORT.

Chenal............	ouvert au N. 1/4 N.O. et compris entre des jetées. Il est obstrué, en grande partie, par les galets qui s'amoncellent le long de la jetée de l'Ouest.
Montée de l'eau (1) :	
en morte-eau.......	$2^m,50$ environ.
en vive-eau........	près de 5^m.
Banc situé devant l'entrée de Tréport.........	un banc de galets assez élevé s'est formé à deux encablures environ au large des jetées et dans l'Est de l'axe du chenal (2).
Signaux de marée :	un pavillon et une flamme sont hissés tant qu'il y a 3 mètres d'eau, dans le chenal, entre les musoirs.
Feu à l'extrémité de la jetée :	
de l'Est..........	un petit feu rouge, pendant toute la nuit.
de l'Ouest.........	un feu blanc est tenu allumé tant qu'il y a 3 mètres d'eau dans le chenal.

(1) Il monte $1^m,30$ d'eau de plus à l'entrée du chenal que sur les posées.

(2) Le sommet de ce banc est moins élevé que les posées de Tréport.

Courant au bout des jetées. . le courant de flot se fait sentir au bout des jetées jus-
qu'à 1 heure 1/2 après le
plein.

Au moment du plein, ce
courant a une vitesse de
1 à 2 nœuds et rend l'entrée
de Tréport assez difficile pour
un navire un peu long, car
il faut ranger de près la jetée de l'Est afin de passer
par la plus grande profondeur d'eau dans le chenal.

Posée . . . . la meilleure posée est en
face de la grande rue de
Tréport ; le fond y est dur,
mais droit.

DIEPPE.

Chenal. . . . . ouvert au N.N.O. et compris entre des jetées.

Poulier. . . . . un poulier, dont le sommet
est ordinairement élevé de
3 mètres au-dessus du fond
du chenal, s'étend au large de la jetée de l'Ouest.

Point de départ de la montée de l'eau indiquée par les
signaux de marée. . . . . . le niveau du radier du bassin Duquesne.

Feux :
à l'extrémité de la jetée de
l'Est. . . . . trois feux blancs ; ces feux
sont disposés de la ma-
nière suivante :

1° Un feu pendant toute
la nuit ;

2° Un 2e feu, placé à
2m,60 au-dessus du 1er, est
allumé depuis 2 heures 1/2
avant le plein jusqu'à 2 heures après.

à l'extrémité de la jetée de l'Ouest . . . .

Signaux de direction pendant la nuit. . . . .

Courant de flot au bout des jetées . . . .

Posée. . . . .

Bassin Duquesne :
  largeur de l'écluse. . . . .
  élévation du radier au-dessus du niveau des plus basses mers. . . . . . .
Bassin Bérigny :
  largeur de l'écluse. . . . .
  élévation du radier au-dessus du niveau des plus basses mers. . . . . . .

3° Un 3ᵉ feu, intermédiaire aux deux premiers, est allumé depuis 2 heures avant le plein jusqu'au moment du plein.

un feu blanc est tenu allumé tant qu'il y a au moins trois mètres d'eau dans le chenal.

on maintient le mât qui porte les trois feux de la jetée de l'Est dans une position verticale tant que le navire fait bonne route, et, dans le cas contraire, on incline le mât du côté vers lequel il faut que le navire vienne.
Les navires qui veulent profiter des signaux de direction doivent placer deux feux en évidence : l'un à l'avant, l'autre à l'arrière.

il est de 2 nœuds environ au moment du plein.
Il faut donc, en entrant, ranger le bout de la jetée de l'Ouest.
la meilleure posée est, au milieu du port, dans l'Est de l'axe de l'écluse de chasse.

16ᵐ,50.

4ᵐ,60.

14ᵐ,20.

4ᵐ,80.

Saint-Valery-en-Caux.

Chenal. . . . .   ouvert au N.O. 1/4 N. et compris entre deux jetées.
Les galets amoncelés le long de la jetée de l'Ouest ne laissent qu'un étroit passage le long de la jetée de l'Est.

Signaux de marée. . . . .   un pavillon et une flamme restent hissés tant qu'il y a 3 mètres d'eau dans le chenal.

Feu à l'extrémité de la jetée :
de l'Est. . . . .   un petit feu rouge pendant toute la nnit.

de l'Ouest. . . . .   un feu blanc tant qu'il y a 3 mètres d'eau dans le chenal.

Courant au bout des jetées.   le courant de flot se fait sentir au bout des jetées jusqu'à 1/2 heure au moins après le plein.

La Sciade. . . . .   dans les grandes marées, un contre-courant (la *Sciade*) s'établit au moment du plein. Ce contre-courant porte vers l'Ouest et range le bout de la jetée de l'Est où il se divise en deux branches : l'une porte en chenal, et l'autre sur la jetée de l'Ouest.

Posées. . . . .   le fond y est dur, mais droit.
Montée de l'eau sur les posées :
en morte-eau. . . . . . .   de 2^m à 2^m,50.
en vive-eau. . . . .   près de 5 mètres.

FÉCAMP,

Chenal. . . . .   ouvert au N.O. 1/4 N. et compris entre deux jetées.

Moindre profondeur de l'eau en chenal, dans les plus basses mers. . . . .   1 mètre.

Point de départ de la montée de l'eau indiquée par les signaux de marée. . . .   le point le plus élevé d'un plateau de roches attenant à l'extrémité de la jetée du Nord.

Ce plateau est élevé de 3ᵐ,40 au-dessus du niveau des plus basses mers.

Feu indiquant la montée de l'eau . . . .   un feu, varié par des éclats de 3 en 3 minutes, est tenu allumé tant qu'il y a plus de 3 mètres d'eau dans le chenal.

Ce feu se trouve situé à 53 mètres de l'extrémité Ouest de la jetée du Nord.

Feu sur la jetée du Sud. .   un feu fixe rouge allumé toute la nuit.

Ce feu est situé à 47 mètres de l'extrémité Ouest de la jetée du Sud.

Courant au bout des jetées.   le courant de flot se fait sentir 2 heures 1/2 avant le plein ; il est dans toute sa force (1 nœud 1/2) une heure avant le plein. Il va ensuite en diminuant jusqu'à 1/2 baissée.

Moment le plus favorable pour donner entre les jetées.   depuis l'instant du plein jusqu'à 1 heure après.

Comment gouverner pour entrer ? . . . .   attaquer l'extrémité de la jetée de l'Ouest, et, une fois en chenal, hanter la jetée de l'Est.

Arrivé par le travers d'une balise signalant un pou-

	lier de galets, venir brusquement sur tribord en mettant, au besoin, un faux-bras sur cette balise.
Posée.	la posée est excellente le long du quai situé entre l'écluse de chasse et la porte de bassin.
Élévation de cette posée. .	cette posée est de $0^m,50$ en contre-bas du point de départ des signaux de marée ; elle est par conséquent élevée de $2^m,90$ au-dessus du niveau des plus basses mers.
Bassin à flot : largeur de l'écluse.	$16^m,50$.
hauteur de l'eau restant sur le radier dans les plus basses mers. . . .	$1^m,50$.

LE HAVRE.

Chenal	ouvert à l'O.S.O. et compris entre deux jetées ; la jetée du Nord-Ouest est la plus longue.
Montée de l'eau : en morte-eau.	$7^m,80$.
en vive-eau.	$9^m,10$.
Feux à l'extrémité de la jetée : de l'Ouest.	un feu fixe pendant toute la nuit.
de l'Est.	un feu fixe rouge pendant toute la nuit.
Direction à suivre pour atteindre l'entrée du port : venant du Nord-Ouest. . .	le phare de Fatouville ouvert de 2 ou 3° à gauche du phare de la jetée du Nord-Ouest.
	Cet alignement fait passer entre les deux têtes du

	banc de l'Eclat, par une profondeur d'eau de 3 mètres au moins de mer basse.
venant de l'Ouest.	le phare de la jetée du Nord-Ouest relevé à l'E.S.E. Ce relèvement fait passer entre les têtes des Hauts-de-la-Rade, par une profondeur d'eau de 3 mètres au moins de mer basse.
venant du Sud-Ouest. . .	le clocher de Notre-Dame par le phare de la jetée du Nord-Ouest. En approchant, venir un peu sur tribord pour mettre le clocher de Notre-Dame par le sémaphore de la jetée.
Courants à l'extrémité des jetées	un contre-courant, qui longe l'anse de l'Heure et se fait sentir à l'extrémité des jetées, s'établit depuis 3 heures jusqu'à 1 heure 1/2 avant le moment du plein dans le port. Une partie de ce contre-courant porte sur la jetée du Nord-Ouest.
La Verhaule.	un autre contre-courant, nommé Verhaule, succède immédiatement au premier et finit peu après le moment du plein. La Verhaule porte sur la jetée du Nord-Ouest; elle est dans sa plus grande force 3/4 d'heure avant le moment du plein.
Poulier	à l'extrémité de la jetée de l'Est; son accore est indiqué par des bouées.
Posées	elles sont en général bonnes

partout. Le fond y est de vase molle.

Hauteur de l'eau sur les posées dans les plus basses mers :
dans l'avant-port . . . . .   1^m,50.
dans les chenaux qui conduisent aux écluses. . .   1 mètre.
le long des quais . . . . .   variable comme la hauteur des vases.

Etale du mouvement en hauteur de la marée dans le port.   elle est ordinairement de 1 heure 1/2 à 1 heure 3/4. — Mais les vents ont une assez grande influence sur sa durée

Bassin du Roi :
largeur de l'écluse. . . . .   16 mètres.
élévation du radier au-dessus du niveau des plus basses mers. . . . . .   1^m 15.
Bassin de la Barre :
largeur de l'écluse. . . . .   13^m,65.
élévation du radier au-dessus du niveau des plus basses mers. . . . . .   1^m,15.
Bassin des Transatlantiques :
largeur de l'écluse. . . . .   30^m,50
profondeur de l'eau sur le radier dans les plus basses mers . . . .   2^m,85.
Bassin de la Floride :
largeur de l'écluse. . . . .   21 mètres.
élévation du radier au-dessus du niveau des plus basses mers. . . . . . .   0^m,15.

HONFLEUR.

Entrée du port. . . . . .   Ouverte au Nord et comprise entre deux jetées.

Montée de l'eau dans le port :
en morte-eau. . . . . . .   3 mètres.
en vive-eau. . . . .   5^m,80.

18.

Feu à l'extrémité de la jetée :

de l'Ouest. . . . .   un feu vert pendant toute la nuit.

de l'Est. . . . .   un feu rouge tant qu'il y a 2 mètres d'eau dans le chenal.

Direction à suivre, du plus loin possible, pour venir chercher l'entrée du port. . .   le phare (*à éclats rouges*) de Fatouville ouvrant à gauche du phare (*fixe*) de l'Hôpital.

Bancs entre lesquels cette direction fait passer. . . . .   entre les bancs d'Anfard et du Rattier.

Courant de *Verhaule*. . .   dans les vives-eaux, c'est-à-dire quand les bancs de St-Sauveur couvrent, un contre-courant (la *Verhaule*) s'établit et passe avec force à l'extrémité des jetées.

Entre quelles périodes de la marée a lieu ce courant de Verhaule ? . . . .   depuis **2** heures avant le plein à Honfleur jusqu'à **1** heure après.

Quand a lieu la plus grande vitesse de ce courant ? . . .   depuis **1** heure avant le plein jusqu'au moment du plein.

Echouage dans l'avant-port. . . . .   les posées sont bonnes à peu près partout.

Elévation de cet échouage au-dessus du niveau des plus basses mers. . . . .   de 2 à 4 mètres.

Bassin de l'Ouest :

largeur de l'écluse. . . . . $10^m,40$.

élévation du radier au-dessus du niveau des plus basses mers. . . . . . . $2^m,70$.

Bassin du Centre :

largeur de l'écluse. . . . $12^m,28$.

élévation du radier au-dessus du niveau des plus
  basses mers........   1^m,70.
Bassin de l'Est :
  largeur de l'écluse. . . .   16^m,50.
  élévation du radier au-des-
  sus du niveau des plus
  basses mers........   1^m,20.

TROUVILLE.

Chenal................   Il est signalé, jusqu'aux es-
                          tacades, par 5 bouées : 2
                          rouges, qu'on laisse sur
                          tribord en entrant, et 3
                          noires, qu'on laisse sur bâ-
                          bord.

Signaux de marée. . . . .   ils se font au moyen d'un pa-
                          villon et d'un ballon. Le
                          pavillon se hisse lorsqu'il
                          y a 3 mètres d'eau dans
                          le chenal, et le ballon lors-
                          qu'il y en a 4.
                             Il y a dans la partie du
                          chenal comprise entre les es-
                          tacades 1 mètre d'eau environ
                          de plus que la hauteur indi-
                          quée par les signaux.

Feu sur la jetée de l'Est.   un petit feu vert pendant
                          toute la nuit.

Feux de direction. . . . .   deux petits feux blancs, tenus
                          l'un par l'autre, donnent la
                          direction à suivre pour at-
                          teindre les estacades.

Indication de la montée de
l'eau pendant la nuit. . . .   le feu blanc d'amont reste al-
                          lumé pendant toute la nuit ;
                          mais celui d'aval n'est tenu
                          allumé que tant qu'il y a 3
                          mètres d'eau dans le chenal.

Courant au bout des jetées.   il porte en Seine, mais ne se
                          fait que peu sentir au bout
                          des jetées.

Laquelle des deux jetées faut-il ranger en donnant entre les estacades? . . . . . — la jetée de l'Ouest, jusque par le travers de la pointe de la Cahotte; mais, parvenu par le travers de cette pointe, venir en grand sur bâbord et longer alors la jetée de l'Est.

Posée. . . . . — par le travers du marché; le fond y est dur, mais droit.

Montée de l'eau sur cette posée :
en morte-eau. . . . . . . — 2^m,50.
en vive-eau. . . . . — 4 mètres.
Bassin à flot :
largeur de l'écluse. . . . . — 16^m,50.
élévation du radier au-dessus du niveau des plus basses mers. . . . . . . — 1^m,30.

MOUILLAGE DEVANT TROUVILLE.

Où se trouve ce mouillage? — dans la fosse comprise entre la côte et les bancs de Trouville.

Marques du mouillage. . — la petite pointe de la Capelle ouvrant et fermant avec celle de Villerville, et le château de Lassé, au S. 8° O., par le grand hôtel qui est dans l'Ouest et près des jetées de Trouville.

Profondeur de l'eau à ce mouillage . . . . — il y reste toujours environ 5 mètres d'eau sur un fond d'excellente tenue.

Marque donnant la direction à suivre, venant du large, au moment de la basse mer, pour gagner le mouillage devant Trouville. . . . . . . — le clocher de Notre-Dame (Trouville) par le milieu des estacades.

De Trouville a Honfleur.

Etat de la mer devant Trouville dans les coups de vent de la partie du Nord-Ouest . . . . la mer y est très-grosse; elle déferle sur les bancs et empêche les navires de gouverner.

L'entrée du port devient alors très-dangereuse.

Que faire dans ce cas ? . . gagner Honfleur par le chenal du Sud, si l'heure de la marée le permet.

Marque faisant passer dans le Sud des bancs de Trouville. . . . . la pointe de la `Capelle ouvrant et fermant avec la pointe de Villerville.

Alignement faisant passer dans l'Est des bancs de Trouville et dans l'Ouest des Perques de Villerville . . . . . . deux grandes maisons, surmontées de clochetons (situées à la partie Ouest de Deauville) par l'extrémité des estacades.

Marque donnant la direction à suivre pour passer entre les Perques de Villerville et le Rattier, et atteindre Honfleur. . . . . la pointe de la Roque ouverte d'une voile à gauche de la falaise des Fonds (pointe d'Honfleur).

Précautions à prendre lorsqu'on est parvenu par le travers de Penne-de-Pie. . . . longer la terre à 2 encablures et passer à une encablure 1/2 seulement du feu de l'Hôpital.

Fosse de Villerville. . . . cette fosse est comprise entre le Rattier et la côte de Villerville.

On y est bien abrité quand le Rattier est découvert.

Il y reste 10 mètres d'eau environ.

Marques du mouillage dans la Fosse de Villerville. . . . la pointe de la Roque ouvrant et fermant avec celle de la falaise des Fonds, le clocher de St-Vincent-de-Paul (Havre) par l'extrémité de la jetée du N.O. (Havre), et les 2 maisons, surmontées de clochetons (situées à la partie Ouest de Deauville) par le milieu des estacades de Trouville.

DIVES.

Alignement à suivre pour faire le chenal. . . . . . . tenir l'une par l'autre deux grandes balises surmontées d'une mire.

Atteindre l'échouage. . . . suivre la direction donnée par les deux petits feux (rouges) tenus l'un par l'autre au S. 7° O. (S. 43° E.); laisser sur bâbord la première bouée (*noire*) qu'on rencontre, et, sur tribord, la seconde bouée (*rouge*).

En dedans de ces bouées sont deux balises; la première doit être laissée sur bâbord et la seconde sur tribord.

Il faut ensuite s'approcher de l'enrochement en forme de glacis qui est sous les

Posée. . . . . elle est assez bonne, mais ne convient qu'à des navires de peu de longueur.

hautes terres situées à gauche en entrant; enfin on atteint l'échouage en suivant les sinuosités de ce glacis.

Montée de l'eau sur la posée. . . . .
en morte-eau . . . . de 2 mètres à $2^m,30$.
en vive-eau . . . . de 4 mètres à $4^m,30$.

OYESTREHAM.

Montée de l'eau :
en morte-eau . . . . 3 mètres environ.
en vive-eau . . . . 4 mètres à $4^m,30$.
Chenal . . . . le chenal conduisant à l'entrée des jetées est limité par 5 bouées et une balise.

Venant du large, on rencontre ces bouées et cette balise dans l'ordre suivant :

1° une bouée noire.

2° une bouée rouge.

3° deux bouées noires mouillées l'une près de l'autre et indiquant l'extrémité de l'enrochement qui, de la pointe de Merville, s'étend jusque par le travers du musoir de la jetée de l'Est.

4° une balise, laquelle est sur le bout de l'enrochement et qu'on doit laisser sur bâbord en entrant.

5° une bouée rouge, mouillée par le travers de l'enrochement.

Feu à l'extrémité de la jetée :
de l'Est. . . . . un petit feu vert pendant toute la nuit.

de l'Ouest.	un petit feu rouge tant qu'il y a 2 mètres d'eau dans le chenal.
Direction à suivre.	le clocher d'Oyestreham touchant le côté Ouest de la redoute.
Jusqu'où peut-on suivre cette direction?	jusqu'à ce qu'on ait dépassé la première bouée noire.
Direction conduisant ensuite à l'entrée des jetées. .	une *maison rouge* (très-reconnaissable) tenue par l'extrémité de la jetée du Nord-Ouest.
Dès qu'on a le port ouvert, quelle jetée faut-il ranger ? .	celle de l'Est.
Banc de sable le long de la jetée de l'Ouest.	ce banc de sable s'avance, sur certains points, jusqu'au milieu du chenal.
Posées.	mauvaises pour un grand navire. Il faut entrer dans le canal.
Etale dans le port.	l'étale dure 3 heures : depuis 1 heure avant le plein jusqu'à 2 heures après.

CANAL D'OYESTREHAM A CAEN.

Profondeur de l'eau dans le canal.	4^m,50.
Ecluses.	elles sont au nombre de cinq; la moins large a 12^m,30.

RIVIÈRE DE CAEN.

Chenal de la rivière. . . .	il est étroit et tortueux.
Tirant d'eau des navires pouvant fréquenter ce chenal :	
en morte-eau.	moins de 2 mètres.
en vive-eau.	3^m,30 au plus.

COURSEULLES.

Chenal. . . . .   le chenal conduisant à l'entrée des jetées est direct.

Direction à suivre. . . . .   le clocher de Banville par le
bout des jetées.

Ranger ensuite la jetée
de l'Est.

Bouées du chenal. . . . .   3 bouées noires.

Les 2 premières que l'on
rencontre en entrant se laissent sur tribord, et la 3e sur
bâbord.

Ces bouées servent prin-
cipalement pour le hâlage et
l'appareillage des navires.

Feu sur l'extremité de la
jetée de l'Ouest. . . . . .   petit feu blanc pendant toute
la nuit.

Posées . . . .   le fond y est dur, mais assez
droit; cependant, dans son
état actuel, le port de Courseulles ne peut recevoir
que des navires de peu de
longueur.

Montée de l'eau sur la posée :
en morte-eau. . . . . . . $2^m,50$.
en vive-eau . . . .   4 mètres.

PORT-EN-BESSIN.

Entrée. . . . .   ouverte au N.N.E. et comprise entre les musoirs de
deux jetées courbes.

Feux de direction. . . . .   deux petits feux, établis sur
le versant de la montagne,
indiquent, tenus l'un par
l'autre, au S. 55° O. (S.
35° O.), la direction à suivre
pour atteindre l'entrée.

Le feu d'aval est toujours
blanc.

Feu de marée. . . . . . .   le feu d'amont, qui est le plus élevé et qui est établi sur une petite maison surmontée d'une statue de la Vierge, est *rouge* tant qu'il y a moins de 3 mètres d'eaü sur les bancs de sable de l'intérieur du port; il est *blanc* tant qu'il y a au moins 3 mètres d'eau, dans le port, sur la posée.

Faire route pour l'échouage (1). . . . .   s'il y a flot, ranger le musoir de la jetée de l'Ouest; dès qu'on est dans le port, venir sur bâbord et mouiller une ancre de bossoir par le travers de la bouée blanche. Eviter ensuite le navire le cap au Nord au moyen de faux bras et hâler l'arrière à 10 ou 15 mètres du quai.

Posée. . . . .   excellente, fond droit, vase molle.

Montée de l'eau sur la posée. . . . .
en morte-eau. . . . . . .   de 4 mètres à 4^m,50.
en vive-eau. . . . .   de 7 mètres à 7^m,30.

ISIGNY.

Chenal d'Isigny. . . . . .   compris d'abord entre deux lignes de bouées, puis entre deux digues submersibles qui sont indiquées par des balises.

On laisse sur tribord

---

(1) La statue de la Vierge, tenue par le poteau du feu d'aval, donne, de jour, la direction à suivre pour atteindre l'entrée du port.

en entrant les bouées et les balises rouges, et, sur bâbord, les bouées et les balises noires.

Direction à suivre pour atteindre les premières bouées du chenal. . . . . les îles St-Marcouf tenues au Nord (N.N.O.).

Précaution à prendre en approchant de la pointe où se séparent les deux rivières (la Vire et l'Aure). . . . . se défier du courant qui charge avec force dans la Vire. Rallier dans ce but la digue de l'Est et, après avoir dépassé la pointe, se tenir à mi-chenal jusqu'au port.

Posée. . . . . le fond est dur, mais assez droit.

Montée de l'eau sur la posée.
en morte-eau . . . . de 2 mètres à 2^m,30.
en vive-eau. . . . . 4 mètres.

CARENTAN.

Chenal. . . . . l'entrée du chenal est signalée par une grosse bouée rouge à cloche portant une glace à son sommet.
Le chenal est ensuite indiqué par des bouées rouges et noires jusqu'à l'endiguement, lequel est signalé par des balises.

Montée de l'eau :
en morte-eau . . . . de 2 mètres à 2^m,30.
en vive-eau. . . . . de 3^m,60 à 4 mètres.
Direction à suivre pour atteindre la bouée de l'entrée. le château d'Isigny ouvrant à droite de la pointe du Grouin.

Marque faisant passer dans le Nord du banc de l'entrée. — le château d'Isigny ouvrant à droite de la pointe du Grouin.

Marque faisant passer dans l'Est de ce banc et conduisant jusqu'au chenal entre les bouées. . . . . — le clocher de Carentan, au S. 54° O, par les maisons les plus Sud du Grand-Vay.

Ecluse à sas :
  sa longueur. . . . . — 42 mètres.
  sa largeur. . . . . — 12^m,50.

SAINT-VAAST-LA-HOUGUE.

Partant de la petite Rade de la Hougue, direction à suivre pour gagner l'entrée du port. . . . . — le clocher de la Pernelle par l'extrémité de la jetée.

Limites du louvoyage. . . — le clocher de Réville tenu de l'extrémité de la jetée de St-Vaast au Lazaret de Tatihou.

Posée. . . . . — le long de la jetée; le fond y est droit et vaseux.

Elévation de cette posée au-dessus du niveau des plus basses mers. . . . . — 2^m,60.

Montée de l'eau sur cette posée :
  en morte-eau . . . . — 2^m,60.
  en vive-eau . . . . — 4^m,10.

Hauteur de l'eau par le travers du musoir de la jetée de St-Vaast quand la grosse roche située entre le Gaven-dest et l'îlet de Tatihou est couverte . . . . — 2 mètres au moins.

Courant à l'extrémité de la jetée. . . . . — le courant porte avec force vers le N.N.E. depuis 1/2 montée jusqu'à 1/2 baissée, c'est-à-dire tant que la partie la plus élevée de la plage qui joint l'île Tatihou à la terre est couverte.

BARFLEUR.

Direction du chenal. . . .	elle est donnée par deux petites tours à feu tenues l'une par l'autre à l'O.S.O. (S.O.).
Balises qu'on laisse : sur tribord.	la balise Vinberge.
sur bâbord.	les balises de la Raie et de la Grosse-Haie.
Direction à suivre, venant du Nord, pour se mettre dans l'alignement des deux petits feux de Barfleur l'un par l'autre	l'église de la Pernelle par celle de Monfarville.
Venant du Sud-Est, passer : dans l'Est du plateau des Antiquaires..	tenir la maison du feu de Reville à gauche du rocher Moulard.
dans le Nord du plateau des Antiquaires et de celui du Hintar.	tenir le moulin Crabet à gauche du mondrain situé sur la pointe de la Masse.
Mouillage sur la rade de Barfleur.	dans les marques suivantes : le clocher de la Pernelle, au S.O. 1/2 O. (S. 28° O.), par celui de Monfarville, et le moulin Crabet très-peu ouvert à gauche du mondrain situé sur la pointe de la Masse. Il reste toujours à ce mouillage de 8 à 9 mèt. d'eau sur un fond de bonne tenue.

Feux sur l'extrémité des jetées.. . . . .   un feu rouge est allumé pendant toute la nuit sur chacune des jetées.

Posée. . . . .   le fond y est droit et vaseux. La posée est élevée de $1^m,60$ au-dessus du niveau des plus basses mers.

Montée de l'eau sur cette posée . . . .
en morte-eau . . . . $3^m,30$.
en vive-eau . . . . $6^m,50$.

CHERBOURG.

Passe de l'Est.

Direction à suivre pour faire la passe de l'Est :
de jour. . . . .   les flèches de l'église de Notre-Dame-du-Vœu vues entre les deux tours de l'église de la Trinité.

de nuit . . . .   le feu rouge du port du commerce ouvrant à gauche du feu vert de l'extrémité Est de la digue.

Passe de l'Ouest.

Direction à suivre pour faire la passe de l'Ouest :
de jour. . . . .   le fort des Flamands ouvrant à droite de l'extrémité Ouest de la digue, ou le fort du Roule par les cales de construction du port militaire.

de nuit. . . . .   le feu rouge, situé sur la jetée de l'Est du port du commerce, très-peu ouvert à droite de la batterie haute du fort du Hommet.

Éviter la Ténarde (2m3) et en passer :

dans le Nord. . . . . . . — tenir le clocher de Nacqueville ouvert de 2 fois sa largeur apparente à droite de celui de Querqueville.

dans l'Est. . . . . — le fort du Roule par l'extrémité de la jetée de l'Est du port du commerce.

Mouillage sur la grande rade. . . . . — dans la direction donnée par le clocher de Nacqueville vu par celui de Querqueville.

Limites de ce mouillage :

vers l'Ouest. . . . . — l'église de Cherbourg au S. S O.

vers l'Est. . . . . — la direction donnée par le prolongement de la jetée de l'Est du port du commerce.

Courants à ce mouillage. . — le courant de flot se fait sentir 1/2 heure après le moment du bas de l'eau au rivage, et il cesse 3/4 d'heure après le plein. Il porte Sud-Est avec une vitesse de 2 nœuds en grande marée.

Le jusant porte Nord-Ouest ; sa plus grande vitesse est de 1 nœud 1/2.

Mouillage sur la petite rade. . . . . — il est dans le Sud de l'alignement donné par la batterie circulaire du fort de Querqueville vue ouvrant et fermant par la batterie basse du fort du Hommet.

La plus grande profondeur d'eau y est de 8 mètres de mer basse.

Courants à ce mouillage. . — la petite rade est située dans

        le contre-courant qui, pendant le flot, s'établit dans le Sud de la ligne joignant le fort des Flamands au fort du Hommet.

        Le contre - courant (1) commence à se faire sentir vers le moment de 1/2 montée au rivage ; il mollit à l'instant du plein ; mais, à 1/2 baissée, sa vitesse atteint jusqu'à 2 nœuds.

Mouillage le long de la branche Ouest de la digue. . — en relevant le feu de Querqueville à l'Ouest de l'O.N.O. 1/2 N. (N. 85° O.), et le feu du Fort-Central à l'Est du N.N.E. 1/2 E. (N. 5° E.).

Courants à ce mouillage. . — le flot commence à se faire sentir sur ce mouillage 1 heure après le bas de l'eau au rivage, et, le jusant, 1 heure après le plein.

Mouillage le long de la branche Est de la digue. . . — ce mouillage n'est pas bon avec de grands vents d'O. N.O. ou de S.S.E.

Courants à ce mouillage. . — les courants longent la digue ; leur vitesse n'atteint jamais plus de 2 nœuds (2).

Port du Commerce.

Chenal. . . . . — il est compris entre deux je-

---

    (1) Les petits navires sortant par la Passe de l'Ouest doivent, pour se maintenir dans ce contre-courant, tenir l'extrémité Ouest de la Digue cachée par le fort du Hommet.

    (2) Près de la Digue, et jusqu'à 1 ou 2 encablures vers le Sud, le courant de flot se fait sentir 2 heures avant la fin du jusant en rade.—Les petits navires en profitent pour remonter vers l'Est.

	tées parallèles d'inégale longueur. Celle de l'Est, qui porte un feu rouge à son extrémité, est la plus longue.
Posée.	la posée est bonne ; fond droit et vaseux.
Élévation de la posée au-dessus du niveau des plus basses mers.	2 mètres.
Bassin à flot :	
largeur de l'écluse.	20 mètres.
Élévation du radier au-dessus du niveau des plus basses mers.	1 mètre.

DIÉLETTE.

Direction du chenal. . . .	elle est donnée par 2 petites tours à feu tenues l'une par l'autre au S.S.E. (S.E.) (1).
Dangers balisés, qu'on laisse :	
sur tribord.	la Rognouse (7^m).
sur bâbord.	un banc de roches (5^m3) attenant au rivage.
Posée.	le fond y est dur, mais assez droit.
élévation de cette posée au-dessus du niveau des plus basses mers.	5 mètres.

CARTERET.

Direction à suivre.	le clocher de St-Pierre-les-Moutiers par une maison blanche située, au bas de la côte, près du rivage (2).

---

(1) Les deux feux de l'entrée de Diélette, tenus l'un par l'autre, font passer à 1 mille environ dans le Sud-Ouest des Huquets-de-Jobourg.

(2) En approchant de terre, le clocher de Saint-Pierre-les-Moutiers disparaît ; mais on est alors guidé par les balises.

Tirant d'eau maximum des navires que peut recevoir le havre de Carteret . . . . . .   35 décimètres au plus.

GRANVILLE.

Entrée . . . .   ouverte au S.S.E. et comprise entre deux musoirs.

Feu de port . . . .   fixe et rouge, à l'extrémité du musoir de l'Ouest.

Posée . . . .   excellente, fond de vase.

Hauteur de la posée au-dessus du niveau des plus basses mers. . . . .   de 5 à 6 mètres.

Montée de l'eau sur la posée. :

en morte-eau.. . . . . . .   3 mètres.

en vive-eau. . . . . ,   8 mètres.

En contournant le Bout-du-Roc, éviter Fourchie (10^{m}4) :

de jour.. . . . .   tenir l'église de Bréville ouverte de la pointe de Ménars jusqu'à ce que le village de Saint-Pair soit ouvert du Bout-du-Roc.

de nuit. . . . .   tenir le feu de la jetée ouvert du Bout-du-Roc.

Marque faisant parer les Ondes et en passer :

dans l'Ouest. . . . .   le moulin de St-Pair ouvert à droite de la tourelle du Loup.

dans le Sud. . . . .   le clocher de St-Nicolas, à l'E. 1/4 S.E., par la partie Sud de l'escarpement de la pointe de Roche-Gautier.

Marque faisant parer le Loup (6^{m}4) et en passer :

dans le Nord (entre ce rocher et les Ondes) . . .   le phare du bout de la jetée, au N.E. 3° E., par la Tranchée.

dans le Sud.	le clocher de St-Nicolas par la maison isolée qui est situe, sur le bord du rivage, entre la pointe de Roche-Gautier et celle du Manoir (dans l'anse nommée Port-Foulon).
dans l'Est.	l'église de Granville ouverte de sa largeur à droite du feu du bout de la jetée.

Hauteur de l'eau entre les deux musoirs de l'entrée du port :

quand le Loup est couvert.	3 mètres au moins.
quand la Fourchie est couverte (1).	6 mètres au moins.

Bassin à flot :

largeur de l'écluse.	16^m,50.
élévation du busc d'aval au-dessus du niveau des plus basses mers. . . .	2^m,70.
élévation du busc d'amont au-dessus du niveau des plus basses mers. . . .	4^m,11.
Longueur du sas.	75 mètres.

ILES CHAUSEY.

Mouillages intérieurs. . . .	dans le Sound et dans la rade de Beauchamp ou des Huguenans.

PÉNÉTRER DANS LE SOUND PAR LE SUD.

Passages donnant accès dans le Sound par le Sud. .	1° entre la pointe de la Tour et le plateau des Epiettes.
	2° Entre le plateau des Epiettes et l'Ile Longue.

____

(1) Dans les mortes-eaux, cette roche ne couvre pas.

Direction à suivre pour passer entre la pointe de la Tour et le plateau des Epiettes. . . . .

la tourelle de l'Enseigne par la balise de la Crabière-du-Nord et par le sommet du Grand-Puceau.

Moindre profondeur de l'eau dans cette passe au moment où le *Tonneau* (4^m) couvre. .

3 mètres.

Où se trouve cette moindre profondeur ? . . . .

sur la vasière située à l'Est de la pointe de la Tour.

Direction à suivre pour passer entre le plateau des Epiettes et l'Ile Longue. . .

le sémaphore de Chausey par l'amas de cailloux blanchis élevé sur Roche-Tourette.

Précaution à prendre en doublant la pointe Sud de l'Ile Longue. . . . .

tenir le Sémaphore un peu à gauche de l'amas de cailloux blanchis élevé sur Roche-Tourette, afin d'éviter une roche (5^m) qui forme la pointe Sud de l'île Longue.

Moindre profondeur de l'eau dans cette passe au moment où le rocher le *Loup* (7^m6), (balisé) couvre. . . . .

5 mètres.

Où se trouve cette moindre profondeur. . . . .

sur la vasière comprise entre le plateau des Epiettes et celui de l'Ebauché.

PÉNÉTRER DANS LE SOUND PAR LE NORD.

Passage donnant accès dans le Sound par le Nord. . . .

l'entrée de ce passage est comprise entre les roches la Grande-Entrée et la Pointue.

Moindre profondeur de l'eau

dans ce passage au moment où couvre la roche l'Etardière (7ᵐ6), laquelle est située dans le Sud-Ouest des Longues

Direction à suivre pour pénétrer dans ce passage . . . . . 3 mètres.

la tourelle de l'Enseigne par le phare de Chausey jusqu'à ce que, parvenu dans le Sud des rochers les Longues, le Chapeau-de-la-Massue (blanchi) arrive par le rocher (blanchi) la Massue.

Étant parvenu dans le Sud des rochers les Longues. . . venir sur tribord et tenir le Chapeau-de-la-Massue par le rocher la Massue.

Comment gouverner lorsque le phare de Chausey arrive par Roche-Tourette ?. . venir sur bâbord et gouverner de manière à passer entre la balise de la Saunière, qu'on laisse sur bâbord, et le rocher le Four (rocher ne couvrant jamais), qu'on laisse sur tribord.

On aperçoit dans le Sud du Four deux autres balises entre lesquelles on doit passer. On atteint ces balises en tenant la plus Ouest par le phare.

Étant parvenu entre les deux balises. . . . . porter sur les Corps-Morts.

MOUILLAGES DANS LE SOUND DE CHAUSEY.

Où sont les mouillages dans le Sound ?. . . . . . . dans la fosse comprise entre la Grande-Ile et les plateaux : des Puceaux, de l'Ebauché et des Epiettes.

Précautions à prendre en mouillant dans le Sound. . . les navires fins et longs doivent s'amarrer de l'avant et de l'arrière afin de se tenir toujours évités dans le sens de la fosse.

Moindre profondeur de l'eau dans la fosse. . . . . de 3 à 4 mètres, fond très-vaseux.

Pénétrer dans les Huguenans par le Sud.

Passages donnant accès dans les Huguenans par le Sud. . . . , ... la passe des Piliers, la passe de la Tournioure et la passe de la Conchée.

Quels sont ceux de ces passages qui peuvent être fréquentés au bas de l'eau ?. . ceux des Piliers et de la Tournioure.

Dans quelles circonstances doit-on préférer la passe des Piliers à celle de la Tournioure? . . . . lorsque la Tournioure est couverte.

Passe des Piliers.

Roches entre lesquelles est compris le passage des Piliers. . . . . entre les roches les Grands-Piliers, qu'on laisse dans l'Ouest, et le rocher la Tournioure, qu'on laisse dans l'Est.

Direction à suivre pour passer entre les Piliers (10^m) et la Tournioure (7^m5). . . . . la Culassière par le sommet de Roche-Noire (12^m5).

De quel côté faut-il laisser Roche-Noire et comment gouverner ensuite pour gagner le mouillage. . . . .   en approchant de Roche-Noire, venir sur tribord pour passer à mi-distance entre cette roche et les Huguenans et engager le Grand-Caniard sur la partie gauche de la Culassière.

Direction conduisant dans les marques du mouillage. .   le Grand-Caniard engagé sur la partie gauche de la Culassière.

Passage de la Tournioure.

Rochers entre lesquels est compris ce passage. . . . .   entre la Tournioure et la Chapelle.

Comment gouverner pour donner dans ce passage ?. .   de façon à passer plus près de la Tournioure que de la Chapelle.

Se trouvant dans le Nord de la Tournioure, quel est l'alignement à suivre pour passer entre Roche-Noire et les Huguenans et gagner le mouillage ? . . . .   le Grand-Caniard s'engageant sur la partie Ouest de la Culassière.

Direction à suivre pour atteindre le mouillage des Huguenans par le Sud, lorsque la Tournioure, les Piliers et Roche-Noire sont couverts. .   la Canue ouvrant à gauche des Huguenans.

Hauteur de l'eau sur la Tournioure quand Roche-Noire couvre. . . . .   5 mètres.

Passe de la Conchée.

Profondeur de l'eau dans cette passe. . . . .
on traverse des fonds qui assèchent de 0^m,3 environ.

Hauteur de l'eau dans cette passe :
au moment où l'Artimon (6^m) couvre. . . . . .
près de 6 mètres.

quand le Gaillard d'Avant (9^m3) est couvert. . . .
plus de 9 mètres.

Direction à suivre pour faire la passe de la Conchée et atteindre le mouillage des Huguenans.
la Mauvaise par la Sellière.
Quand le phare de Chausey arrive par le côté Nord de Roche-Ango, on peut porter sur le mouillage.

PÉNÉTRER DANS LES HUGUENANS PAR LE NORD.

Combien y a-t-il de passages donnant accès dans les Huguenans par le Nord ? . .
il y en a 5.

Deux de ces passages : la passe à l'Ouest de la Petite-Entrée et la passe à l'Est de la Petite-Entrée peuvent être fréquentées à toute heure de marée par les navires ne calant que de 4 à 5 mètres.

La passe de la Sellière ne peut être fréquentée à toute heure que par de petits navires ne calant pas plus de 2 mètres.

Les 2 autres passages : à l'Ouest de l'État et à l'Est de l'État, assèchent.

Passe à l'Ouest de la Petite-Entrée.

Où se trouve l'entrée de cette passe. . . . . à l'Ouest de la Petite-Entrée ($11^m,3$), entre ce rocher et les dangers ($1^m.6$) situés à l'Est du rocher la Grande-Entrée (12^m).

Direction à suivre pour s'y engager . . . . le phare de Chausey par le côté Ouest du Grand-Romont.

Après avoir dépassé le travers du rocher la Petite-Entrée, comment gouverner ?. . venir peu à peu sur bâbord et prendre pour direction à suivre la balise du Bonhomme (8^m) par le sommet de la Petite-Mauvaise (14^m3).

Sur quel bord doit-on laisser le Bonhomme. . . . . . sur bâbord.

Alignement à suivre pour passer dans le Sud du Bonhomme ?. . . . . les deux balises de Roquettes-à-l'Homme (13^m) l'une par l'autre.

Quand faut-il quitter l'alignement donné par les deux balises de Roquettes-à-l'Homme l'une par l'autre. . . . . lorsqu'on arrive assez près de la balise du Nord-Ouest de Roquettes-à-l'Homme.

Comment faut-il gouverner ?. . . . . de manière à laisser la balise du Nord-Ouest de Roquettes-à-l'Homme à petite distance sur tribord, puis à passer à mi-distance entre la balise du Sud-Est, qu'on laisse également sur tribord, et une balise flottante qui signale un petit banc situé au milieu de la passe.

Précaution à prendre après avoir dépassé la balise Sud-Est de Roquettes-à-l'Homme.

tenir cette balisee engagée sur la partie Sud du rocher Roquettes-à-l'Homme, afin d'éviter la vasière qui est dans le Sud-Est de ce rocher.

Alignement conduisant ensuite dans les marques du mouillage. . . . .

la Sellière par la Petite-Mauvaise.

Passe à l'Est de la Petite-Entrée.

Où se trouve l'entrée de cette passe. . . . .

à l'Est de la Petite-Entrée, entre ce rocher et les dangers situés à l'Ouest de la Sellière.

Direction à suivre pour s'y engager . . . .

le phare de Chausey par un petit monticule élevé sur l'Ile Plate.

Après avoir dépassé le rocher la Petite-Entrée, comment doit-on gouverner ?. . .

venir peu à peu sur bâbord jusqu'à ce que la balise du Bonhomme arrive par le sommet de la Petite-Mauvaise.

Passe de la Sellière.

Où se trouve l'entrée de la passe de la Sellière ? . . . .

entre la Sellière et les rochers situés à l'Est de la Petite-Entrée.

Navires pouvant fréquenter

cette passe. . . . . les petits navires seulement, car elle est très-étroite.

Moment favorable pour s'y engager. . . . . le moment du bas de l'eau.

Direction à suivre. . . . . le phare de Chausey ouvrant à gauche du Petit-Romont.

Quand faut-il quitter cette direction? . . . . quand la balise du Bonhomme arrive par le sommet de la Petite – Mauvaise (1).

Passe à l'Ouest de l'État.

Moindre profondeur de l'eau dans cette passe. . . . . . . on traverse des fonds qui assèchent de 1^m,3.

Profondeur de l'eau dans cette passe, quand le Caniard-du-Nord (5^m) couvre. . . . . plus de 3 mètres.

Direction à suivre. . . . . le phare de Chausey dans la coupée du Lézard.

Quand faut-il quitter cette direction ? . . . . lorsque les deux balises de Roquettes-à-l'Homme arrivent l'une par l'autre (2).

---

(1) Les trois passes : à l'Ouest de la Petite-Entrée, à l'Est de la Petite-Entrée, et celle de la Sellière, se rejoignent dans l'alignement de la balise du Bonhomme par le sommet de la Petite-Mauvaise. Il s'ensuit que, quelle que soit celle de ces passes par laquelle on est entré, la route à suivre, à partir de cet alignement, pour gagner le mouillage, est la même. Cette route est indiquée page 341, pour la passe à l'Ouest de la Petite-Entrée.

(2) Lorsqu'on se trouve dans l'alignement des deux balises de Roquettes-à-l'Homme l'une par l'autre, il n'y a plus qu'à suivre les marques indiquées, page 341, pour pénétrer dans les Huguenans par la passe à l'Ouest de la Petite-Entrée.

Passe à l'Est de l'État.

Moindre profondeur de l'eau.	on traverse des fonds qui assèchent de près de 2 mètres.
Profondeur de l'eau : quand le Caniard-du-Nord (5^m) est couvert.	3 mètres au moins.
quand le Pouillou (10^m), ou le Petit-Etat ($10^m,3$), est couvert	8 mètres au moins.
Direction à suivre pour s'engager dans cette passe. .	le phare de Chausey touchant le côté Nord de Roche-Amont.
Quand faut-il quitter cette direction.	lorsque le sommet de la Petite-Mauvaise arrive par la tète Sud de Petite-Ancre.
Alignement donnant ensuite la direction à suivre . .	le sommet de la Petite-Mauvaise par la tète Sud de Petite-Ancre.
Comment faut-il gouverner, en approchant de la Mauvaise, pour gagner le mouillage des Huguenans ?	venir sur bâbord de manière à passer à mi-distance entre la Mauvaise et la Culassière. Gagner ensuite le mouillage, lequel se trouve dans la direction des Grands-Piliers touchant le côté Ouest de Roche-Noire.

MOUILLAGE DE BEAUCHAMP OU DES HUGUENANS.

Moindre profondeur de l'eau au mouillage des Huguenans.	9 mètres, sur un fond d'excellente tenue.

Direction dans laquelle sont les meilleurs fonds...... les Grands-Piliers touchant le côté Ouest de Roche-Noire.

Limite du mouillage :
vers le Nord........ le sémaphore de Chausey par la partie Nord de Grande-Ancre (*Anneret*).

vers le Sud........ le phare de Chausey par la partie Sud de Roche-Ango.

Etendue du mouillage :
du Nord au Sud...... 4 encablures.
de l'Est à l'Ouest..... 1 encablure 1/2.
Durée du courant allant vers le Nord-Est....... 9 heures : depuis le moment du bas de l'eau jusqu'à celui de demi-baissée.

État de la mer dans les Huguenans lorsqu'il vente grand frais du Nord-Est. la mer est grosse au moment du plein ; mais la direction du courant à cette période de la marée est favorable à la tenue des ancres.

SAINT-MALO.

Combien de passes ?... six, dans l'ordre suivant, de l'Est vers l'Ouest :
1° la passe de la Bigne ;
2° la passe des Pointus ;
3° la passe de la Grande-Conchée ;
4° la passe de la Petite-Conchée ;
5° la passe des Portes ;
6° la passe du Décollé.

PASSE DE LA BIGNE.

Moindre profondeur d'eau dans la passe de la Bigne.. 0^m,60, à mer basse des plus grandes marées.

Où se trouve cette moindre

profondeur d'eau ?. . . . . .

dans le Nord du banc des Beys, entre ce banc et les Roches-aux-Anglais.

Entre quelles périodes de la marée peut-on fréquenter cette passe avec un navire calant 32 décimètres :
en morte-eau. . . . . . .

à toute heure de marée.

en vive-eau. . . . .

depuis 1/2 montée jusqu'à 1/2 baissée.

Venant du large, direction à suivre pour venir chercher l'entrée de la passe de la Bigne . . . .

le clocher de Saint-Malo par la pointe de la Varde.

Alignement à suivre pour donner dans la passe . . . .

la Crolante par la partie Ouest du Grand-Bey.

Jusqu'où doit-on suivre la direction donnée par cet alignement ?. . . . .

jusqu'à ce que, parvenu dans le Sud de la Bigne, le moulin Saint-Lunaire arrive par le sommet de la pointe. Bellefard.

Comment gouverner lorsque le moulin Saint-Lunaire arrive par le sommet de la pointe Bellefard . . . .

suivre la direction donnée par cet alignement jusqu'à ce que le moulin Jeannet arrive par la chute des hautes terres qui terminent l'anse des Etétés du côté de l'Est.

Alignement conduisant ensuite dans le chenal de la Rance, en passant sur l'extrémité Nord du banc des Beys et dans le Nord des Crapauds . . . .

le moulin Jeannet par la chute des hautes terres qui terminent l'anse des Etêtés du côté de l'Est.

Hauteur de l'eau sur le banc des Beys quand le rocher Dodéhal (balisé) est couvert. . . . . 4 mètres au moins.

Dangers qu'on laisse :

sur tribord. . . . . la basse aux Chiens ($\underline{1^m}$), la basse Durand ($\underline{0^m3}$), la Petite-Bigne ($\underline{5^m}$), la basse des Létruns ($\underline{1^m60}$), les Roches-aux-Anglais ($\underline{2^m3}$).

sur bâbord. . . . . la roche Nord-Ouest du Durand ($\underline{4^m}$), la Graine-de-Lin ($\underline{4^m}$), la Cancalaise ($\underline{3^m}$), le Grand-Dodéhal ($\underline{5^m}$), le Petit-Dodéhal ($\underline{1^m}$), la basse Dodéhal ($\underline{0}$), le banc des Beys ($\underline{0^m3}$), et les Crapauds ($\underline{2^m}$).

Passe des Pointus.

Moindre profondeur d'eau dans la passe des Pointus. . . $0^m,60$ de mer basse, si l'on passe dans le Nord des Crapauds, et $0^m,30$ si l'on en passe dans le Sud.

Où se trouvent ces moindres profondeurs d'eau ? . . . . . sur le banc des Beys.

Entre quelles périodes de la marée peut-on fréquenter cette passe avec un navire calant 32 décimètres :

en morte-eau. . . . . . . à toute heure de marée.

en vive-eau. . . . . depuis 1/2 montée jusqu'à 1/2 baissée.

Venant du Nord-Est (en tenant la Garde-Guérin ouverte à droite de la Grande-Conchée) direction à suivre pour donner dans la passe des Pointus. . . . . celle indiquée par la grande

Alignement faisant ensuite atteindre le chenal de la Rance . . . .

maison située sur la pointe de Dinard à l'extrémité de cette pointe, par le côté Ouest du Petit-Bey.

le moulin Jeannet par la chute des hautes terres qui terminent l'anse des Etétés du côté de l'Est si l'on veut passer dans le Nord des Crapauds, ou le moulin Jeannet par le clocher de Saint-Enogat si l'on veut passer dans le Sud des Crapauds.

Dangers qu'on laisse :
sur tribord . . . .

la Saint-Servantine (0^m6), la Plate (5^m), le Bouton (4^m), et les Roches-aux-Anglais,

sur bâbord . . . .

les Petits — Pointus (10^m), balisés, le Létrun-d'Aval (2^m), la basse Dodéhal (0), et les Crapauds (2^m).

PASSE DE LA GRANDE-CONCHÉE.

Moindre profondeur d'eau dans cette passe . . . .

$4^m,60$ à mer basse des plus grandes marées.

Où se trouve cette moindre profondeur ? . . . .

par le travers des Roches-aux-Anglais.

Venant du Nord-Est (en tenant la Garde-Guérin ouverte à droite de la Grande-Conchée) direction à suivre pour donner dans la passe de la Grande-Conchée . . . . . .

celle indiquée par le moulin de la Roche (sur la hauteur, au fond de la rivière) en-

	gagé sur la partie Ouest du Petit-Bey.
Alignement faisant ensuite atteindre le chenal de la Rance	le moulin Jeannet par la chute des hautes terres qui terminent l'anse des Etétés du côté de l'Est si l'on veut passer dans le Nord des Crapauds, ou le moulin Jeannet par le clocher de Saint-Enogat si l'on veut passer dans le Sud des Crapauds.
Dangers qu'on laisse :	
sur tribord.	les Pierres-aux-Normands (4^m), balisées, et les Roches-aux-Anglais.
sur bâbord.	les Rousses ($\overline{2^m}$), la Plate (5^m), et le Bouton (4^m).

PASSE DE LA PETITE-CONCHÉE.

Moindre profondeur d'eau dans cette passe.	1 mètre à mer basse des plus grandes marées.
Où se trouve cette moindre profondeur ?	dans l'Ouest de la plus Nord des Roches-aux-Anglais.
Seules circonstances dans lesquelles cette passe est praticable.	lorsque le vent est largue et que la Rousse et la Ronfleresse sont découvertes.
Direction à suivre.	celle donnée par le côté Ouest du fort du Petit-Bey vu à mi-distance entre la citadelle de la Cité et le fort de la pointe Béchard.
Alignement faisant ensuite atteindre le chenal de la Rance.	le moulin Jeannet par la chute des hautes terres qui terminent l'anse des Etétés

du côté de l'Est si l'on veut passer dans le Nord des Crapauds, ou le moulin Jeannet par le clocher de Saint-Enogat si l'on veut en passer dans le Sud.

Dangers qu'on laisse :

sur tribord . . . . la Rousse (10^m3), les Rats (6^m6 et 5^m3), la Queue-des-Rats (3^m) et la basse Nord-Est des Ouvras (1^m6).

sur bâbord . . . . la Ronfleresse (2^m), les Pierres-aux-Normands (4^m6), et les Roches-aux-Anglais (3^m5).

PASSE DES PORTES.

A quel moment de la marée la passe des Portes est-elle praticable ? . . . . à toute heure. C'est la seule des passes de Saint-Malo qui convienne à un grand navire et qui soit praticable de nuit.

Venant de l'Est pour chercher la passe des Portes, marque faisant éviter les dangers situés au Nord de Cézembre, y compris la roche Bunel (4^m).   les Grands-Pointus ouverts à gauche des Haies-de-Conchée.

Passer entre la roche Bunel et les dangers qui entourent Cézembre. . . . . tenir la tour du Grand Jardin, au S.S.O. 3° O. (S.4° O.), par le moulin-Jeannet.

Passer entre la roche Bunel et les Hupions. . . . . tenir la tour du Grand-Jardin, au S. 8° E. (S. 32° E.), par la grande maison située, sur la pointe de Dinard, à l'extrémité de cette pointe.

A quelle distance faut-il doubler le Grand-Jardin, en le contournant par l'Ouest, pour venir se mettre dans les marques de la passe des Portes?. . . . . 2 encablures.

Atteindre la passe des Portes en passant : d'une part, entre les Hupions (8^m6) et la Grande-Hupée (1^m5), et, de l'autre, entre le Rat-des-Courtis (8^m3) et la basse Nord-Est des Portes (4^m). . . . . . . tenir la tour du Grand-Jardin, au S.S.E. 4° E (S. 50° E.), par le clocher de Saint-Servan.

Atteindre la passe des Portes en doublant les Buharats (2^m3) par le Nord-Est. . tenir le clocher de Saint-Enogat, au S. 1/4 S.E. (S. 36° E.), par le côté Est du rocher le Haumet.

De jour :
Alignement donnant la direction à suivre dans la passe des Portes. . . . . l'Amer de Rochebonne par la tourelle du Grand-Jardin.

En approchant de la tourelle du Grand-Jardin, comment gouverner? . . . . . . ranger de près la balise du Grand-Jardin ; puis, venir peu à peu sur tribord jusqu'à ce que, le moulin Saint-Lunaire n'étant plus ouvert que de sa largeur apparente à droite du rocher le Haumet, on ait dépassé le banc de la Traversaine (1^m3).

Ayant dépassé le banc de la Traversaine, direction à suivre pour atteindre le chenal de la Rance. . . . . . . la caserne de St-Servan (Séminaire ou Concorde) ouverte de la moitié de sa largeur apparente à gauche de la citadelle de la Cité.

Dangers qu'on laisse :

sur tribord. . . . . le Boujaron (4ᵐ), la basse du Boujaron (0ᵐ2), le banc de la Traversaine (1ᵐ6), les basses de la Pierre-Salée (0ᵐ6), le Buron (7ᵐ6) et la Couillemandière (0ᵐ).

sur bâbord. . . . . les Buharrats (2ᵐ3), les Couillons-de-la-Porte (0ᵐ2), le Grand-Jardin, les Pierres-Garnier (1ᵐ6), la Clef-d'Aval (1ᵐ3), la Chevalière (1ᵐ6), la basse du Buron (1ᵐ), la Natière (1ᵐ1), la Cointière (0ᵐ2), les Grelots (1ᵐ2) et la basse Broutard (2ᵐ6).

De nuit :

Alignement donnant la direction à suivre dans la passe des Portes. . . . . le feu (fixe, rouge) de Rochebonne (1), au S. 70° E. (E. 1° N.), par le feu du Grand-Jardin (2).

Quand faut-il quitter cet alignement? . . . . lorsque les 2 feux (fixes, verts) des Bas-Sablons et la Ballue arrivent, l'un par l'autre, au S. 30° E. (S. 54° E.).

Atteindre ensuite le mouillage. . . . . suivre la direction donnée par

---

(1) Le feu de Rochebonne n'éclaire qu'un espace angulaire de 10° partagé en deux parties égales par la ligne joignant le feu de Rochebonne à celui du Grand-Jardin.

(2) Le feu du Grand-Jardin est blanc et varié, à des intervalles de 20 secondes, par des éclats, alternativement rouges et verts, d'une durée de 2 secondes.

les deux feux des Bas-Sa-blons et de la Ballue vus l'un par l'autre.

On peut, au moyen d'un relèvement du feu du môle des Noires, déterminer le moment où il faut mouiller.

PASSE DU DÉCOLLÉ.

Moindre profondeur de l'eau dans la passe du Décollé. . .

$1^m,30$ à mer basse des plus grandes marées.

Où se trouve cette moindre profondeur ?. . . . .

dans le Sud du banc des Pourceaux, entre les Pierres-d'Amourette et la pointe de Dinard.

Donner dans la passe du Décollé. . . . .

tenir le feu du môle des Noires, à l'E.S.E. 1/2 S. (S. 86° E.), entre les deux moulins du Talard, et ouvert d'une voile à gauche du dernier des grands rochers, toujours découverts, qui sont à l'extrémité de la pointe du Décollé, jusqu'à ce qu'on ait dépassé le Nerput.

Ayant dépassé le Nerput, alignement conduisant entre la Mouillière et la pointe du Décollé . . . .

le clocher de Saint-Hydeuc, à l'E.S.E. 1/2 E. (N. 82 E.), par le sommet du Grand-Buzard.

Mais quelle direction suivre si le Grand-Buzard (9^m3) est couvert. . . . .

celle donnée par l'église et le moulin de Paramé vus, entre le Fort-Royal et l'île Harbour, de telle sorte que

20.

Après avoir dépassé la Mouillère, dans quel alignement faut-il se maintenir ?

l'église paraisse à gauche du Fort-Royal à la même distance que le moulin paraît à droite de l'île Harbour.

dans l'alignement du fort de la Latte vu par le Nerput, jusqu'à ce que le moulin de Saint-Enogat ouvre à gauche du clocher de Saint-Enogat.

Dans quelle direction faut-il ensuite gouverner pour passer entre le banc des Pourceaux et la pointe de Dinard et gagner le chenal de la Rance.

dans la direction donnée par l'extrémité Nord-Est des fortifications de la Cité vue, au S.E. 7º E. (S. 76º E.), entre le sémaphore du Grand-Larron et une maison à plusieurs cheminées qui domine toutes les maisons de Saint-Servan.

Dangers qu'on laisse :
sur tribord . . . .

la Grande-Brousse ($\overline{3^m5}$), la basse du Décollé ($\overline{2^m3}$), le Petit-Genillet ($\overline{6^m6}$), la basse Clolue ($\overline{1^m}$), le Rochardien ($\overline{6^m6}$) et les Roches-Bonnes ($\overline{5^m5}$).

sur bâbord . . . .

la basse S.O. de la Mouillère (0^m), la Mouillère ($\overline{4^m6}$), le Petit-Buzard ($\overline{4^m3}$), la basse du Petit-Buzard ($\overline{2^m}$), la basse des Traversins (0), le Gilhaut (2^m8), le Mouillé ($\overline{9^m3}$), le banc des Pourceaux, les Pierres-d'Amourette (5^m6) et les Pourceaux (4^m).

Chenal de la Rance.

Étant parvenu dans la Rance, quel est l'alignement donnant la direction à suivre pour éviter les Pierres-de-Rance et en passer ?

dans l'Est. . . . . la tête Ouest du rocher Bizeux par le gros rocher terminant la pointe Béchard.-

dans l'Ouest. . . . . la balise de la Mercière par la tête Est du rocher Bizeux.

Marque de travers :
de la plus Nord des Pierres-de-Rance (0^{m}6). . . . . le Fort-Royal s'engageant sur les fortifications de Saint-Malo.

de la plus Sud des Pierres-de-Rance (1^m). . . . . . l'entrée du port ouverte.

Hauteur de l'eau sur le sommet le plus élevé des Pierres-de-Rance quand la Mercière est couverte. . . . . 5 mètres au moins.

Grande Rade de Saint-Malo

Où est située la grande rade de Saint-Malo ?. . . . . dans le Nord des Pierres-de-Rance.

Moindre profondeur d'eau au mouillage. . . . . de 8 à 9 mètres.

Ligne des bons fonds. . . le grand rocher qui est à la pointe Béchard vu par la tête Ouest de Bizeux.

Limite du mouillage :
vers le Nord. . . . . le Fort-Royal ouvrant et fermant avec l'extrémité Nord des fortifications de Saint-Malo.

vers le Sud. . . . . le pavillon de la Douane ouvrant à droite de l'extrémité du môle des Noires.

PETITE RADE DE SAINT-MALO.

Où est située la petite rade de Saint-Malo?.	dans le Sud des **Pierres-de-Rance.**
Moindre profondeur d'eau au mouillage.	de 6 à 7 mètres.
Meilleur mouillage sur la petite rade de Saint-Malo. . .	dans les marques suivantes : la pointe Béchard par le milieu du rocher Bizeux, et le pavillon des Douanes de Saint-Malo ouvrant à droite de l'extrémité du môle des Noires.

PORT DE SAINT-MALO.

Échouages.	la posée est excellente le long des quais : fond de vase molle.
Élévation des posées au-dessus du niveau des plus basses mers : le long des quais de Saint-Malo.	4 mètres.
le long des quais de Saint-Servan.	5 mètres.

RADE DE DINARD.

Où est située la rade de Dinard ?.	à l'Est et près de l'accore des vases de l'anse de Dinard.
Moindre profondeur de l'eau au mouillage de Dinard. . .	de 8 à 10 mètres.
Ligne des bons fonds. . .	le moulin du Champ-Fleuri vu, au S.S.E. 8° S. (S. 39 E.), à mi-distance entre les sommets des pointes de la Brillantais et de la Vicomté.
Limite du mouillage : vers le Nord.	la tour de Solidor vue, au-

dessus de la pointe Béchard, entre l'extrémité de cette pointe et le petit fort

vers le Sud. . . . .   la tour de Solidor ouverte de sa largeur apparente à gauche du clocher de Saint-Servan.

vers l'Ouest. . . . .   le rocher les Mûriers (à la pointe S.E. de l'île Cézembre) ouvrant de la pointe de Dinard.

ÉCHOUAGE DE DINARD.

Où est situé l'échouage de Dinard?. . . . .   dans la partie Nord-Ouest de l'anse.

Élévation des posées de cet échouage au-dessus du niveau des plus basses mers :
- à la partie Nord-Est de l'échouage. . . . .   49 décimètres.
à sa partie Sud-Ouest. . .   59 décimètres.
Précautions à prendre en mouillant sur cet échouage. .   cacher la Grande-Conchée par la pointe de Dinard.

RADE DE SOLIDOR.

Moindre profondeur d'eau au mouillage. . . . . . .   45 décimètres.
Etant parvenu dans le chenal de la Rance, atteindre le mouillage de Solidor. . . . .   tenir la balise de la Mercière par la tête Est du rocher Bizeux.

Comment gouverner en approchant de la Mercière?. .   de façon à la contourner par l'Ouest et le Sud à 3/4 d'encablure environ.
La tour de Solidor ouvrant de la pointe Béchard

indique que la Mercière est parée et qu'on peut venir sur bâbord.

Alignement faisant passer entre la pointe Béchard et le banc de Solidor et conduisant aux corps-morts du mouillage. . . . . la cheminée (blanchie) de la Concorde par le pavillon Debon, ou le sémaphore du Grand-Larron par la tour de Solidor.

Marques du Rat-de-la-Mercière (1^m3), roche qu'on laisse sur tribord en entrant. . . . la balise des Pierres-d'Amourette vue, entre le rocher Mouillé et l'île Harbour, par l'extrémité Nord des roches les Pourceaux, et un moulin, situé sur les hautes terres dans l'intérieur de la Rance, vu par la pointe (escarpée) de la Jument.

Hauteur de l'eau sur le Rat-de-la-Mercière :
quand les Pourceaux couvrent. . . . . 5 mètres.
quand la mer arrive au pied de la balise des Pierres-d'Amourette. . . . . . 6 mètres.
quand la Mercière couvre. 6 mètres.
Durée du courant portant vers le Nord au mouillage de Solidor. . . . . 9 heures : attendu que, après 2 heures de montée, c'est-à-dire quand le banc de Solidor couvre, un contre-courant de flot s'établit.

DAHOUET.

Entrée du port. . . . . . . ouverte au N.N.O. et comprise

Venant du Nord, direction à suivre, après avoir dépassé le Rohein, pour atteindre l'entrée du port. . . . . celle donnée par le clocher de Pléneuf vu sur les dunes et ouvert de 5 à 6 degrés à gauche de la côte escarpée qui est au Nord de l'entrée du port.

entre le rivage et le musoir de la jetée, qu'on laisse sur tribord en entrant.

Dangers qu'on laisse :
  sur tribord. . . . . le Dahouet ($\overline{0}$).
  sur bâbord. . . . . les Bignons ($\overline{7^m5}$) et la basse Godiche ($\overline{2^m2}$).

Elévation de la posée audessus du niveau des plus basses mers :
  par le travers du musoir de la jetée. . . . . 4 mètres.
  devant la partie Ouest du quai. . . . . 5^m,60.
  au coude que fait le quai avant de se raccorder avec la route de Pléneuf. 6^m,80.
  auprès de l'écluse du moulin qui est au fond du port. 7^m,30.
  Hauteur de l'eau, dans le chenal de Dahouet, par le travers du musoir de la jetée, quand les Bignons sont couverts. . . . . 3^m,20 au moins.

LE LÉGUÉ.

Direction à suivre pour entrer dans la rivière du Légué. celle donnée par la tour Nord de l'église Saint-Michel (de la ville de Saint-Brieuc) vue entre la tour Sud (sur laquelle il y a un télégraphe) et les maisons les plus

Élévation du fond de la rivière au-dessus du niveau des plus basses mers, entre la pointe de Cesson et le hameau Sous-la-Tour. . . . | avancées vers le Sud du hameau nommé Sous-la-Tour.

Élévation du fond de la rivière au-dessus du niveau des plus basses mers, entre la pointe de Cesson et le hameau Sous-la-Tour. . . .   4^m,70.

Élévation de la posée au-dessus du niveau des plus basses mers :

au fond du port, près du pont . . . .   7^m,00.

au pied du quai. . . . . . .   6^m,30.

BINIC.

Avant-port. . . . .   l'avant-port de Binic est facile à atteindre et offre, en temps ordinaire, un bon échouage.

Posée . . . .   fond droit et vaseux le long de la jetée.

Élévation de la posée au-dessus du niveau des plus basses mers . . . .   de 3^m,60 à 4 mètres.

Montée de l'eau sur cette posée :

en morte-eau. . . . . . .   de 3^m,30 à 3^m,60.

en vive-eau . . . .   de 9^m à 9,30.

Port. . . . .   le port de Binic est ouvert au S.E.; son entrée est comprise entre deux jetées.

Posée. . . . .   assez droite, mais très-dure.

Meilleure posée. . . . . .   à gauche en entrant.

Élévation de cette posée au-dessus du niveau des plus basses mers. . . . .   5^m,30.

Montée de l'eau sur cette posée :

en morte-eau. . . . .   de 1^m,60 à 2 mètres.

en vive-eau. . . . .   de 7^m,30 à 7^m,60.

PORTRIEUX.

Direction à suivre pour entrer.	le moulin Saint-Michel par le bout de la jetée (1).
Dangers qu'on laisse :	
sur tribord.	le Pi-au-Sel (2^m30) et le Mouton (3^m60).
sur bâbord.	le Gourvelot (signalé par une tourelle).
Meilleure posée.	le long de la jetée entre les deux escaliers.
Élévation de cette posée au-dessus du niveau des plus basses mers.	5 mètres.
Montée de l'eau sur cette posée :	
en morte-eau.	de $2^m,60$ à 3 mètres.
en vive-eau.	de $7^m,30$ à $7^m,60$.
Alignement donnant la direction à suivre pour sortir du port et gagner la rade	l'église de Portrieux ouvrant à gauche du bout de la jetée.
Marque indiquant qu'on est au large de tous les dangers.	le Mets-de-Goélo ouvert à droite de la pointe Saint-Quay.

PAIMPOL.

Passer de la fosse Sud-

---

(1) Lorsqu'on suit la direction donnée par le moulin Saint-Michel vu par le bout de la jetée, on doit avoir l'église de Portrieux un peu à gauche du bout de cette jetée.

Cette remarque est d'autant plus importante que l'on pourrait, de loin, prendre un autre moulin pour le moulin Saint-Michel, et que l'on perd de vue ce dernier moulin lorsqu'on approche du port.

Est de Saint-Riom dans la fosse Sud-Ouest. . . . . . . tenir la pyramide de la Vierge (sur la hauteur) à mi-distance entre deux maisons situées au-dessus du village de Portz-Even (1).

Marque donnant la direction à suivre, en partant de la fosse Sud-Ouest de Saint-Riom, pour gagner le port de Paimpol. . . . . le corps-de-garde de la pointe de Guilben ouvrant et fermant avec la pointe Bervidic.

Cette marque conduit aux bouées de l'entrée ; il n'y a plus ensuite qu'à chenaler entre ces bouées.

Posées. . . . . les posées sont bonnes. Fond droit, vase très-épaisse.

Montée de l'eau sur les posées :
en morte-eau. . . . . . . de $1^m,60$ à $1^m,80$.
en vive-eau. . . . . de 5^m à $5^m,50$.
Hauteur de l'eau sur les posées de Paimpol :
quand la roche Morguevreuse, grosse roche située près du village de Portz-Even, est couverte. . . . . plus de $3^m,30$.
quand la roche (balisée) qui est près du port, et qu'on laisse sur tribord en entrant, est couverte. plus de 3 mètres.

---

(1) Ces deux maisons sont près et à gauche d'un moulin, qui est sur la hauteur. Celle de ces maisons que l'on doit voir à droite de la pyramide est couverte en ardoises ; l'autre maison est couverte en chaume.

PORTS DE L'ILE BRÉHAT.

La Chambre :

Meilleure posée. . . . . . . à 150 mètres environ dans le Sud d'un gros îlot couvert d'herbes et situé par le travers de la partie Nord de l'île Logodec.

Le fond y est de vase argileuse sous une couche de sable vaseux.

Élévation de cette posée au-dessus du niveau des plus basses mers. . . . . de $0^m,26$ à $0^m,29$.

— entrer dans la Chambre. . tenir le massif d'arbres qui entoure la chapelle Sainte-Barbe (située sur les hautes terres au fond de l'anse de Paimpol), au S.S.O. 7º O. (S. 5º O.), touchant le côté gauche de la grande roche nommée le Château-de-l'Ile-Blanche.

Port-Clos :

Meilleure posée. . . . . . à 100 mètres environ dans le N.N.E. du rocher qui termine la chaussée du port.

Élévation de cette posée au-dessus du niveau des plus basses mers. . . . . $0^m,33$.

Comment gouverner pour entrer dans Port-Clos ? . . . éviter la roche Men-Allan (5^m8) et une autre roche (5^m8) située à 100 mètres plus en dedans ; puis passer entre la chaussée et les roches éboulées qui sont au pied de la côte Est.

La Corderie :

Meilleure posée pour les grands navires.. . . . . . . à 2 encablures en dedans de l'entrée du port.

    Cette posée se trouve immédiatement au Sud d'un petit plateau de roches qui est à 150 mètres dans le Sud-Est du gros rocher Kervarec.

Élévation de cette posée au-dessus du niveau des plus basses mers. . . . .   de 2^m,3 à 2^m,6.

Posée des petits navires. .   depuis l'entrée jusqu'au fond du port, ainsi que dans les diverses anses.

Élévation de cette posée. .   de 4 mètres à 4^m,50 au-dessus du niveau des plus basses mers.

MOUILLAGES DANS LA RIVIÈRE DU TRIEUX.

Étant parvenu à l'embouchure de la rivière du Trieux, gagner le chenal intérieur de la rivière. . . . .   dès qu'on a dépassé le rocher la Croix, tenir la maison de Bodic (où est le feu) par la tourelle du Sabot-du-Nord.

Comment gouverner en approchant de la tourelle du Sabot-du-Nord ? . . . . . .   venir un peu sur bâbord pour laisser sur tribord la tourelle du Sabot-du-Sud et celle du Sabot-du-Nord ; puis, se tenir à mi-chenal.

Mouillage des grands navires : dans le Sud de l'île à Bois. . . . .   il y reste de 11 à 12 mètres d'eau sur un fond d'excellente tenue.

entre le Sabot-du-Sud et le rocher Melus. . . . .   il y reste de 11 à 12 mètres d'eau sur un fond d'excellente tenue.

par le travers de l'anse de Coat-Mer. . . . .   il y reste de 8 à 11 mètres

Mouillage des petits na-
vires. . . . . le mouillage des petits navires se trouve, devant le village de Lézardrieux, au Sud d'un grand rocher qui barre la rivière et qu'on doit laisser sur bâbord en entrant. Il y reste de 6 à 7 mètres d'eau sur un fond d'excellente tenue.

Pénétrer, de *nuit*, jusqu'aux mouillages intérieurs de la rivière du Trieux. . . . . se mettre, du plus loin possible, dans l'alignement du feu de Bodic (1) par le feu de la Croix (2).

Quand le feu de Bodic est caché par la tour du feu de la Croix, venir sur tribord pour contourner la roche la Croix en ayant soin de se maintenir dans l'éclat du feu de Bodic.

La roche la Croix étant dépassée, gouverner dans l'alignement des deux feux rouges (3) tenus l'un par l'autre et gagner ainsi les mouillages.

d'eau sur un fond d'excellente tenue.

---

(1) Le feu de Bodic (dans la maison de Bodic, sur la hauteur) a une portée de 12 milles et éclaire un espace angulaire de 18° (9° de chaque côté de l'axe du chenal). — Ce feu est blanc et caractérisé par des éclipses d'une très-courte durée qui se succèdent de 4 en 4 secondes.

(2) Le feu de la Croix (sur la roche la Croix) a une portée de 10 milles et éclaire un espace angulaire de 24° (12° de chaque côté de l'axe du chenal). Ce feu est blanc et caractérisé par des éclipses d'une très-courte durée qui se succèdent de 4 en 4 secondes.

(3) Ces deux petits feux rouges sont fixes; ils sont situés sur la rive gauche de la rivière.

TRÉGUIER.

PASSE DU NORD-OUEST.

Direction à suivre.	la maison où est le feu (fixe) de la Chaîne, au S. 43° E., par la maison où est le feu (fixe rouge) de Saint-Antoine.
Jusqu'où doit-on suivre la direction donnée par cet alignement ?.	jusqu'à ce que les flèches de la cathédrale de Tréguier arrivent par le sommet du rocher Skeiviec.
Dangers qu'on laisse : sur tribord.	le plateau des Renauds et la Pierre-à-l'Anglais (2^m30).
sur bâbord.	le plateau de Quéyn-Énès-Terch ($\overline{6}$), la basse Crublent ($\overline{1^m30}$) et le plateau du Corbeau ($\overline{6}$).
Moindre profondeur d'eau par laquelle on passe.	près de 8 mètres.
Où se trouve cette moindre profondeur ?.	entre le plateau des Renauds et celui du Corbeau.
Où pourrait-on passer si l'on ne distinguait pas les deux maisons (à feu) qui indiquent la direction à suivre dans la passe ?.	entre les deux Pen-ar-Guézec (1).
Alignement faisant passer entre les deux Pen-ar-Guézec.	le bois du Groseiller (sur la hauteur) par la Roche-Noire (Roche Pighet).

(1) Les 2 tourelles du grand Pen-Ar-Guézec, tenues l'une par l'autre, font passer entre les Renauds et la Pierre-à-l'Anglais.

Cet alignement conduit également dans la direction du chenal intérieur.

Venant, de l'Ouest, chercher la passe du Nord-Ouest avec flot et vent de tribord.

il faut ranger la terre d'aussi près que possible afin d'éviter d'être entraîné sur les plateaux situés dans l'Est de la passe.

Voulant ranger la terre d'aussi près que possible, quand faut-il, venant de l'Ouest quitter la direction donnée par le clocher de Notre-Dame-de-la-Clarté vu dans la coupée Nord de l'île Tomé?. .

lorsque le phare des Héaux est ouvert à gauche du plateau des Renauds de deux fois la largeur apparente de ce plateau.

On gouverne alors sur le phare des Héaux et l'on passe ainsi au large de la basse Laëres (0^m60) (1) et de tous les autres dangers situés à l'Ouest du plateau des Renauds.

Quand faut-il cesser de gouverner sur le phare des Héaux?. . . . .

lorsque la tourelle du Corbeau arrive par le gros rocher Men–Buas (forme de château fort), lequel est située près de Crec'h-ar-Maout.

Alignement donnant alors la direction à suivre pour

---

(1) La marque de travers de la basse Laëres est le clocher (*pointu*) de Plouguescran, au S. 10° E., par le rocher (*fourchu*) Toulbine.

venir se mettre dans les marques de la passe du Nord-Ouest.. . . . . la tourelle du Corbeau par le gros rocher Men-Buas.

Moindre profondeur d'eau par laquelle cet alignement fait passer. . . . . 5 mètres, sur l'extrémité Nord du plateau des Renauds.

PASSE DU NORD-EST.

Venant, de l'Est, chercher la passe du Nord-Est de Tréguier, comment éviter le plateau de Quéyn-Bras-Kern ($\overline{5^m60}$)? . . . . en tenant la chapelle Saint-Michel (Bréhat), ou la tourelle de la Moisie, à gauche du plateau des Héaux.

Alignement faisant passer à l'Ouest de la Jument (3^m30) (1) et conduisant dans la marque donnant la direction à suivre dans la passe du Nord-Est. . . . . le Sémaphore de Crec'h-ar-Maout par le sommet des rochers Duono.

Alignement donnant la direction à suivre dans la passe du Nord-Est. . . . . les flèches de la cathédrale de Tréguier par le sommet du rocher Skeiviec.

Moindre profondeur d'eau par laquelle cet alignement fait passer. .. . . $2^m,60$ entre Roc'h-Hir ($\underline{10^m}$)

---

(1) La Jument se trouve dans les marques suivantes : la tourelle de la Moisie par le phare des Héaux, l'Amer de Plouguescram par la tourelle du Corbeau, et les flèches de la cathédrale de Tréguier par le sommet du rocher Skeiviec.

et les basses de Roc'h-Hir (2ᵐ60).

PASSE DE LA GAINE.

Où est l'entrée de la passe de la Gaine ? . . . . elle est comprise entre les roches du Sark et le plateau des Héaux.

Venant du Nord, doubler les Héaux par l'Est et se mettre dans l'alignement donnant la direction à suivre dans la passe de la Gaine. . tenir le Sémaphore de Crec'h-ar-Maout ouvrant de l'extrémité Sud-Est du plateau des Héaux.

Alignement donnant la direction à suivre dans la passe de la Gaine. . . . . l'Amer de Plouguescran par la pyramide de Men-Noblance.

Moindre profondeur d'eau, de mer basse, dans cet alignement. . . . . 0ᵐ3, sur le Pont-de-la-Gaine, dans le Sud et très-près des roches Duono.

Dangers qu'on laisse :
sur tribord.. . . . . le plateau des Héaux, dont plusieurs têtes de roches détachées bordent la passe; la roche la plus Sud (3ᵐ30) des Duono; la basse du Colombier (1ᵐ60) et le Petit-Pen-Ar-Guézec (2ᵐ60).

sur bâbord.. . . . . la basse de la Gaine (0ᵐ3), le Pont-de-la-Gaine (1ᵐ60).

Précautions à prendre dans la passe de la Gaine. . . . . suivre bien exactement les marques (l'Amer de Plouguescran par la pyramide de Men-Noblance) surtout en approchant du Pont-de-

21.

Marque indiquant :
qu'on approche du Pont-de-la-Gaine.........

la-Gaine ; mais, après avoir dépassé le Pont-de-la-Gaine, ouvrir l'Amer-de-Plouguescran un peu à gauche de la pyramide afin d'éviter la basse du Colombier.

le Colombier (ne couvrant jamais) par Roc'h – Hir (10^m30).

qu'on a dépassé le Pont-de-la-Gaine..........

le Colombier mordant sur les Duono.

CHENAL INTÉRIEUR DE LA RIVIÈRE DE TRÉGUIER.

Étant parvenu à l'entrée de la rivière de Tréguier, alignement donnant la direction à suivre pour pénétrer dans la rivière et atteindre la tourelle de la Corne. . . . .

les flèches de la cathédrale de Tréguier par le sommet du rocher Skeiviec.

Moindre profondeur d'eau par laquelle fait passer cet alignement. . . . .

2 mètres, sur le banc de la Pie.

Étant parvenu par le travers de la tourelle de la Corne, direction à suivre jusqu'à ce qu'on ait reconnu la balise de l'Enfer et celle du Chenal.. . . . .

celle donnée par le phare des Héaux ouvrant à gauche de la tourelle de la Corne.

Remonter jusqu'au quai de Tréguier. . . . .

gouverner de manière à passer à mi-distance entre la balise de l'Enfer (Sily) et celle du Chenal.

	Chenaler ensuite entre les balises jusqu'au quai de Tréguier.
Mouillages.........	on peut mouiller tout le long de la rivière de Tréguier, mais le meilleur mouillage est celui de la Roche-Jaune.
Mouillage de la Roche-Jaune.............	par le travers de la Roche-Custom (*qui ne couvre jamais*), dans le Sud de la balise Turkès et dans le Nord du corps de garde de la Roche-Jaune.

PORT DE TRÉGUIER.

Posées..........	elles sont bonnes en général, excepté près de l'angle qui termine le quai du côté du Sud.
Meilleure posée......	la plus Nord ; le fond y est de vase.
Elévation de cette posée au-dessus du niveau des plus basses mers.........	3 mètres.
Montée de l'eau sur cette posée :	
en morte-eau........	de 4 mètres à 4^m50.
en vive-eau........	7^m50 environ.

PORT-BLANC.

Alignement donnant la direction à suivre pour entrer.	le moulin de la Comtesse (moulin blanchi, au sommet de la côte, reconnaissable par un sémaphore situé près de lui et à sa droite) vu par l'Amer-du-Voleur (grande tour blanche élevée à mi-côte).

Limite du louvoyage.... le moulin de la Comtesse, ou l'Amer-du-Voleur, tenu de l'un à l'autre des rochers, ne couvrant jamais, qui bordent chaque côté de l'entrée.

Mouillage des grands navires.......... dans les marques du chenal, mais sans dépasser vers le Sud le travers de Roc'h-Louët.

Profondeur de l'eau à ce mouillage......... 8 mètres au moins, sur un fond de bonne tenue.

Mouillage des petits navires.......... plus en dedans et jusqu'à ce qu'une tourelle blanchie, située à l'Est de Roc'h Louët, ouvre à droite de ce rocher.

Profondeur de l'eau à ce mouillage......... de 3 à 4 mètres, fond de bonne tenue.

Précaution à prendre.... affourcher, car il y a peu d'évitage.

Alignement dans l'Est duquel les petits navires doivent mouiller leur deuxième ancre.......... une petite guérite (sur un rocher) vue par un amas de maisons qu'on aperçoit sur la hauteur
Dans l'Ouest de cet alignement, le fond est de sable.

Plateau de roche sur lequel il faut éviter de mouiller... ce plateau est un peu sur tribord de l'alignement donnant la direction à suivre pour entrer à Port-Blanc.
Il n'y reste jamais moins de 5 mètres d'eau.

Marque de travers de ce plateau.......... la tourelle blanchie, qui est à l'Est de Roc'h-Louët, vue dans la coupée Sud de ce rocher.

ÉCHOUAGE.

Où se trouve l'échouage de Port-Blanc?.........	dans l'anse de Pélinec.
Faire route pour l'échouage.	contourner Roc'h-Louët par le Sud, puis faire route en tenant Roc'h-Louët très-peu à droite du gros rocher (Château-Neuf), le plus gros des rochers, ne couvrant jamais, qui bordent le côté Ouest de l'entrée.
Meilleure posée.......	sur la ligne qui joint la ferme sur l'île Saint-Gildas à l'Amer-du-Voleur et en ayant soin de tenir le gros rocher Château-Neuf très-peu à gauche de Roc'h-Louët.

Le fond, à cette posée, est de vase et de marne.

Élévation de cette posée au-dessus du niveau des plus basses mers........	2 mètres.

PERROS.

PASSE DU NORD-OUEST.

Venant de l'Ouest, marque faisant éviter les dangers situés à l'Ouest de Ploumanac'h.........	la pointe Sud de l'île Tomé ouverte à gauche de la pointe de Ploumanac'h (sur laquelle est le phare).
Étant parvenu par le travers de la pointe de Plouma-	

nac'h, alignement au Nord duquel il faut se maintenir jusqu'à ce qu'on soit dans les marques de la passe du Nord-Ouest.............. le rocher Lam-Bras ouvert à droite de la pointe de Ploumanac'h.

Alignement donnant la direction à suivre dans la passe du Nord-Ouest........ les deux feux (fixes) de Nantouar et de Kerjean l'un par l'autre, jusqu'aux Cribeneyers (0^m6).

Dangers qu'on laisse :
sur tribord......... la Fronde (0), la Blanche (3^m), le Toit (2^m6), la Noire (4), le Gourohaut (2^m6), et Roche-Bernard (4) (signalée par une tourelle).

sur bâbord.......... les Bilzic (10) (surmontés d'une tourelle), et une roche à fleur d'eau qui est dans le N.O. de la Pierre-du-Chenal.

Moindre profondeur d'eau par laquelle on passe..... 4 mètre, au moment des plus basses mers.

Étant parvenu aux Cribeneyers, atteindre l'entrée de Perros............. tenir les deux feux (fixes) du Colombier et de Kerprigent l'un par l'autre.

Précaution à prendre lors du changement de direction. venir sur tribord un peu avant que le feu de Kerprigent arrive par le feu du Colombier, car les feux de Nantouar et de Kerjean l'un par l'autre conduisent sur les Cribineyers (0^m6), roches situées très-près du point d'intersection de ces deux alignements.

PASSE DU NORD-EST.

Alignement donnant la direction à suivre dans la Passe du Nord-Est. . . . . . les deux feux du Colombier et de Kerprigent l'un par l'autre.

Cet alignement conduit, du large, jusqu'à l'entrée du port de Perros.

Alignement à suivre, de jour, dans le cas où, en approchant de terre, la maison où est le feu de Kerprigent viendrait à être masquée. . . la maison (blanche) du Colombier par un moulin qui est sur la hauteur.

Moindre profondeur d'eau par laquelle on passe. . . . . 2 mètres.

Dangers qu'on laisse:

sur tribord. . . . . la Pierre-de-Jean-Rousic (0^m30), la Pierre-du-Chenal (4^m3).

sur bâbord. . . . . la roche Morville (1^m60), les Pointus (2^m60), la roche Men-Guenn (2^m60), et, enfin, les Cribineyers (0^m60).

MOUILLAGES.

Mouillage sous l'île Tomé. à la partie Est de l'île ; on y est abrité contre les vents d'Ouest.

On mouille à 4 ou 5 encablures du rivage, par 7 à 8 mètres, sur un fond d'excellente tenue.

Mouillage sous Castell-Perros. . . . . dans les marques suivantes : les rochers Legonet engagés sur la pointe de

Castell-Perros, et la tourelle de Bilzic un peu à droite de la Roche-Bernard.

Il reste toujours 2 mètres d'eau environ à ce mouillage.

PORT DE PERROS.

Posées.	elles sont bonnes à peu près partout.
Meilleure posée	le long de la jetée de droite en entrant. Le fond y est de vase et très-droit
Élévation de cette posée au-dessus du niveau des plus basses mers.	4^m60.
Montée de l'eau sur cette posée :	
en morte-eau.	3 mètres.
en vive-eau.	6^m60.
Posée, le long de la jetée, près des maisons.	le fond y est assez droit, mais dur. Cette posée est de 4^m30 plus élevée que celle de droite en entrant.

MORLAIX.

PASSE DE L'OUEST OU GRAND-CHENAL.

Direction à suivre.	le phare (feu fixe) de la Lande (sur la hauteur) tenu par le phare (feu fixe) de l'île Louët.
Jusqu'où doit-on suivre la direction donnée par cet alignement.	jusque par le travers de la balise de Calhic (8^m).
Moindre profondeur par laquelle on passe.	4^m60.

Où se trouve cette moindre profondeur........ par le travers de la Morlouine (1^m3), dans la partie la plus étroite du chenal.

Dangers qu'on laisse :
sur tribord.......... le Pot-de-Fer (2^m3), la basse du Pot-de-Fer ($\overline{1^m3}$), la roche Nord-Ouest de l'île Ricard (tourelle), la Morlouine (1^m3) et les basses de Calhic ($\overline{1^m3}$).

sur bâbord.......... le Stolvezen ($\overline{0^m3}$), la roche de l'Equinoxe ($\overline{2^m6}$), et les plateaux de Beclem et de l'île aux Dames.

Étant parvenu par le travers de la balise de Calhic.. gouverner de manière à passer à mi-distance entre la tourelle du Corbeau et celle du Taureau ; puis, en arrivant par le travers du château du Taureau, venir un peu sur tribord de manière à ouvrir l'île Ricard à droite du château du Taureau.

On atteint le mouillage en tenant l'île Ricard très-peu ouverte à droite du château du Taureau.

Dangers qu'on laisse :
sur tribord........ la tourelle de Calhic (8^m), la basse Calhic ($\overline{1^m3}$) et la tourelle du Corbeau.

sur bâbord.......... les basses de l'île de Sable ($\overline{1^m6}$) et le plateau du château du Taureau.

Faisant route pour la rade de Morlaix, de basse mer et avec un grand navire, où est-il préférable de passer?... dans l'Ouest et dans le Sud de l'île Ricard : le chenal de l'Ouest étant plus large

Quand faut-il, dans ce cas, quitter la direction du grand chenal (le phare de la Lande par celui de l'île Louët) et venir sur tribord.

et plus profond que celui de l'Est.

Quel est l'alignement donnant alors la direction à suivre ?.. . . . .

lorsqu'on arrive par le travers du Vezoul.

la pierre de Carantec (blanchie) par une maison remarquable située sur la hauteur et dont le pignon est blanchi.

Quand faut-il quitter cet alignement?. . . . .

lorsque le Paradis (rocher situé dans le Sud des Bisayers et dont le sommet est blanchi) arrive par l'Enfer (rocher situé dans le Sud de l'île Verte et dont le sommet est blanchi).

Suivre la direction donnée par ce dernier alignement (le Paradis par l'Enfer).

Jusqu'où faut-il suivre la direction donnée par le Paradis et l'Enfer tenus l'un par l'autre ?. . . . .

jusqu'à ce qu'on soit, près de la balise de Calhic. dans les marques du Grand-Chenal.

Dangers qu'on laisse :
sur tribord.. . . . .

la Noire (5^m) (balisée), le Gourgik ($\underline{5^m}$) (balisé), le Bizinnennou (2^m30) (balisé) et la balise de Calhic.

sur bâbord.. . . . .

la basse du Chenal ($8^m\overline{30}$) et la basse S.O. de l'île Ricard ($\overline{3^m60}$).

Où se trouve la partie la

plus étroite du chenal?. . . entre le Bizinnennou (balisé) et la basse Sud-Ouest de l'île Ricard.

Marques de la basse Sud-Ouest de l'île Ricard.. . . . la balise Bizinnennou par une maison très-apparente située sur la pointe de Carantec, et la tourelle de l'île Blanche par un corps de garde situé, à mi-côte, sur la pointe Barnenez.

Marque faisant passer dans le Nord de Gourgick, de Bizinnennou, de Calhic, et de la basse Calhic (1^m30), ainsi que dans le Sud de la basse Sud-Ouest de l'île Ricard . . la tourelle qui est à la partie Nord du plateau du Taureau ouverte de deux fois sa largeur apparente à droite du château du Taureau (1).

PASSE DU NORD-EST OU CHENAL DE TRÉGUIER.

Direction à suivre.. . . . . la tour à feu (fixe) de la Lande par la tour à feu (à éclats) de l'île Noire.

Étant parvenu par le travers de la Chambre.. . . . . gouverner de manière à passer à mi-distance entre la Chambre et l'île Blanche, et à se trouver, en approchant du château du Tau-

---

(1) En faisant route dans cette marque (la tourelle du Taureau ouverte de deux fois sa largeur apparente à droite du château du Taureau), on doit apercevoir, entre la tourelle et le château, mais un peu plus près du château que de la tourelle, un bouquet de bois remarquable qui est sur la hauteur au-dessus du Dourdu.

Moindre profondeur d'eau par laquelle on passe. . . . . un peu moins d'un mètre.

Où se trouve cette moindre profondeur?. . . . . entre la tourelle de la Chambre et l'île Blanche.

Dangers qu'on laisse :
sur tribord. . . . . la Pierre-Noire ($\underline{2}$), le Garo ($\underline{0}$), Tourghi ($\underline{4^m5}$), le Grand-Aremen ($\underline{4^m3}$), la Chambre ($\underline{2}$).

sur bâbord. . . . . le plateau des Jaunes, la Vieille-Chambre ($\underline{0^m6}$), la Plate ($\underline{0}$), la tourelle du Petit-Aremen ($\underline{2^m6}$) et l'île Blanche.

Profondeur de l'eau dans la passe de Tréguier quand la tourelle de la Pierre-Noire (qui est surmontée d'une balise portant une sphère) est couverte. . . . . plus de 6 mètres.

CHENAL INTÉRIEUR DE LA RIVIÈRE DE MORLAIX.

Étant parvenu dans le Sud du château du Taureau, direction à suivre pour gagner le mouillage. . . . . celle donnée par l'île Ricard ouvrant à droite du château du Taureau.

Où se trouve le mouillage? dans les marques du chenal et par le travers des corps-morts.

Profondeur de l'eau à ce mouillage. . . . . près de 10 mètres, sur un fond de bonne tenue.

Mouillage près de la Barre-de-Flot. . . . . dans les marques suivantes : l'île Ricard masquée par le château du Taureau , un

Profondeur de l'eau au mouillage de la Barre-de-Flot.

colombier (à mi-côte près du château Keromnès) ouvrant et fermant avec la pointe de Pen-Lann, la Pyramide (sur l'île Callot) par le côté Sud de l'île Louët, Tisaoson par le côté Nord de l'île Louët, et la tourelle du Corbeau par le côté Ouest de l'île Verte.

Profondeur de l'eau au mouillage de la Barre-de-Flot. ... de 20 à 25 mètres.

Marques de la Barre-de-Flot ($\overline{0^m3}$). .... la tourelle du Petit-Aremen par celle de la Chambre, et la tourelle de Ricard par celle du Taureau.

PASSER DU CHENAL DE TRÉGUIER DANS LE GRAND-CHENAL.

Marque donnant la direction à suivre pour passer du chenal de Tréguier dans le Grand-Chenal.. .... la pyramide (sur l'île Callot) ouvrant à gauche du Colombier (1).

Moindre profondeur d'eau dans cette passe. .... 10 mètres.

Dangers qu'on laisse :

sur tribord........... Men-Garo ($\underline{0}$), la basse Lucas ($\overline{3^m30}$).

sur bâbord........... la basse aux Chiens ($\underline{0}$), la basse Condano ($\overline{0^m3}$).

VENANT DE L'OUEST, CHERCHER LES PASSES DE MORLAIX

En approchant de l'île de

---

(1) En suivant cette direction, on doit apercevoir un moulin, situé un peu au Nord de la cathédrale de Saint-Pol-de-Léon, ouvrant à gauche du Colombier.

Bas, éviter le Taureau (2ᵐ30), danger le plus au large de ceux qui entourent l'île de Bas du côté du Nord-Est...

Marque de travers du Taureau............   tenir la tourelle des roches Duon ouverte à gauche de la tourelle d'Astan (3).

le clocher de Roscoff à mi-distance entre le séma-phore de Roscoff (situé sur la hauteur en arrière de Roscoff) et les flèches de la cathédrale de Saint-Pol-de-Léon.

Alignement donnant la direction à suivre après qu'on a doublé le Taureau.....   le clocher de Carantec (1) par la chapelle de l'île Callot.

Jusqu'où faut-il suivre la direction donnée par cet ali-gnement?..........   jusqu'à ce que le clocher de Roscoff arrive par la cha-pelle Sainte-Barbe.

Alignement conduisant enfin dans les marques du Grand-Chenal de Morlaix......   le clocher de Roscoff par la chapelle Sainte-Barbe.

ILE DE BAS.

Passer a terre de l'Ile de Bas.

Canal à terre de l'île de Bas..............   ce canal est étroit et peu profond.

Il n'est habituellement fréquenté que par les petits

---

(1) Le clocher de Carantec a été abattu; il doit, dit-on, être reconstruit à la même place.

navires ; mais, cependant, un navire de 6 mètres de tirant d'eau peut y passer au moment du plein, même en morte-eau.

Alignement indiquant la direction à suivre, venant de l'Ouest, pour donner dans le canal à terre de l'île de Bas. . . . . la chapelle Sainte-Barbe par le rocher (blanchi) le Loup.

Dangers qu'on laisse :
sur tribord. . . . . la Basse-Plate (1^m), le Couillon-des-Lavandières (2^m3), le Coffignonou (2^m) et la basse de l'Oignon (0^m).

sur bâbord . . . . la côte Sud-Ouest de l'île de Batz, Roc'h-Hollen (0^m6) et la basse Reunen (0^m6).

Précaution à prendre en approchant de l'île de Bas, afin d'éviter la Basse-Plate, qui est le premier danger que l'on rencontre et qui est sur le bord du chenal du côté du Sud. . . . . se mettre bien exactement dans les marques (la chapelle Sainte-Barbe par le Loup) avant que le moulin de l'Ouest sur l'île de Bas arrive par le moulin Neuf.

Marque de travers de la Basse-Plate. . . . . le phare de l'île de Bas par le côté Est d'une batterie située, près du rivage, au Sud du phare.

Quand doit-on quitter la direction donnée par la chapelle Sainte-Barbe vue par le Loup ? . . . . lorsque le moulin Est (de l'île de Bas) arrive par la pyramide de Kernoch.

On doit se trouver, à ce moment, à mi-distance envi-

Étant parvenu entre les tourelles de la Croix et de l'Oignon.............

ron entre la tourelle de la Croix (5ᵐ) et la tourelle de l'Oignon (7ᵐ).

Direction à suivre, en approchant de la pointe Pen-ar-Chleguer, pour passer entre cette pointe et Per-Roc'h. . .

porter sur la pointe Pen-ar-Chleguer.

On doit, en suivant cette route, apercevoir la tourelle de Per-Roc'h (5ᵐ6) un peu par tribord.

Précautions à prendre en suivant la direction donnée par le moulin de l'Ouest sur l'île de Bas tenu par la pyramide de Kernoch............

celle donnée par le moulin de l'Ouest sur l'île de Bas (moulin blanchi) vu par la pyramide de Kernoch.

hanter la pointe de Pen-ar-Chleguer, ranger la balise An-Oan (7ᵐ3) en la laissant sur bâbord, et, après avoir dépassé la tourelle de Duslen (3ᵐ6), venir un peu sur bâbord.

Alignement donnant la direction à suivre pour sortir par l'Est du canal à terre de l'île de Bas..........

la tourelle de Per-Roc'h par celle de Duslen.

Mouillages dans le chenal à terre de l'île de Bas. . . .

les caboteurs et les navires qui ne craignent pas l'échouage peuvent mouiller partout, au Sud de l'île de Bas, dans les marques du chenal.

Meilleur mouillage . . . .

à l'Est de l'Oignon, dans les

marques suivantes: le moulin (blanchi) de l'Ouest par le phare de l'île de Bas, et le moulin de l'Est par l'extrémité de la jetée du port.

Profondeur de l'eau à ce mouillage . . . .   de 6 à 7 mètres.

PORT DE L'ILE DE BAS.

Alignement conduisant dans le port. . . . .   le rocher Roléas (1) par le sémaphore de Roscoff.

Meilleures posées. . . . .   au milieu du port. Le fond y est très-droit et de sable vaseux.

Élévation de ces posées au-dessus du niveau des plus basses mers. . . . . $3^m,60$.

ROSCOFF.

VENANT DE L'OUEST.

Direction à suivre pour se trouver, à mi-distance entre l'Oignon et Per-Roc'h, dans l'alignement conduisant à l'entrée de Roscoff. . . . . . .   le Loup par la chapelle Sainte Barbe.

Alignement conduisant à l'entrée de Roscoff. . . . .   la tourelle Saint-Sébastien (sur la hauteur) par une tache blanche sur le bord de la côte.

---

(1) Le rocher Roléas, qui ne couvre jamais, est le premier rocher que l'on aperçoit dans l'Est du gros rocher (blanchi) le Loup.

Dangers qu'on laisse :
sur tribord. . . . .   Ar-Poloss-Tres (3^m) et Car-
rec-Ar-Vras (8^m6).

sur bâbord. . . . .   Per-Roc'h, l'île Verte et la
balise de Notre-Dame (7^m).

Hauteur de l'eau au mo-
ment où l'Oignon (7^m) couvre :
dans le port de Roscoff. .   2 mètres.
au-dessus des roches de la
passe de l'Ouest. . . . . $3^m,6$.

VENANT DE L'EST

Direction à suivre pour venir se placer dans l'alignement conduisant à l'entrée
du port de Roscoff . . . . .   celle donnée par un amas de
cailloux blanchis, qu'on
aperçoit un peu à l'Est de
la pointe Perkiridis, vu par
l'angle Nord des fortifications de Roscoff (1)

Quand doit-on cesser de
suivre cette direction ?. . . .   peu après avoir dépassé le
Rannic.

Alignement conduisant en-
suite à l'entrée du Port.. . .   une tache blanche sur la façade d'un magasin situé
sur le bord de la grève vue,
ouvrant, et fermant avec
le bout de la jetée.

Profondeur de l'eau dans
cette passe.. . . . .   elle est considérable jusqu'à
la balise Rannic, mais, à
partir de cette balise, on
traverse des fonds qui assèchent.

----

(1) La balise de Rannic par le clocher de Roscoff donne aussi
une bonne direction à suivre pour venir de l'Est chercher cette
passe.

Posées dans le port. . . .   fond dur, mais assez droit.
Hauteur de l'eau sur la
posée située à l'extrémité de
la jetée :
    quand Men-Guen-Bihan
        est couvert. . . . . . .   2 mètres au moins.
    quand Men-Guen-Bras est
        couvert. . . . .   3 mètres au moins.

VENANT DU CANAL A TERRE DE L'ILE DE BAS, ATTEINDRE LA RADE DE MORLAIX.

Sortant, par l'Est, du canal à terre de l'Ile de Bas,
quand peut-on venir sur tribord avec certitude de parer
la basse Bloscon ($\overline{0^m6}$). . . .   lorsque Tisaoson commence à
                                          mordre sur la partie Est
                                          de l'Ile de Bas.

Alignement faisant ensuite
passer entre les roches Duon
et les Bisayers et conduisant
dans les marques du Grand-
Chenal de Morlaix. . . . . .   le clocher de Roscoff par la cha-
                                          pelle Sainte-Barbe (1).

---

(1) Le moulin Est de l'île de Bas par la partie Nord de l'île
Pighet conduit aussi dans les marques du grand chenal do Mor-
laix en faisant passer au Sud des roches Duon et au Nord des
Bisayers, des Cochons-Noirs et de la Vieille.

Roscoff. — Outre les deux passes indiquées pour atteindre Roscoff venant de l'Ouest et de l'Est, il y a encore deux autres petites
passes assez étroites, traversées par les courants, et qui ne peuvent être fréquentées que par les petits caboteurs.

La première de ces passes fait laisser dans l'Ouest le Benven et
la Vache. On suit sa direction en tenant par le bout de la jetée
une tourelle figurée sur une maison au fond du port.

La deuxième fait passer à l'Est de Benven et de la Vache. On
suit sa direction en tenant le bout de la jetée par une tache blanche qu'on aperçoit sur la façade d'un magasin situé sur le bord de
la grève.

LABERWRAC'H.

PASSE DE L'OUEST OU GRAND-CHENAL.

Moindre profondeur de l'eau dans cette passe . . . . 15 mètres.

Éviter le Libenter en venant du Nord se mettre dans l'alignement donnant la direction à suivre dans le Grand-Chenal. . . . . tenir le clocher de Ploudalmézeau à droite de celui de Lampaul, ou le clocher de Ploudalmézeau à droite des Fourches.

Alignement donnant la direction à suivre dans le Grand-Chenal . . . . le clocher de Plouguerneau (feu blanc), au S.E. 9° E. (S. 79° E.), par la tour à feu (rouge) de l'île Vrac'h.

Dangers dans le Sud desquels cet alignement fait passer. . . . . le plateau du Libenter, celui du Grand-Pot-de-Beurre (tourelle) et le Petit-Pot-de-Beurre.

PASSE DE LA PENDANTE.

Moindre profondeur de l'eau dans cette passe. . . . . . . 2 mètres.

Où se trouve cette moindre profondeur. . . . . dans le Sud-Ouest de la Pendante.

Direction à suivre. . . . . une tourelle peinte en noir (située sur la hauteur en arrière du couvent des Anges) par une tache blanche et noire qu'on aperçoit à

Dangers qu'on laisse :
   sur tribord. . . . .   la partie Nord du fort Cézon.

   sur tribord. . . . .   le plateau du Libenter.
   sur bâbord. . . . .   le plateau de la Pendante.
   Précaution à prendre en sortant par cette passe :
   lorsqu'on approche de la Pendante. . . . .   ouvrir la tourelle peinte en noir un peu à droite de la tache blanche et noire du fort Cézon afin d'éviter plusieurs petites basses qui sont à une encablure au Sud-Ouest de la Pendante.

   lorsqu'on approche du plateau du Libenter. . . .   ouvrir la tourelle peinte en noir à gauche de la tache blanche et noire du fort Cézon.

Marque faisant passer dans le Nord du plateau du Libenter. . . . .   le clocher de Plouguerneau ouvert de 2 voiles à gauche de la Malouine.

PASSE DE LA MALOUINE.

Profondeur de l'eau dans cette passe. . . . .   6 mètres au moins.
   Dangers de cette passe . .   elle est étroite et les courants chargent en travers. On ne doit s'y engager qu'avec vent sous vergues.
   Direction à suivre. . . . .   la tourelle du Petit-Pot-de-Beurre par la pyramide de l'île la Croix.

Dangers qu'on laisse :
   sur tribord. . . . .   le plateau de la Pendante et Petit-Pot-de-Beurre.
   sur bâbord. . . . .   le plateau de la Malouine.

CHENAL INTÉRIEUR DE LABERWRAC'H.

Où se rejoignent les trois passes conduisant à Laberwrac'h. . . . . au Sud de la tourelle du Petit-Pot-de-Beurre.

Direction à suivre dans le chenal intérieur de Laberwrac'h. . . . . la tour à feu située au fond de l'anse de Saint-Antoine par la tour à feu qui est à l'extrémité de la grève de la Palue.

Moindre profondeur d'eau dans le chenal intérieur. . . 9 mètres, excepté sur un point, dans le Nord de l'île Cézon, où il ne reste que 4^m,80.

Dangers qu'on laisse :
sur tribord. . . . . le plateau de l'île Cézon, signalé par une tourelle.

sur bâbord. . . . . la basse Kervezin (0^m).
Mouillage :
des grands navires . . . . dans les marques du chenal, en ayant soin d'affourcher S.E. et N.O.

des petits navires. . . . . à mi-distance entre la caïe qui descend sur la roche Carrec-Du (signalée par une balise) et la tourelle (*rouge*) de la roche aux Moines.

LABERBENOIT.

Passer dans l'Est du plateau de Rusven. . . . . . . tenir la Jument-de-Guénnoc par l'extrémité Est du bois de Ruvellou.

Quand faut-il cesser de suivre la direction donnée par cet alignement ?. . . . . lorsque Carrec-Ar-Poull-Doun

	ouvre à droite de l'île Guennoc ; venir alors un peu sur tribord et gouverner sur l'île Trevors jusqu'à ce que le clocher de Broennou arrive par le sommet de Kervillou-Louët.
Pénétrer ensuite dans la rivière.	tenir le clocher de Broennou par le sommet de Kervillou-Louët jusqu'à ce que la pointe de tribord de l'entrée de la rivière soit sur le point d'arriver par la Jument-de-Garo. Gouverner alors sur la pointe de tribord de l'entrée de la rivière ; Contourner à petite distance la Jument-de-Garo en la laissant sur bâbord, et entrer en rivière en tenant par l'arrière la Jument-de-Guennoc et la Jument-de-Garo l'une par l'autre.
Passer dans le Sud du plateau de Rusven et pénétrer dans la rivière.	tenir le clocher de Landéda par le sommet de Carrec-Ar-Poull-Doun. En suivant cette direction, on arrive, dans le Sud de la Jument-de-Guennoc, dans l'alignement du clocher de Broennou par le sommet de Kervillou-Louët. Gouverner suivant les indications données plus haut pour pénétrer en rivière.
Mouillage : des grands navires.	dans le chenal ; on mouille lorsque le phare de l'île Vierge est engagé sur la partie Nord de l'îlot la Croix.

	Il y reste de 10 à 14 mètres d'eau sur un fond de bonne tenue.
des petits navires.	dans le chenal ; on mouille dans l'alignement du clocher de Landéda par la partie Sud de la pointe Beg-Andouzec.
	Il y reste de 5 à 7 mètres d'eau sur un fond de bonne tenue.

PORSAL.

MOUILLAGE, DANS LE NORD DE L'ILE VERTE, EN DEDANS DES ROCHES DE PORSAL.

Ligne des bons fonds. . .	dans la direction du rocher le Four ouvert d'une fois sa largeur apparente à gauche de Bosseman-Aval.
Alignement donnant la direction du mouillage ; avec vents d'aval.	le clocher de Kersaint entre les deux Men-Louët.
avec vents d'amont.	le clocher de Lampaul par le Pont-du-Scoun (1).
Profondeur de l'eau à ce mouillage.	8 à 10 mètres, fond de sable.

MOUILLAGE DANS LE SUD DE L'ILE VERTE.

Ligne des bons fonds. . . .	dans la direction du Penver (ou Pendante-de-Porsal) vu par une tache blanche sur l'île Zigou.
Alignement donnant la direction du mouillage.	le clocher de Kersaint engagé sur la pointe qui, dans le

---

(1) Le Pont-du-Scoun est la languette de terre qui relie l'île Scoun à la pointe du Scoun.

Sud-Est de l'île Verte, limite l'anse de Porsal du côté de l'Ouest.

On doit, étant à ce mouillage, se trouver à peu près à mi-distance entre l'île Verte et la pointe Ouest de l'anse de Porsal.

Profondeur de l'eau à ce mouillage.......... 15 mètres, sur un fond de sable vaseux de bonne tenue.

ÉTANT AU MOUILLAGE DANS LE SUD DE L'ILE VERTE, FAIRE ROUTE POUR PORSAL.

Direction à suivre...... le Penver par la tache blanche de l'île Zigou.

Comment gouverner en approchant du Penver?.... venir sur tribord; puis suivre la direction donnée par le clocher de Ploudalmézeau vu par une grande maison qui est au fond de l'anse.

En suivant la direction donnée par le clocher de Ploudalmézeau vu par la grande maison située au fond de l'anse, quand doit-on mouiller?........ lorsqu'on est arrivé par le travers d'un corps de garde situé un peu à l'Est de la jetée.

Le fond y est droit; il est de sable vaseux.

Hauteur de l'eau à ce mouillage quand le rocher l'Ile-au-Château, qu'on laisse sur tribord en entrant, est couvert.......... plus de 5 mètres.

Élévation de l'échouage au-dessus du niveau des plus basses mers.......... 4 mètres.

PASSER DU MOUILLAGE NORD AU MOUILLAGE SUD DE L'ILE VERTE.

Où se trouvent les passages conduisant de l'un à l'autre des mouillages de l'île Verte?. . . . . entre les roches qui bordent l'île Verte à l'Est et à l'Ouest.

Passage de l'Est :
Direction à suivre. . . . . la pyramide Caleret par le monticule Rebosquet.

Cet alignement conduit dans la direction du Penver par la tache blanche de l'île Zigou.

Ce passage est étroit, peu profond, et ne convient qu'aux petits navires.

Passage du centre :
Direction à suivre. . , . . la pyramide Caleret par la balise située sur la pointe Galaïti.

Cet alignement conduit dans la direction du Penver par la tache blanche de l'île Zigou.

Bien que plus large et plus profond que le précédent, ce passage ne convient qu'aux petits navires.

Passage de l'Ouest :
Direction à suivre. . . . . le Four ouvert d'une fois sa largeur apparente à gauche de Bosman-Aval.

Comment gouverner en approchant de Bosseman-Aval ? de manière à passer à mi-distance entre ce rocher et l'île Verte ; puis venir sur bâbord pour se mettre dans la direction du Penver par la tache blanche de l'île Zigou.

Navires pouvant, même au bas de l'eau, fréquenter ce passage............... ceux calant 6 mètres.

CHENAUX DONNANT ACCÈS AUX MOUILLAGES DE PORSAL.

Combien y a-t-il de chenaux conduisant aux mouillages de Porsal, ou servant à passer à terre des Roches de Porsal?............ cinq. — Trois d'entre eux, ceux du Sud-Ouest, de Men-Glas et du Relec, peuvent être fréquentés par de grands navires.

Chenal du Sud-Ouest :
Où commence le chenal du Sud-Ouest?.......... dans le Sud du Four.

Direction à suivre pour donner dans ce chenal....... le Grand-Men-Louët vu entre le Iurch et Men-Gouzian jusqu'à ce que, approchant de la pointe de Landunvez, on soit dans l'alignement de Bosseman-Creiz par Bosseman-Aval.
On suit alors la direction donnée par ce dernier alignement.

Quand faut-il quitter la direction donnée par Bosseman-Creiz vu par Bosseman-Amont, si l'on veut aller au mouillage Sud de l'île Verte? quand le Penver arrive par la tache blanche de l'île Zigou ; il faut alors venir sur tribord et suivre la direction donnée par ce dernier alignement.

Mais si l'on veut aller au mouillage Nord de l'île Verte?............ il faut doubler par l'Est Bosseman - Aval en le rangeant de près, et le tenir ensuite ouvert à droite du Four de la largeur apparente de ce dernier rocher.

Direction des courants.... ils suivent la direction du chenal.

Chenal de Men-Glas :
Direction à suivre..... le Iurch par le clocher de Ploudalmézeau.

Jusqu'où faut-il suivre cet alignement si l'on veut aller au mouillage Sud de l'île Verte?............ jusqu'à ce que le Penver arrive par la tache blanche de l'île Zigou, alignement qui conduit au mouillage.

Mais si l'on veut aller au mouillage Nord de l'île Verte? il faut tenir le Iurch par le clocher de Ploudalmézeau jusqu'à ce que les roches qui forment la partie Sud de l'île Verte ouvrent à droite de Bosseman-Aval.

Comment faut-il ensuite gouverner pour gagner le mouillage Nord?...... de manière à ranger le côté Sud de Bosseman - Aval, puis venir sur bâbord en ayant soin de tenir le Four ouvert de sa largeur apparente à gauche de Bosseman-Aval.

Avantages que présente ce chenal............ il est large, profond, et peut être fréquenté par les plus grands navires.

Chenal de Pen-ar-Roc'h:

Direction à suivre pour atteindre le mouillage Nord de l'île Verte.. . . . . le clocher de Kersaint vu entre les deux Men-Louët. — Cet alignement conduit dans les marques du mouillage au Nord de l'île Verte.

Ce chenal est profond et direct, mais il est étroit et les courants y portent en travers.

Chenal de Bosseman-Amont:

Direction à suivre. . . . . le clocher de Kersaint par le pont du Scoun.

Quand faut-il cesser de suivre cette direction si l'on veut aller au mouillage Nord de l'île Verte ?. . . . . . . quand le clocher de Plouguerneau arrive par la partie Ouest de Fourn-Cross. — Ce dernier alignement conduit dans les marques du mouillage au Nord de l'île Verte.

Mais si l'on veut aller au mouillage Sud de l'île Verte ? il faut continuer à suivre la direction donnée par le clocher de Kersaint vu par le pont du Scoun jusqu'à ce que le Sémaphore de Landunvez arrive par le Petit-Men-Louët. — Suivre alors la direction donnée par ce dernier alignement jusqu'à ce que la balise Calleret arrive par le monticule Rebosquet.

Cette dernière marque conduit dans la direction des bons fonds au mouillage Sud de l'île Verte (le Penver par la tache blanche sur l'île Zigou).

Chenal du Relec :

Direction à suivre. . . . .   le Sémaphore de Landunvez par le Petit-Men-Louët.

Avantages que présente ce chenal. . . . .   il est profond, direct, et les courants suivent la direction du chenal.

Dangers entre lesquels se trouve comprise l'entrée de ce chenal du côté du Nord. .   entre le Trépied (2^m60), qu'on laisse sur bâbord en entrant, et le Relec (5^m3), qu'on laisse sur tribord.

Quel côté du chenal doit-on hanter ? . . . .   le côté de l'Ouest, car le Relec est sain à sa partie Est et il est découvert pendant 7 heures par marée.

LABER-ILDUT.

Alignement donnant la direction à suivre pour atteindre l'entrée de Laber-Ildut. .   le clocher de Brelès, à l'E. $1/4$ S. E., par celui de Lanildut.

Jusqu'où doit-on suivre cet alignement ? . . . .   jusque par le travers de Men-Garo, en passant au Nord de la Pierre-de-Laber (4^m).

De quel côté doit-on laisser Men-Garo ?. . . . . . .   sur tribord en entrant.

Étant parvenu par le travers de Men-Garo. . . . . .   porter sur une grosse roche qui est à la pointe de bâbord en entrant ; ranger cette roche de près et chenaler en laissant les bouées noires à bâbord.

Dès qu'on aperçoit une grosse roche qui est à peu près au milieu du port. . . .	gouverner sur cette roche et la laisser sur tribord.
Posées.	fond de sable assez droit.
Meilleures posées..	dans l'Ouest et près de la cale, sous le village de Laber.
Montée de l'eau sur cette posée :	
en morte-eau.	de 2m60 à 3 mètres.
en vive-eau..	de 5 mètres à 5m30.

BREST.

Le Goulet.

Direction du Goulet. . . .	E. 1/2 N. et O. 1/2 S.
Chaîne de roches obstruant le Goulet en son milieu.. . .	cette chaîne de roches court parallèlement au rivage. Les dangers qui la composent sont : la roche Mengam, signalée par une tourelle ; la basse Goudron et les Fîlettes , signalées par une bouée. La direction générale de cette chaîne de roches est donnée par la tourelle de la Roche-Mengam vue par les fortifications du Portzic.
Chenal du Nord.	on est dans le chenal du Nord quand la tourelle de la roche Mengam est vue à droite de la pointe du Portzic. Le feu de St-Mathieu masqué par la pointe du Minou fait passer au Nord de la roche Mengam.
Chenal du Sud..	on se tient dans le chenal du Sud en conservant entre le fort du Portzic et la tourelle de la roche Mengam

un bouquet d'arbres que l'on aperçoit sur les hautes terres de l'intérieur, en arrière de la pointe du Portzic.

Les Fillettes (1^m60) :
marque de long. . . . . . la tourelle de la roche Mengam par le mur le plus Nord des fortifications du Portzic (1), ou les rochers de Plougastel par la pointe Robert.

marque de travers. . . . . le rocher Liéval (forme de coin de mire) vu à toucher le côté Ouest de l'îlot des Capucins.

La basse Goudron ($\overline{0^m60}$) :
marque de long. . . . . . la Cormorandière par la pointe Robert.

marque de travers. . . . . le moulin Keraudren par la partie Ouest de l'îlot des Capucins, ou une petite maison grise, située dans l'enfoncement à droite du fort Mengam, vue par l'épaulement de ce fort.

Marque faisant passer :
dans l'Ouest des Fillettes. le rocher Liéval à droite de l'îlot des Capucins.

entre les Fillettes et la basse Goudron . . . . la maison située sur le sommet de la pointe Trémet vue par le milieu du pont des Capucins.

entre la basse Goudron et la roche Mengam . . . . une maison grise, située dans l'enfoncement à droite du fort Mengam, ouvrant à droite de l'épaulement de ce fort.

Limite du louvoyage dans le chenal du Nord :

----

(1) Ce mur est de couleur sombre.

vers le Sud.	la tourelle de la roche Mengam plus près du milieu du Goulet que de la pointe du Portzic.
vers le Nord.	donner du tour aux pointes du Minou et du Délec, et, en approchant de la pointe du Portzic, tenir le fort Mengam ouvert de la pointe du Délec.

Limite du louvoyage dans le chenal du Sud :

vers le Sud..	la côte est saine.
vers le Nord.	tenir à gauche du fort du Portzic, entre ce fort et la tourelle de la roche Mengam, un bouquet d'arbres que l'on aperçoit sur les hautes terres de l'intérieur, en arrière de la pointe du Portzic.

RADE DE BREST.

Limite du mouillage :

vers le Sud..	le fort Mengam ouvrant de la pointe du Portzic.
vers le Nord.	la tourelle de la roche Mengam ouvrant de la pointe du Portzic.
vers l'Est.	le clocher de Saint-Sauveur par le mât de pavillon de la pointe.
vers l'Ouest.	le clocher de Saint-Pierre par le coin Ouest de la batterie de sept.

Alignement dans lequel mouillent sur un bon fond :

les grands navires.	le fort du Délec par la pointe du Portzic.
les petits navires.	la tourelle de la roche Mengam par la pointe du Portzic.

LOUVOYER EN RADE DE BREST.

Limite de la bordée en portant à terre :

entre l'entrée du port et la pointe du Portzic.. . . . . la tourelle de la roche Mengam ouverte de la pointe du Portzic.

entre la pointe Espagnole et la pointe de l'île Longue. . . . . le phare du Portzic ouvert à droite de la Cormorandière et le fort de Lanveoc ouvert à gauche de la pointe de l'île Longue.

entre la pointe de l'île Longue et celle de Lanveoc. le moulin Poulouen (le plus Nord de ceux qui sont situés sur la presqu'île de Kélern) ouvert à droite de la pointe de l'île Longue.

entre la pointe de Lanveoc et celle de Penarvir. . . le moulin de Kelern (1) ouvert à droite de la pointe de Lanveoc.

dans l'Est de la pointe de Penarvir, entre cette pointe et celle de Doubidy.. . . . . le moulin de Kélern ouvert à droite de la pointe de Lanveoc et la pointe du Portzic ouverte à gauche de la pointe de l'Armorique.

dans le Sud et près de la pointe de l'Armorique. . la pointe Espagnole ouverte à gauche de l'île Ronde.

entre l'île Ronde et le che-

____

(1) Le moulin de Kélern est facile à reconnaître ; il est isolé, et à sa droite, sur la hauteur, se trouve un bouquet d'arbres.

nal de la rivière de Landerneau. . . . . le fort de Lanveoc à droite de l'île Ronde.

entre le chenal de la rivière de Landerneau et l'entrée du port. . . . . le moulin de l'Armorique (1) ouvert à droite du fort du Corbeau et l'escalier des vivres ouvert à gauche du corps de garde de la Rose.

MOUILLAGE DE LA QUARANTAINE.

Où est le mouillage de la Quarantaine? . . . . dans la baie de Roscanvel.

Marques du mouillage.. . . le phare du Portzic par la Cormorandière, et le fort de Lanveoc ouvrant à gauche de la pointe de l'île Longue.

Il reste à ce mouillage 15 mètres d'eau sur un fond de bonne tenue.

Autre mouillage plus près du Lazaret. . . . . dans les marques suivantes : le moulin de Kélern par l'extrémité Nord de l'île des Morts, le moulin du Chat par l'extrémité Sud de l'île Trébéron, et la pointe de l'île Longue par l'extrémité Nord de l'île Trébéron.

Il reste à ce mouillage 12 à 13 mètres d'eau sur un fond de bonne tenue.

Alignement conduisant au mouillage du Lazaret.. . . . le moulin de Kélern par l'extrémité Nord des fortifications de l'île des Morts.

---

(1) Le moulin de l'Armorique est le deuxième moulin à partir de la pointe de l'Armorique.

BASSES ET BANCS DANS LA RADE DE BREST.

Banc de Saint-Pierre. . . . s'étend Est et Ouest, sur une longueur de 2 milles ; il commence à 1 mille 1/4 environ à l'E.S.E. de la pointe du Portzic, et se dirige vers la pointe du Corbeau.

Le fond est de roche ; on doit éviter d'y mouiller.

La moindre profondeur d'eau sur ce banc est de 13m81 excepté sur les trois têtes nommées : la basse Pénoupèle, la basse Saint-Pierre et la basse Leclerc.

Basse Pénoupèle (8m77).. . située à l'extrémité Ouest du banc de Saint-Pierre, dans les marques suivantes : le dôme de l'hôpital Saint-Louis par la tour de César ; le clocher de Saint-Louis entre la tour de César et la tour (blanchie), crénelée, située à la pointe des Signaux, et le clocher de Crozon par la partie Est du fort de l'île Longue.

Basse Saint-Pierre (9m). . à 1/4 de mille dans l'Est de la basse Pénoupèle, dans les marques suivantes : la batterie (ruinée) de la pointe du Diable ouvrant de la pointe du Portzic, et les bigues de la machine à mâter par la tour de César.

Basse Leclerc (12m).. . . . à l'extrémité Est du banc Saint-Pierre, dans les marques suivantes : le clocher de Saint-Sauveur par l'observatoire des Élèves, et

Marque :
de la basse du Renard ($\overline{2^m 92}$).

l'extrémité Ouest de la baie de Sainte-Anne ouvrant de la pointe du Portzic.

le fort du Délec entre la Cormorandière et la pointe Espagnole, et le moulin du Chat par la pointe de l'île Longue.

de la basse de l'île Ronde ($\overline{5^m 19}$)..........

la pointe de Penarvir par le milieu de l'île Ronde, et l'extrémité Sud des lignes de Kélern ouvrant à gauche des îles Trébéron.

de la basse de Plougastel ($\overline{7^m 47}$).........

le fort Mengam entre la pointe Espagnole et la Cormorandière, et le fort de Lanveoc par la pointe de l'Armorique.

Port du Commerce.

Moindre profondeur de l'eau dans les plus basses mers...
Entrée du port........

$7^m,60$.
ouverte à l'Ouest et comprise entre deux musoirs.

Feu :
sur le musoir Sud de la jetée de l'Ouest......

fixe, rouge, allumé toute la nuit.

sur le musoir Ouest de la jetée du Sud.......

fixe, rouge, allumé toute la nuit.

Rivière de Chateaulin.

Profondeur de l'eau jusqu'au mouillage de Penform.

en quantité suffisante pour les plus grands navires, excepté sur la traverse qui est devant la rivière de l'Hô-

Sortant du port de Brest, route à suivre pour atteindre jusqu'à l'île Ronde. . . . .

pital, où il ne reste que 2ᵐ,50 d'eau à mer basse des plus grandes marées.

S. (S.S.E.) ; cette route fait passer entre la basse du Renard et celle de l'île Ronde (1).

Après avoir contourné l'île Ronde par l'Ouest. . . . . .

faire route en tenant la pointe Espagnole se détachant à gauche de l'île Ronde.

Jusqu'où peut-on suivre cette direction ?. . . . . . .

jusqu'à ce que le clocher de Logonna ouvre à droite des îles du Binde.

Comment gouverner lorsque le clocher de Logonna ouvre à droite des îles du Binde ?

sur le clocher de Logonna, ou, encore, en tenant par l'arrière le moulin de Kélern ouvrant à droite du fort de Lanveoc (2).

Quand faut-il changer de route ? . . . .

lorsque le moulin Doubidy arrive entre la pointe du Binde et les îles du Binde (3).

Marque donnant alors la direction à suivre . . . . . .

le moulin Doubidy, entre les îles du Binde et la pointe du Binde, par la petite grève de sable blanc qui termine cette pointe.

---

(1) Voir page 405 les marques de ces basses.

(2) Le moulin de Kélern est facilement reconnaissable ; il est le seul sur la hauteur et l'on aperçoit à sa droite un bouquet d'arbres.

(3) A partir des îles du Binde, le chenal de la rivière est balisé par des bouées jusqu'au mouillage de Penform (mouillage des vaisseaux désarmés).

Suivre cette marque jusqu'à la traverse située devant la rivière de l'Hôpital.

Comment gouverner en approchant de la traverse située devant la rivière de l'Hôpital ?. . . . .

venir un peu sur tribord et mettre l'une par l'autre deux taches blanches qu'on aperçoit sur la rive gauche (côte sur tribord en remontant), ou, encore, le clocher de Roslohan (situé, sur la hauteur, au milieu des arbres) par la pointe de Landévenec.

Suivre l'un ou l'autre de ces alignements jusqu'à ce que l'on ait dépassé le milieu du chenal.

Après avoir dépassé le milieu du chenal ? . . . . . .

venir sur bâbord et porter sur la pointe Tibidy jusqu'à ce que le clocher de Logonna soit vu entre le moulin et le corps de garde qui se trouvent sur la pointe de l'Hôpital.

Tenir le clocher de Logonna entre le moulin et le corps de garde situés sur la pointe de l'Hôpital, jusqu'à ce qu'on approche de la poudrière d'Arun.

Comment gouverner en approchant de la poudrière d'Arun ?. . . . .

venir un peu sur tribord, mais hanter la rive droite (sur bâbord en remontant) jusqu'à ce que l'île Béniguet ouvre à gauche de la pointe de Penform.

L'île Beniguet ouvrant à

gauche de la pointe de Pen-form, atteindre le mouillage.

venir sur tribord et hanter la rive gauche (sur tribord en remontant).

Suivre les sinuosités du chenal et porter sur les coffres du mouillage dès qu'on les aperçoit.

RIVIÈRE DE LANDERNEAU.

Profondeur de l'eau jusqu'au mouillage de Saint-Nicolas. . . . .

en quantité suffisante pour les plus grands navires, excepté par le travers du Moulin-Blanc où il ne reste que 6 mètres à mer basse des plus grandes marées.

Direction à suivre pour s'engager dans le chenal (1).

le clocher de Pencran (sur la hauteur) ouvert de deux fois sa largeur apparente à droite de la pointe Sainte-Barbe.

Jusqu'où peut-on suivre cette direction?. . . . . . .

jusqu'à ce que la maison (blanche) du Moulin-Blanc soit ouverte de deux fois sa largeur apparente à droite d'un bouquet d'arbres, entouré d'un mur, qu'on aperçoit sur le rivage.

Comment faut-il alors gouverner ?. . . . .

venir de quelques degrés sur bâbord jusqu'à ce que le clocher de Pencran arrive par la pointe Sainte-Barbe, et suivre cet alignement.

---

(1) Voir page 405 les marques pour se maintenir dans l'Ouest des bancs de Saint-Marc et de Plougastel.

Précaution à prendre en approchant de la pointe Ste-Barbe . . . . ranger cette pointe de près afin d'éviter une basse (1^m5) qu'on doit laisser sur tribord.

Après avoir doublé la pointe Sainte-Barbe, atteindre le mouillage de Saint-Nicolas. . se maintenir à mi-chenal et mouiller par le travers du village.

Profondeur de l'eau à ce mouillage. . . . . 10 mètres, sur un fond d'excellente tenue.

COURANTS ET RETOURS DE MARÉE A L'ENTRÉE DE BREST ET SUR LA RADE.

Par le travers de la pointe de Bertheaume.

Courant de flot. . . . . . s'établit 1 heure avant le bas de l'eau.

Courant de jusant. . . . . s'établit une heure avant le plein.

Entre la pointe de Bertheaume et celle du Minou.

Contre-courant pendant le jusant. . . . . à 2 heures 1/2 de baissée un retour vers l'Est s'établit dans la baie de Bertheaume et suit les contours de cette baie jusqu'à la pointe du Grand-Minou, où le courant reprend la direction générale du jusant.

Ce contre-courant cesse de se faire sentir dès qu'on ouvre la pointe de Plougastel de celle du Petit-Minou.

A 1 mille 1/2 dans le Sud de la pointe du Minou.

Durée du courant de flot. . 5 heures : depuis 1 heure

de montée jusqu'à l'étale de pleine mer.

Durée du courant de jusant. . . . .
7 heures : depuis l'étale de pleine mer jusqu'à 1 heure de montée.

Entre la pointe du Minou et celle du Délec.

Contre-courant pendant le jusant. . . . .
au moment de 1/2 baissée, un contre-courant vers l'Est s'établit depuis le rivage jusqu'à environ 2 encablures au large.

Dans la baie de Sainte-Anne.

Direction du courant de flot : depuis le moment du bas de l'eau jusqu'à 2 heures de montée. . . . . . .
le courant suit les contours de la baie depuis la pointe du Vieux-Délec jusqu'à celle du Portzic.

après 2 heures de montée.
un retour vers l'Ouest s'établit depuis la pointe du Portzic jusqu'à celle du Vieux-Délec, mais seulement au Nord de la ligne joignant ces deux pointes.

Entre la pointe du Grand-Gouin et la pointe Espagnole.

Durée du courant de flot .
9 heures : depuis le moment du bas de l'eau jusqu'à celui de 1/2 baissée.

Durée du courant de jusant. . . . .
3 heures : depuis le moment de 1/2 baissée jusqu'à celui du bas de l'eau.

Dans la rade de Brest.

Direction générale du flot. — le flot se dirige du Goulet vers la rivière de Landerneau ; mais il ne tarde pas à se diviser en deux branches : l'une de ces branches continue vers la rivière de Landerneau ; l'autre se porte sur le fort du Corbeau (1).

Après une heure de montée, cette dernière branche porte Sud, et même Sud-Ouest, jusque dans la direction de la pointe du Vieux-Délec par la pointe Espagnole, alignement dans lequel ce courant suit la direction générale du flot vers la rivière de Chateaulin.

Le courant de flot qui vient de la Cormorandière se divise aussi en deux branches, dont l'une porte Sud après 1 heure de montée et se divise elle-même aux environs de l'île Longue pour aller, d'un côté, dans la baie du Fret, et, de l'autre, dans la baie de Roscanvel.

Entre le Goulet et la rivière de Landerneau.

Durée du courant de flot :
au Sud du banc de Saint-Pierre. . . . . 9 heures : depuis le moment

____

(1) On se maintient dans la partie du courant allant vers la rivière de Landerneau en ayant soin de tenir le Petit-Minou ouvert de la Cormorandière. Lorsque le Petit-Minou est caché par la Cormorandière, le courant porte S.E., S. ou S.O., selon qu'on s'avance plus ou moins vers le Sud.

au Nord du banc de Saint-Pierre . . . .   du bas de l'eau jusqu'à celui de 1/2 baissée.

6 heures, lorsque le Petit-Minou, ou le Vieux-Delec, est ouvert de la pointe du Portzic; mais trois heures seulement dans le cas contraire.

Etale pendant les mortes-eaux. . . . .   les courants sont nuls pendant 4 ou 5 heures à partir de 2 heures de baissée (1).

Entre la pointe de Portzic et Porstrein, le phare du Petit-Minou étant caché par la pointe du Portzic.

Direction du courant de flot : depuis le moment du bas de l'eau jusqu'à 3 heures de montée . . . .   N.E., puis N.N.E.

Le courant dévie vers le Nord en approchant de l'entrée du port militaire, et, vers le Sud, en approchant de la digue du Port-Napoléon.

après 3 heures de montée.   un contre-courant s'établit le long de la côte jusqu'à la pointe du Portzic ; il porte d'abord Nord, N.O. et Ouest pendant 1/2 heure, mais après 3 heures et demie de montée, il suit la même direction que le jusant.

pendant la dernière heure de montée. . . . .   le contre-courant porte Sud près du banc de St-Pierre.

---

(1) Pendant le jusant, il n'y a pas de courant dans la partie de la rade comprise entre la côte de l'Armorique et les alignements suivants : le Petit-Minou par la Cormorandière, la pointe de Penarvir par l'île Ronde.

Comment se maintenir dans ce contre-courant?. . . . . .   en tenant le phare du Petit-Minou, ou le Vieux-Délec, caché par la pointe du Portzic.

Indication fournie par le plateau de roches de la batterie du Fer-à-Cheval . . . .   quand ces roches couvrent, le contre-courant de flot s'établit.

Entre l'île Ronde et la rivière de Landerneau.

Courant de jusant. . . . . .   nul.

Dans le Sud de la presqu'île de Plougastel.

Direction du courant de flot : depuis le moment du bas de l'eau jusqu'à 3 heures de montée. . . . .   le courant, le long de la côte de Plougastel, porte sur Penarvir ; mais, dans le chenal et le long de la côte Sud, il porte vers la rivière de Chateaulin.

après 3 heures de montée.   le courant reverse ; il porte d'abord Nord, sur la côte de Plougastel, puis N.O., et s'établit enfin vers l'Ouest.

Dans quelle direction le courant se divise-t-il en 2 branches, dont l'une va vers Daoulas et l'autre vers Chateaulin? . . . .   dans la direction du clocher de Plougastel par le Bouc.

Dans l'anse du Fret.

Courant de flot : depuis le moment du bas

de l'eau jusqu'à 3 heures de montée.	le courant contourne l'anse en allant de la pointe de Lanveoc à celle de l'île Longue.
après 3 heures de montée.	le courant porte Nord-Ouest.

Dans la baie de Roscanvel.

Direction du courant de flot : depuis le moment du bas de l'eau jusqu'à 3 heures de montée.	S.O.
depuis 3 heures de montée jusqu'au moment du bas de l'eau	Nord.

Sur le banc de Saint-Pierre,

Direction du courant de flot.	E.S.E. et Est pendant 6 heures.
Direction du courant de jusant.	le courant de jusant, après avoir tourné par le Nord et le N.O., s'établit vers l'Ouest pendant 4 ou 5 heures; il est généralement faible.

Entre l'île Ronde et la basse Saint-Pierre.

Jusant.	le courant de jusant est très-faible. Sa direction varie selon les vents; il porte généralement N.O. Au delà du banc de Saint-Pierre, il va vers le Goulet.

Entre le banc de Saint-Pierre et la pointe Espagnole.

Jusant.	le jusant charge dans la baie de Sainte-Anne.

BAIE DE DOUARNENEZ.

Mouillage des grands navires devant Douarnenez. . .	dans les marques suivantes : le clocher de Plouaré par le rocher l'Hermitage, et le clocher de Saint-Jean ouvert à droite de l'île Tristan.
Profondeur de l'eau à ce mouillage..	de 10 à 13 mètres, sur un fond de bonne tenue.
Mouillage des grands navires dans l'anse de Morgat.	dans les marques suivantes : le corps de garde de la pointe du Bellec vu par les rochers les Verrès, et le clocher de Crozon ouvert à droite de la pointe de Morgat.
Profondeur de l'eau à ce mouillage..	de 10 à 13 mètres, sur un fond de bonne tenue.

AUDIERNE.

Posée.	fond de sable vaseux. Elle est élevée de 1^m,50 à 2 mètres au-dessus du niveau des plus basses mers.
Montée de l'eau : en morte-eau.	de 2^{m}60 à 3 mètres.
en vive-eau..	de 5 mètres à 5^m,30.
Chenal de l'Ouest : Direction à suivre.	la batterie d'Audierne par l'extrémité Est du jardin de l'ancien couvent des Capucins.
Chenal du Centre : Direction à suivre.	le moulin de Poulgoazec par le corps de garde de Plouhinec, ou le phare (fixe, rouge) situé sur l'extré-

mité de la jetée attenant à la pointe Raoulic, tenu par le phare (fixe) situé près du jardin des Capucins.

Chenal de l'Est :

Direction à suivre. . . . . . le clocher d'Esquibien par le phare de la jetée.

Précaution à prendre en approchant de l'extrémité de la jetée. . . . . donner un peu de tour à cette extrémité.

Passer au large de la Gamelle.. . . . . tenir la pointe du Raz ouverte à gauche de la pointe de l'Ervilly.

BENODET.

Etant parvenu dans la direction des deux tours à feu de l'entrée de l'Odet l'une par l'autre, pénétrer en rivière. . . . . faire route en tenant les deux tours à feu l'une par l'autre, au N. 6° E. (N. 44° O.) (1).

Précaution à prendre en approchant de la pointe du Coq.. . . . . hanter la pointe de Combrit. Faire route en donnant 1/3 de la largeur du chenal à cette pointe, et 2/3 à la pointe du Coq, afin d'éviter la roche le Coq (0ᵐ).

Marque indiquant que l'on a dépassé le Coq. . . . . . . le corps de garde qui est près de la batterie du Coq vu par le phare du Coq.

Moindre profondeur d'eau par laquelle on passe.. . . . 3ᵐ,50, sur la barre.

Dangers qu'on laisse :

(1) Le feu de l'une de ces tours est rouge, l'autre blanc,

sur tribord..........	les Verrès ($3^{m}5$), le Four ($1^{m}9$) et le Coq (0^{m}).
sur bâbord	la basse la Rousse ($0^{m}6$), la Rousse ($2^{m}6$) et la Potée (0^{m}).
Comment gouverner dès que l'on a dépassé la roche le Coq?.............	à mi-chenal.
Mouillage	on peut mouiller dès que l'on a dépassé le travers de la batterie du Coq.
	Il reste toujours à ce mouillage de 12 à 13 mètres d'eau sur un fond d'excellente tenue.

CONCARNEAU.

Direction à suivre, du plus loin possible, pour atteindre l'entrée de Concarneau....	le phare de Beuzec par le phare de la Croix.
Jusqu'où faut-il suivre la direction donnée par les phares de Beuzec et de la Croix l'un par l'autre?	
de jour.............	jusqu'à ce qu'un arbre très-remarquable, situé sur la hauteur, ouvre à gauche du moulin du Bois. — Venir sur tribord et porter alors sur la maison où est le feu de Lanriec.
de nuit............	jusqu'à ce qu'on soit dans l'éclat de lumière du feu de Lanriec (1). — Venir sur tribord et porter sur le feu de Lanriec.
Quand doit-on cesser de porter sur le feu de Lanriec?	lorsqu'on a dépassé les ro-

---

(1) Le feu de Lanriec éclaire un arc de 19° libre de tout danger.

	ches le Kiao et la Médée, qu'on doit laisser sur bâbord en entrant.
Marque indiquant que les roches le Kiao et la Médée sont doublées et qu'on peut venir sur bâbord pour donner dans le port.	une tache blanche sur le mur des remparts de la ville ouvrant à droite d'une autre tache blanche sur la jetée du port, ou le phare de Beuzec par la pointe de Roche-Jaune (pointe Est du port de Concarneau).
Profondeur de l'eau dans le port.	de 3ᵐ,50 à 6m,50.

LORIENT.

Combien de passes ? . . .	trois : la passe de l'Ouest ou Grande Passe, la passe du Centre ou du Sud, et la passe de Gâvre.

PASSE DE L'OUEST (GRANDE PASSE).

Moindre profondeur de l'eau dans la passe de l'Ouest.	5ᵐ,60, à mer basse des plus grandes marées.
Où se trouve cette moindre profondeur ?	à une encablure environ dans le Nord-Ouest du danger les Trois-Pierres.
Direction à suivre.	le phare de Kerbel (feu fixe) par le phare (feu fixe) du bastion Sud de Port-Louis.
Quand faut-il cesser de suivre cette direction ?	lorsque, approchant du rocher la Paix, le clocher de Lorient arrive par le phare de la Perrière.

Direction faisant ensuite atteindre la rade de Lorient.

le clocher de Lorient par le phare de la Perrière.

Dangers qu'on laisse :
  sur tribord. . . . .

le banc des Truies ($\overline{4^m}$), les Truies (4^m), le Cheval (3^m3) et les Trois-Pierres ($0^m\overline{3}$).

  sur bâbord. . . . .

la basse de la Paille ($\overline{1^m3}$), la basse du Chenal ($\overline{3^m6}$), la Pierre-d'Orge ($\underline{2^m}$) et les Saisies ($1^m\underline{6}$).

Venant du Sud-Ouest, éviter le banc des Truies . . . .

tenir la tourelle des Truies par les Errants.

PASSE DU CENTRE (OU DU SUD).

Moindre profondeur de l'eau dans la passe du Centre.

$4^m,20$, à mer basse des plus grandes marées.

Où se trouve cette moindre profondeur ?. . . . .

dans l'Ouest du danger la Paix (signalé par une tourelle).

Conditions nécessaires pour donner dans cette passe. . .

vents portants et flot.

Direction à suivre. . . . .

le clocher de Lorient (feu fixe) par le phare (feu fixe) de la Perrière.

Dàngers qu'on laisse :
  sur tribord. . . . .

les Bastresses (0^m3), le Goélan ($1^m\overline{6}$), la Paix [($\overline{1^m6}$) et la Potée-de-Beurre.

  sur bâbord. . . . .

les rochers les Errants, les Trois-Pierres (0^m3), l'Ecrevisse ($\overline{2^m}$), la Jument ($1^m\underline{6}$) et le Cochon ($3^m\underline{3}$).

Précaution à prendre en approchant du danger la Paix..

ouvrir le clocher de Lorient de 2 ou 3 degrés à gauche du phare de la Perrière.

Passe de Gâvre.

Moindre profondeur de l'eau dans la passe de Gâvre.	3ᵐ3, à mer basse des plus grandes marées.
Où se trouve cette moindre profondeur?	à moins d'une encablure dans le N.O. du Goélan.
Route à suivre	ranger la pointe de Gâvre et gouverner, au N. 7° E. (N. 15° O.), sur la pointe de Portznaye. Après avoir dépassé le Goélan, venir sur tribord pour suivre les marques de la passe du Centre (le clocher de Lorient par le phare de la Perrière).
Dangers qu'on laisse : sur tribord.	la basse de Gâvre ($\overline{5^{m}3}$), la pointe de Gâvre et le Goélan ($1^{m}6$).
sur bâbord.	les Bastresses et les Trois-Pierres.
Marques de la basse de Gâvre.	le moulin de Larmor par le milieu de la pointe de Gâvre, et le clocher de Lorient par la partie Est de Port-Louis.

Mouillages sur la rade de Lorient.

Combien de mouillages principaux ?	trois : les mouillages de Port-Louis, de Kernevel et de Penmané.

Mouillage de Port-Louis.

Atteindre le mouillage de Port-Louis.	faire route en tenant le clo-

cher de Lorient par le phare de la Perrière jusqu'à ce qu'on soit par le travers de la tourelle du Cochon (3^m3) ; venir alors sur tribord et porter sur le stationnaire ou sur les Corps-Morts.

Mouillage :

des grands navires.. . . . .   entre les Corps-Morts, ou dans les marques suivantes : le clocher de Lorient par la pointe Ouest de l'île Saint-Michel, et le moulin de Larmor par le fort de Kernevel.

Il reste à ce mouillage de 8 à 9 mètres d'eau sur un fond de sable vaseux.

des petits navires.. . . . . .   il est situé entre les Corps-Morts et Port-Louis. On mouille par 4 à 5 mètres d'eau, fond de sable vaseux.

Échouage de Port-Louis. .   la posée est bonne et se trouve à l'Est de la porte de la ville.

Vitesse des courants sur la rade de Port-Louis. . . . . .   2 nœuds au plus.

MOUILLAGE DE KERNEVEL.

Où est le mouillage de Kernevel ? . . . .   dans l'Ouest de l'île Saint-Michel, entre les pointes de Kernevel et de Keroman:

Meilleur mouillage. . . . .   dans les marques suivantes : le château de Keroman par une petite maison située au Sud de ce château, et le clocher du couvent de Sainte-Catherine par la pointe Sud de l'île Saint-Michel.

Il reste à ce mouillage de 4 à 5 mètres d'eau sur un fond de sable vaseux.

MOUILLAGE DE PENMANÉ.

Où est le mouillage de Penmané ? . . . . à 3 encablures environ au Sud de l'entrée du port de Lorient.

Meilleur mouillage . . . . près des Corps-Morts.

Il reste à ce mouillage de 7 à 9 mètres d'eau sur un fond d'excellente tenue.

CHENAUX CONDUISANT DE LA RADE DE PORT-LOUIS A CELLE DE PENMANÉ.

Combien de chenaux ?. . . deux : le chenal de Kernevel et celui de Ste-Catherine.

Chenal de Kernevel.

Comment gouverner en partant du mouillage de Port-Louis pour venir se mettre dans la direction à suivre ?. . au milieu de l'intervalle compris entre la balise du Cochon et le fort de Kernevel.

Direction à suivre . . . . . le pigeonnier du château de Keroman par le pignon (blanchi) d'une petite maison située, près d'un moulin, à la pointe de Keroman.

Quand faut-il cesser de suivre cette direction ?. . . . lorsque la balise qu'on aperçoit à l'Ouest de Kernevel arrive par le clocher de Larmor,

Cet alignement conduit
au mouillage de Penmané.

Chenal de Sainte-Catherine.

Direction à suivre en partant du mouillage de Port-Louis.. . . . .   celle donnée par le coin le plus Ouest du couvent de Sainte-Catherine tenu par le milieu du village de Nezenel.

Quand faut-il cesser de suivre cette direction?. . . .   lorsque le clocher des Récollets (Port-Louis) arrive par le coin Est de cette église.
Faire route alors dans cette direction jusqu'à ce que le village de Kerbel (reconnaissable par un bouquet d'arbres) arrive par le pont de Sainte-Catherine.
Ce dernier alignement fait passer dans l'Est de l'île Saint-Michel. . . . .

En approchant du rocher Pengam, comment gouverner pour atteindre le mouillage?   de manière à passer à mi-distance entre ce rocher et l'îlot aux Souris ; puis venir sur tribord et porter sur le mouillage.

BELLE-ILE.

PORT DU PALAIS.

Entrée . . . .   ouverte à l'E.N.E.
Feu de l'entrée. . . . . . .   un feu fixe est allumé toute la nuit sur l'extrémité du môle situé à gauche en entrant.

Montée de l'eau :
en morte-eau. . . . .   de 3 mètres à 3m,60.
en vive-eau., ...   de 5 mètres à 5m,60.
Posées.. . . . .   le fond y est dur.
Ressac. . . . .   les vents du Nord au N.O.
occasionnent un ressac as-
sez violent dans le port du
Palais.

RIVIÈRE DE CRAC'H.

Pénétrer dans la rivière de
Crac'h. . . . . -   tenir l'une par l'autre, au N.
12°E. (N. 11°O.), les deux
tours à feu de l'entrée (1).

Dangers qu'on laisse :
sur tribord.. . . . .   le rocher Mousker.

sur bâbord.. . . . .   le petit Tuého ($\overline{1^m30}$).
Comment gouverner après
avoir dépassé la pointe Mous-
ker ?. . . . .   chenaler entre les balises.
Mouillages :
en aval de la première ba-
lise. . . . .   il y reste 5 mètres d'eau au
moins sur un fond d'excel-
lente tenue.

devant le village de Crac'h.   en chenal, par 3 ou 4 mètres
d'eau, sur un fond d'excel-
lente tenue.
Posées.. . . . .   devant le village, le fond est
droit et de sable vaseux.

LE MORBIHAN.

Direction à suivre pour en-
trer dans le Morbihan. . . .   le clocher de Badène ouvert
de 2 ou 3 degrés à gauche
de la pointe de Port-Na-
valo.

---

(1) Le feu de l'une de ces tours est blanc, l'autre est rouge.

Moindre profondeur d'eau par laquelle on passe.....

de 5ᵐ,80 à 8 mètres, sur la basse du Morbihan.

Comment gouverner en approchant de la pointe de Port-Navalo?..........

ranger la pointe en continuant de porter sur le clocher de Badène.

Mouillage de Port-Navalo.

dans le Nord de la pointe de Port-Navalo. On y est par 25 mètres d'eau sur un fond d'excellente tenue.

On est, à ce mouillage, en bonne position pour, profitant du flot, pénétrer dans les rivières de Vannes et d'Auray.

Ces rivières sont profondes, mais il est prudent, avec un navire un peu long, de prendre un pratique.

PÉNERF.

Profondeur de l'eau dans le port de Pénerf.........

elle varie entre 5 et 15 mètres.

Combien y a-t-il de passes?

deux : l'une à l'Est, l'autre à l'Ouest, du Plateau-des-Passes.

Ces deux passes sont très-étroites ; celle de l'Est est la seule qui soit praticable de mer basse.

Quoiqu'elles soient l'une et l'autre balisées, il est prudent de ne s'y engager qu'avec l'aide d'un pratique.

Étant au mouillage sur la rade de Pénerf, comment gouverner pour se présenter à l'entrée des passes?....

s'approcher de la pointe de Penvins en tenant la tourelle (blanchie) située sur le rivage, à droite de la chapelle de Penvins.

Contourner la pointe de Penvins à une distance de 3/4 de mille environ jusqu'à ce qu'on ait reconnu les balises.

LA VILAINE.

Moindre profondeur de l'eau à l'entrée de la Vilaine.... de 1 mètre à 1ᵐ,30, à mer basse des plus grandes marées.

PÉNÉTRER DANS LA VILAINE EN PASSANT A L'OUEST DE L'ÎLE DUMET.

Direction à suivre..... le Mur-Balise par l'extrémité de la pointe de Kervoyal, jusqu'à ce que les moulins du Trest arrivent par la chapelle de Penvins.

Comment faut-il gouverner lorsque les moulins du Trest arrivent par la chapelle de Penvins?.......... sur le phare de Penlan jusqu'à ce que la chapelle Saint-Quirien arrive par la pointe de Kervoyal.

Comment gouverner lorsque la chapelle Saint-Quirien arrive par la pointe de Kervoyal?........... gouverner alors, à l'E.S.E., sur la pointe du Moustoir, jusqu'à ce que le Mur-Balise arrive par la pointe de Penlan.

Comment gouverner ensuite pour atteindre le mouillage de Tréhiguier?.......... tenir le Mur-Balise par la pointe de Penlan.

Profondeur de l'eau au mouillage de Tréhiguier . . . de 6 à 8 mètres, sur un fond de bonne tenue.

Dangers qu'on laisse :
sur tribord . . . . le plateau de l'île Dumet, la Grande - Accroche ($\overline{2^m}$), la Varlinge ($\underline{0}$), le Grand-Sécé (4^m7) et le Petit-Sécé ($3^m\overline{27}$).

sur bâbord . . . . la basse des Mâts ($\overline{2^m}$) et la basse de Kervoyal ($\overline{1^m}$).

PÉNÉTRER DANS LA VILAINE EN PASSANT A L'EST DE L'ÎLE DUMET.

Direction à suivre . . . . . le clocher de Pennetin vu entre l'île Belair et la pointe de Loscolo.

Quand faut-il changer de route ? . . . . lorsque la pointe du Croisic arrive par la pointe du Castelli.

Comment faut-il ensuite gouverner pour pénétrer dans la rivière ? . . . . tenir les pointes du Croisic et du Castelli l'une par l'autre jusqu'à ce que le Mur-Balise arrive par l'extrémité de la pointe de Kervoyal.

Suivre alors les indications, page 426, pour pénétrer dans la rivière en passant à l'Ouest de l'île Dumet.

LE CROISIC.

Montée de l'eau :
en morte-eau . . . . de $2^m,60$ à 3 mètres.
en vive-eau . . . . de 4 mètres à 4,30.
Posée :
le long des quais extérieurs. . . . . assez bonne pour des navires de peu de longueur.

le long des quais inté-
rieurs (les chambres).

L'élévation de cette po-
sée au-dessus du niveau des
plus basses mers varie entre
0ᵐ,25 et 1ᵐ,20.

elle est droite.
Son élévation au-dessus
du niveau des plus basses
mers est de 1ᵐ,70.

Direction à suivre pour entrer . . . .

les deux feux (fixes), tenus l'un
par l'autre, au S. (S.S.E.).

SAINT-NAZAIRE.

Quand faut-il cesser de
suivre la direction donnée
par le phare (feu à éclats) du
commerce tenu par le phare
(feu fixe) de l'Aiguillon (1)?

lorsque le clocher de Saint-
Nazaire est sur le point
d'arriver par la pointe de
Ville-ès-Martin.

Comment faut-il alors gouverner pour pénétrer dans le
chenal intérieur de la rivière?

venir sur tribord et suivre
l'alignement donné par le
phare (fixe) de Saint-Na-
zaire vu par la tour à feu
(rouge, tournant de 30 en
30 secondes) de la pointe
de Ville-ès-Martin.

Direction à suivre pour passer entre le plateau de roches
de la pointe de Ville-ès-Martin et la tour des Morées. . .

le phare de l'Aiguillon par la
tour à feu de la pointe de
l'Eve.

Atteindre ensuite le mouillage de Saint-Nazaire. . . . .

quand la pointe de Penhouet
ouvre à droite de Saint-

____

(1) Voir page 234.

Nazaire, venir sur bâbord et porter sur la pointe de Penhouet.

Mouiller quand on arrive par le travers du port.

Précaution à prendre en approchant de la tourelle des Vignettes. . . . . tenir la pointe de Penhouet bien détachée à droite de la jetée du port.

Largeur de l'écluse. . . . 13 mètres.

Hauteur de l'eau sur le radier . . . . elle est indiquée par les signaux de marée depuis le moment de 1/2 montée jusqu'à celui de 1/2 baissée.

Largeur des portes du bassin. . . . . 25 mètres. — Les portes sont ouvertes quand on hisse un pavillon tricolore au-dessus d'un pavillon blanc écartelé noir.

SABLES-D'OLONNE.

Montée de l'eau :
en morte-eau. . . . . . . de 2^m,60 à 3 mètres.
en vive-eau. . . . . de 4^m,60 à 5 mètres.
Entrée du port. . . . . . ouverte au S. S. E. et comprise entre deux jetées.

Feu sur la jetée de l'Est. . fixe, allumé toute la nuit.
Direction à suivre. . . . . le phare de la Chaume (fixe) par la tour à feu de la jetée de l'Est.

Sortant du port, passer dans le Sud des Barges d'Olonne. . . . . tenir le moulin de Saint-Jean ouvert à droite de la ferme de la Grange.

Marque indiquant qu'on est dans le Nord des Barges . . l'église des Sables ouverte à droite du moulin de la Chaume.

GIRONDE.

PASSE DU NORD.

Précaution à prendre pour entrer en Gironde par la passe du Nord. . . . .
reconnaître la bouée rouge, à cloche et surmontée d'un miroir, qui signale l'entrée de la Passe.

Prendre connaissance de cette bouée :
venant du Nord.. . . . . .
gouverner sur le phare (feu tournant) de Cordouan relevé au S.S.E.

venant de l'Ouest. . . . .
gouverner sur le phare (feu fixe) de la Coubre relevé à l'E.S.E.

Après avoir reconnu la bouée de l'entrée, comment gouverner ?.. . . . .
laisser cette bouée sur tribord et suivre l'alignement donné par le feu (blanc et rouge) de Pontaillac ouvrant à droite du feu (fixe) de Terre-Nègre (1) jusqu'à ce que le feu de la Coubre soit au N.N.E.

Le feu de la Coubre ayant été amené au N.N.E. . . . . .
gouverner sur le phare de Cordouan.

Quand doit-on cesser de porter sur le feu de Cordouan ?.. . . . .
lorsque le feu de Terre-Nègre arrive par le feu (fixe, rouge) de la Falaise.

______

(1) En suivant l'alignement donné par le feu de Pontaillac ouvrant à droite du feu de Terre-Nègre, on laisse sur tribord les 2 bouées de la Mauvaise, et, sur bâbord, la bouée de la Coubre.

On suit alors ce dernier alignement (1) jusqu'à ce que le feu (fixe, rouge) de Suzac arrive par le feu (fixe, rouge) de Saint-Georges.

Les feux de Suzac et de Saint-Georges étant l'un par l'autre. . . . .
gouverner dans l'alignement de ces deux feux.

Comment gagner ensuite le chenal intérieur de la Gironde ?. . . . .
lorsque le feu (fixe, rouge) de Richard arrive par le feu flottant (fixe) de Talais, se maintenir dans l'alignement de ces 2 feux l'un par l'autre (2).

PASSE DE GRAVE.

Précaution à prendre pour entrer en Gironde par la passe de Grave . . . .
reconnaître la bouée (grand cône renversé, avec cage conique, à voyant conique rouge et noir) qui signale l'entrée de la passe.

Prendre connaissance de cette bouée :
venant du Sud. . . . .
gouverner sur le phare de Cordouan relevé au N.E.

---

(1) En suivant l'alignement donné par les feux de Terre-Nègre et de la Falaise, tenus l'un par l'autre, on laisse sur tribord les 2 bouées de Monrevel, et, sur bâbord, les deux bouées de la Barre-à-l'Anglais.

(2) En suivant l'alignement donné par le feu de Richard tenu par le feu flottant de Talais, on laisse sur tribord : la bouée Nord du Platin de Grave, la bouée de Barbe-Grise et la bouée Nord de Talais ; et sur bâbord : les deux bouées du banc de Saint-Georges, la bouée du Nord des Marguerites et la bouée intermédiaire des Marguerites.

venant de l'Ouest.. . . . . .   gouverner sur la balise de Soulac relevée à l'E.S.E.

Après avoir reconnu la bouée de l'entrée, comment gouverner ?. . . . .   laisser cette bouée à bâbord ou à tribord, et suivre l'alignement donné par le Sémaphore de Saint-Nicolas tenu par la balise de Saint-Nicolas (1).

Quand faut-il quitter la direction donnée par le Sémaphore et la balise de Saint-Nicolas tenus l'un par l'autre ?. . . . .   quand le clocher de Saint-Pierre de Royan arrive par la tour du Chay.

Venir alors sur bâbord et gouverner en tenant le clocher de Saint-Pierre de Royan ouvert d'une voile à droite de la tour du Chay (2).

Après avoir doublé la bouée Nord du Platin de Grave, comment gouverner pour gagner le chenal intérieur de la Gironde ?. . . . .   venir sur tribord jusqu'à l'E. S.E.; puis, quand le feu de Richard et le feu flottant du Talais sont vus l'un par l'autre, se maintenir dans cet alignement.

---

(1) En suivant l'alignement donné par le Sémaphore et la balise de Saint-Nicolas tenus l'un par l'autre, on laisse sur tribord la bouée des Olives et la bouée du changement de direction, et sur bâbord, la bouée du Chevrier.

(2) En suivant la direction donnée par le clocher de Saint-Pierre-de-Royan ouvert d'une voile à droite de la Tour du Chay, on laisse sur tribord la bouée de Saint-Nicolas, les 2 bouées du Platin de Grave, et sur bâbord, la bouée du Gros-Terrier.

Chenal intérieur de la Gironde.

Gouvernant dans l'alignement donné par le feu de Richard tenu par le feu flottant de Talais, que faire lorsqu'on approche de ce feu flottant ?. . . . . laisser sur tribord le feu flottant de Talais et tenir le feu (fixe et scintillant) de Grave et le feu flottant de Talais l'un par l'autre (1) jusqu'à ce qu'on ait dépassé le feu (fixe) flottant de By.

Alignement donnant la direction à suivre après avoir dépassé le feu flottant de By. . . . . le feu (fixe et scintillant) de Patiras et le feu (fixe) flottant de Mapon l'un par l'autre (2).

Ayant dépassé le feu flottant de Mapon, atteindre le mouillage de Pauillac.. . . . tenir par l'arrière les deux feux flottants de By et de Mapon l'un par l'autre (3).

---

(1) En gouvernant dans l'alignement donné par le feu de Grave et le feu flottant de Talais tenus de l'arrière l'un par l'autre, on laisse sur tribord : la bouée Sud du Talais, la bouée de Jau, les trois bouées du Platin de Richard et la bouée de Valeyrac ; et sur bâbord : la bouée Sud des Marguerites, la bouée d'Entre-les-Bancs et les trois bouées du banc de Goulée.

(2) En suivant l'alignement donné par le feu de Patiras et le feu flottant de Mapon l'un par l'autre, on laisse sur tribord la bouée de Loudenne.

(3) En suivant l'alignement donné par les deux feux flottants de By et de Mapon tenus de l'arrière l'un par l'autre, on laisse sur tribord : la bouée de Trompeloup de terre ; et sur bâbord : les trois bouées du platin de Saint-Estèphe et la bouée de Trompeloup du large.

Arrivé par le travers de la bouée Sud du platin de Saint-Estèphe, venir sur tribord et porter sur le mouillage en laissant les bouées rouges sur tribord et les bouées noires sur bâbord.

Système uniforme de coloration des bouées et balises en usage sur les côtes de France.

Les bouées et les balises que l'on doit laisser à tribord, en venant du large, sont peintes en rouge; celles qu'on doit laisser à bâbord sont peintes en noir, et celles qu'on peut indifféremment laisser d'un bord ou de l'autre sont peintes en bandes horizontales alternativement noires et rouges.

Les balises sont peintes en blanc au-dessous du niveau des plus hautes mers.

Sur chaque bouée ou balise on écrit, soit en entier, soit en abrégé, le nom du banc ou de l'écueil qu'elle signale, et l'on donne en outre une suite de numéros à ceux de ces ouvrages qui appartiennent à une même passe.

Ces numéros ont leur point de départ du côté du large. Les numéros pairs sont affectés aux bouées et balises rouges, c'est-à-dire à celles qu'on doit laisser sur tribord en entrant. Les numéros impairs sont donnés aux bouées et balises noires.

Les ouvrages, peints en bandes rouges et noires, portent des noms, mais point de numéros.

Les bouées blanches indiquent des corps-morts ou des bouées de halage.

Signaux adoptés pour indiquer la montée de l'eau dans les ports de France.

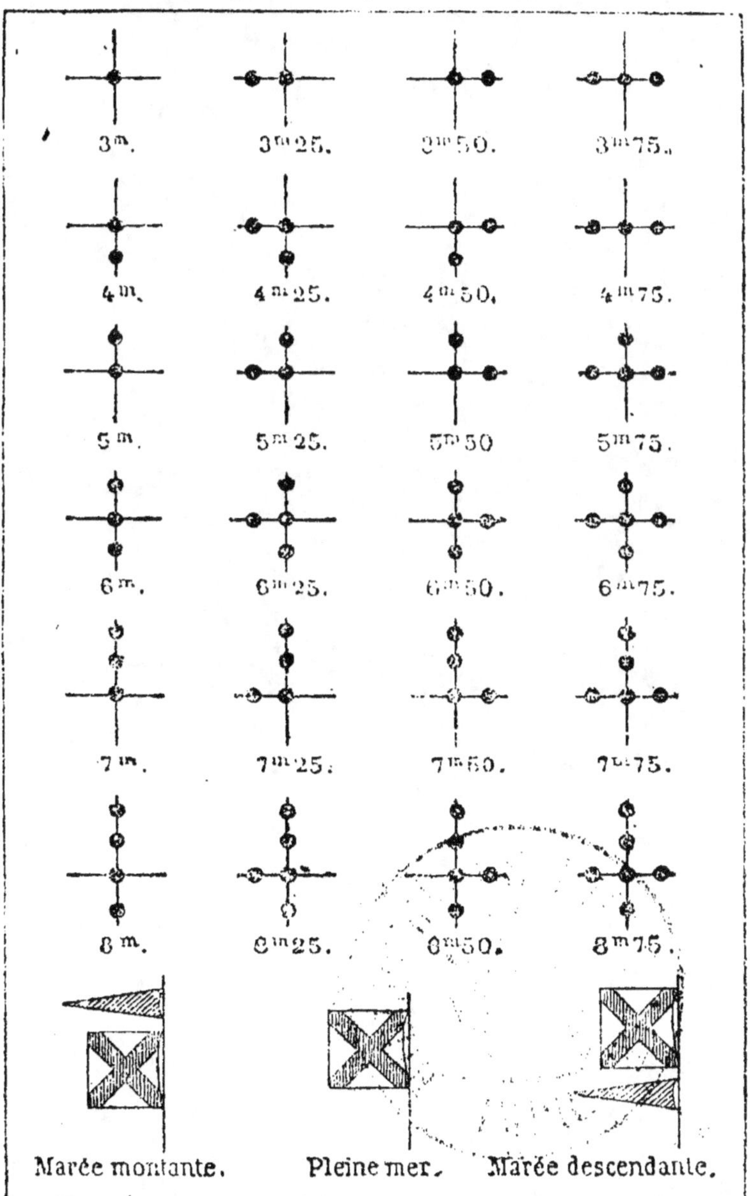

Libⁱᵉ Milⁱᵉ de J. Dumaine Edit. de l'Empereur, r et pas Dauphine 30. Paris

TABLE DES MATIÈRES.

Pages.

COURANTS ET MARÉES.

Pages.

FIN DE LA TABLE DES MATIÈRES.

Paris. — Imp. Cosse et J. Dumaine, rue Christine, 2.